Observação sobre como usar esse livro

Na disciplina Matemática, entre o 1º e o 5º ano do Ensino Fundamental são utilizados cinco livros, sendo que cada um tem em média 320 páginas, ou seja, pode-se pensar que ao longo dos cinco anos os alunos, entre os seis e 10 anos de idade, têm contato com cerca de 1.600 páginas, com as teorias de todos os conteúdos, ou melhor, objetos do conhecimento definidos pela Base Nacional Comum Curricular - BNCC, e milhares de exercícios, sendo a maioria de aplicação direta, ou seja, sem questões com raciocínio lógico matemático e espacial (Geometria) mais apurado, tal e qual às que aparecem nos concursos para acesso ao 6º ano do Ensino Fundamental, nas instituições de ensino objeto do presente livro.
Na Unidade VI, são detalhadas mais de uma centena de questões resolvidas de concursos anteriores, para acesso ao 6º ano das instituições objeto do livro. Em todas as questões também são citados os raciocínios lógicos matemáticos espaciais e geométricos, de forma a facilitar o estudo dos alunos. Embora ao longo dos anos, as instituições, por óbvio, não repitam questões, apresentam questões com os raciocínios lógicos muito parecido, como é o caso, por exemplo, do cálculo do número de azulejos necessários para revestir uma piscina, onde dão as dimensões da piscina: comprimento, largura e profundidade, em metros, e as dimensões do azulejo em centímetros. Alguns alunos, até por nervosismo, cometem erros como: imaginar a piscina como um paralelepípedo todo revestido, ou seja, em seis faces, quando são apenas cinco a serem calculadas (a piscina é aberta, sem azulejos encima), bem como se "enrolam" nas conversões das unidades, especialmente ao passar de metro quadrado para centímetro quadrado.
Os autores recomendam que esse livro seja estudado Unidade por Unidade, capítulo por capítulo, tanto fazendo resumos das partes teóricas, quanto refazendo os exercícios resolvidos, fazendo os exercícios propostos e, principalmente, refazendo e entendendo cada uma das questões que já caíram em concursos anteriores. Recomendam que se utilize um caderno exclusivo para esses estudos e solução dos exercícios e questões.
Finalmente os autores enfatizam que esse livro também serve como uma grande revisão da Matemática básica, aplicada aos mais diversos concursos públicos de todos os níveis e áreas.

Bons estudos e boa sorte.

José Abrantes
Rosa Maria Rodriguez Nielsen

MATEMÁTICA PARA PASSAR NOS CONCURSOS

De acesso ao 6º ano dos Colégios: Pedro II, Cap/Uerj, Colégio Militar, FAETEC e outros colégios similares nos diversos estados do Brasil.

Centenas de exercícios e questões resolvidas, de concursos já realizados, incluindo o raciocínio lógico matemático.

Atende à BNCC do Ensino Fundamental do 1º ao 5º ano.

EDITORA CIÊNCIA MODERNA

Matemática para Passar nos Concursos - De acesso ao 6º ano dos Colégios: Pedro II, Cap/Uerj, Colégio Militar, FAETEC e outros colégios similares nos diversos estados do Brasil

Editor: Paulo André P. Marques
Produção Editorial: Dilene Sandes Pessanha
Capa: Daniel Jara
Diagramação: Daniel Jara
Copidesque: Equipe Ciência Moderna

FICHA CATALOGRAFICA

ABRANTES, José; NIELSEN, Rosa Maria Rodriguez.

Matemática para Passar nos Concursos - De acesso ao 6º ano dos Colégios: Pedro II, Cap/Uerj, Colégio Militar, FAETEC e outros colégios similares nos diversos estados do Brasil

Rio de Janeiro: Editora Ciência Moderna Ltda., 2025.

1. Matemática
I — Título

ISBN: 978-65-5842-481-9

CDD 510

Editora Ciência Moderna Ltda.
R. Alice Figueiredo, 46 – Riachuelo
Rio de Janeiro, RJ – Brasil CEP: 20.950-150
Tel: (21) 2201-6662/ Fax: (21) 2201-6896
E-MAIL: LCM@LCM.COM.BR
WWW.LCM.COM.BR

08/25

Sobre os autores

José Abrantes é carioca, nascido no bairro do Catete em 07 de fevereiro de 1951. Engenheiro mecânico (UERJ), licenciado em Desenho (UCAM/AVM), licenciado em Matemática (UCAM/AVM), especialista (*lato sensu*) em docência do Ensino Fundamental e Médio (UCAM/AVM), especialista (*lato sensu*) em docência do Ensino Superior (FABES/ISEP), mestre, M.Sc. em tecnologia (CEFET/RJ) e doutor, D.Sc., em Engenharia de Produção (COPPE/UFRJ). Possuí pós-doutorado na área de Educação, pela Faculdade de Engenharia Agrícola da Universidade Estadual de Campinas (FEAGRI/UNICAMP), pesquisando a interdisciplinaridade e pós-doutorado na Faculdade de Engenharia Civil da Universidade Federal Fluminense (UFF), pesquisando a pedagogia/antropologia empresarial. Apresenta sete anos de experiência como desenhista projetista de instalações industriais (1970 a 1976) e 22 anos (1977 a 1998) como engenheiro mecânico em cálculos, projetos, montagens e manutenção de fábricas. Atuou como auxiliar de ensino, entre 1974 e 1975, em cursos técnicos, no atual CEFET/RJ. Atua continuamente como professor/educador desde 1998. Lecionou, entre 1999 e 2002, em cursos Técnicos de nível médio, na FAETEC. Entre 1998 e 2015, lecionou em cursos superiores de Engenharia e Administração, nas seguintes instituições: UniverCidade, UBM, USS, MSB, UNISUAM, FRASCE, UNIABEU e FTESM. É professor associado aposentado do Colégio de Aplicação - Cap/Uerj, onde foi lotado (entre 2002 e 2015) no Departamento de Matemática e Desenho - DMD. É professor titular aposentado, desde março de 2023, do Instituto de Matemática e Estatística da Universidade do Estado do Rio de Janeiro - IME/UERJ, tendo sido lotado no Departamento de Geometria e Representação Gráfica, onde, após concurso público realizado em setembro de 1999, foi empossado em 19/01/2000.

Rosa Maria Rodriguez Nielsen é carioca, nascida em 25 de julho de 1951. Engenheira Metalúrgica, graduada pela PUC/RJ em 1974 e Mestre, M. Sc. em Engenharia Metalúrgica (PUC/RJ - 1979). Atuou como auxiliar de ensino e pesquisa, entre 1974 e 1979, no curso de graduação em Engenharia Metalúrgica, na PUC/RJ e entre 1979 e 1997 como professora do Departamento de Ciência dos Materiais e Metalurgia, na mesma instituição. Entre 1975 e 1979 atuou como professora conferencista no Instituto Militar de Engenharia - IME nos cursos de Engenharia Mecânica e Engenharia Metalúrgica e de Materiais; entre 1979 e 1983 foi professora em regime parcial nos cursos de graduação em Engenharia Mecânica e Metalúrgica e pesquisadora responsável pelo Laboratório de Materiais Conjugados (Compósitos). Lecionou em cursos de graduação de diferentes Engenharias em instituições tais como: UGF, USU, UNIRJ e SUESC. Entre 2004 e 2025, lecionou no curso de Engenharia Mecânica da Fundação Técnico Educacional-Souza Marques - FTESM.

Estrutura da Educação Básica Brasileira

Em 2025, a Educação Básica no Brasil estava estruturada conforme a seguir mostrado, observando-se que, por Lei e para os anos iniciais do Ensino Fundamental, ou seja, do 1º ao 5º ano, os professores têm que ter formação superior em Pedagogia, que é um curso de quatro anos de duração. Nos primeiros anos do Ensino Fundamental não existe a segmentação de disciplinas, sendo normal alunos terem apenas professores de Arte, Educação Física, Língua Inglesa e um regente de turma, que aborda vários conteúdos de diversas áreas do conhecimento. A partir do 6º ano, os alunos passam a ter, além dos professores de Arte, Educação Física e Língua estrangeira, outros profissionais licenciados em Matemática, Português, História, Geografia, física, etc.

- Educação Básica
  - Educação Infantil
    - Creche (zero a 3 anos e 11 meses de idade)
    - Pré-Escola (4 a 5 anos e 11 meses de idade)
  - Ensino Fundamental (A partir dos 6 anos de idade)
    - 1^0 ao 5^0 ano (anos iniciais)
    - 6^0 ao 9^0 ano (anos finais)
  - Ensino Médio (1^0 ao 3^0 ano)
  - Curso técnico de Magistério (3 anos)
  - Ensino Profissional de nível médio (mínimo 3 anos)
  - Educação de Jovens e Adultos – EJA
  - Educação Especial (alunos com necessidades especiais)
  - Educação indígena
  - Educação/escolas alternativas (não tradicionais)
  - Educação prisional (para a população carcerária)

A Base Nacional Comum Curricular – BNCC e o ensino da Matemática do 1º ao 5º ano do Ensino Fundamental

A BNCC, aplicada à Matemática do 1º ao 5º ano do Ensino Fundamental, contempla as cinco seguintes Unidades Temáticas: 1 – Números, 2 – Álgebra, 3 – Geometria, 4 – Grandezas e Medidas e 5 – Probabilidade e Estatística. Para cada ano e Unidade, existem vários objetos de conhecimento que são desmembrados em diversas habilidades, podendo ser interpretadas como conteúdo de aulas.

Esse livro, com o objetivo principal de oferecer centenas de exercícios e questões resolvidas, que caíram em provas de concursos para acesso ao 6º ano do Ensino Fundamental, das instituições citadas, é apresentado em seis Unidades, conforme os objetos de conhecimento constantes da BNCC. À medida que as Unidades são apresentadas é feita uma revisão das Habilidades citadas na BNCC, bem como, e principalmente, com muitos exercícios e questões que já caíram em provas das instituições de ensino objeto do livro. Na Unidade VI são detalhadas e resolvidas mais de uma centena de questões que já caíram em concursos anteriores, das instituições de ensino objeto desse livro.

Embora, por lei, todas as escolas no Brasil tenham que seguir a BNCC e, por consequência os concursos de acesso ao 6º ano do Ensino Fundamental, com questões abordadas do 1º ao 5º ano, algumas instituições, além do descrito na BNCC, também incluem outros conteúdos, como é o caso dos conceitos de Mínimo Múltiplo Comum – MMC e Máximo Divisor Comum – MDC, que são abordados, em geral, no 6º ano do Ensino Fundamental e que, portanto, não "deveriam" constar nos concursos.

SUMÁRIO

UNIDADE I: NÚMEROS

Capítulo 1: Origem, tipos e operações com números

Introdução

Os números foram criados, há cerca de 30 mil anos, com a necessidade, por exemplo, de se fazer a contagem de animais. Os pastores soltavam seu rebanho pela manhã e contavam esses animais através de pedrinhas que eram colocadas num saco. Para cada animal, usava-se uma pedrinha. Ao final do dia, ao buscar o rebanho, e quando voltavam para o curral, os pastores contavam de forma inversa, retirando do saco uma pedrinha para cada animal. Caso sobrasse alguma pedrinha, significava que algum havia se perdido ou capturado por algum predador. Caso voltassem mais animais do que pedrinhas, significava que alguns fugidos de outros rebanhos, haviam se misturado ao rebanho controlado.

Existem diferentes formas de representação de números ou algarismos, mas a utilizada atualmente no mundo é a numeração arábica ou indo arábico. Os algarismos do sistema numérico indo arábico são os seguintes dez dígitos: 0, 1, 2, 3, 4, 5, 6, 7, 8 e 9. Na forma escrita os dez dígitos são: zero (0), um (1), dois (2), três (3), quatro (4), cinco (5), seis (6), sete (7), oito (8) e nove.

Outra forma de numeração é a do sistema romano, os famosos algarismos romanos, que foram utilizados no mundo ocidental até por volta do ano 980. Foi a partir do ano 1202, com um livro publicado pelo matemático italiano Fibonacci (1170 - 1250) que o sistema de numeração arábico foi difundido na Europa, mas foi a partir de 1450 com a invenção da imprensa por Guttemberg () que se consolidou, primeiro na Europa e depois em outras partes do mundo.

Apesar de não serem mais usados, normalmente, ainda existem situações atuais onde os algarismos romanos são utilizados, como é o caso dessa Unidade inicial desse livro, ou seja: UNIDADE I.

Existem oito números romanos básicos, mas não existe o número zero (0), pois os romanos não tinham necessidade de representar o vazio (ou nada), já que o seu sistema de numeração era voltado para a contagem. Os principais números romanos são: I (um), II (dois), III (três), IV (quatro), V (cinco), VI (seis), VII (sete), VIII (oito), IX (nove), X (dez), XL (quarenta), L (cinquenta), XC (noventa), C (cem), CM (novecentos), M (mil), MM (dois mil) e MMM (três mil). A partir do quatro mil, inclusive, usa-se um traço horizontal sobre o algarismo, para indicar que está multiplicado por mil. Por exemplo: $\overline{IV}$ (quatro mil), $\overline{IX}$ (nove mil), $\overline{X}$ (dez mil), etc.

Em termos de algarismos arábicos, é possível expressar uma infinidade de números com a adição e combinação dos nove dígitos básicos. Em termos de Matemática, uma das primeiras coisas que os pais ensinam aos seus filhos é a contagem dos dedos das mãos, direita e esquerda, como na figura a seguir.

Mão esquerda Mão direita

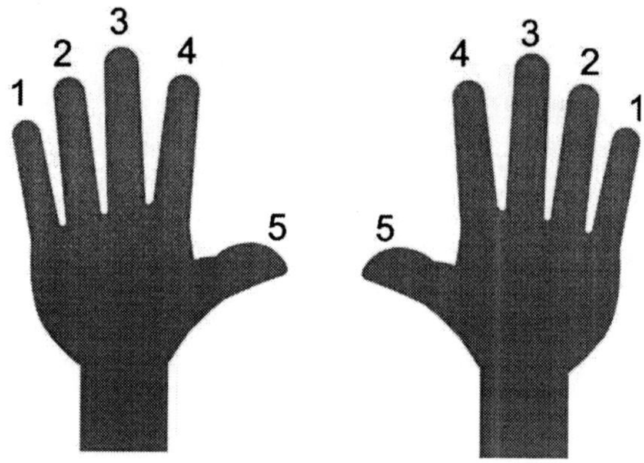

Em cada mão temos cinco (5) dedos e nas duas temos dez (10)

Mão esquerda Mão direita

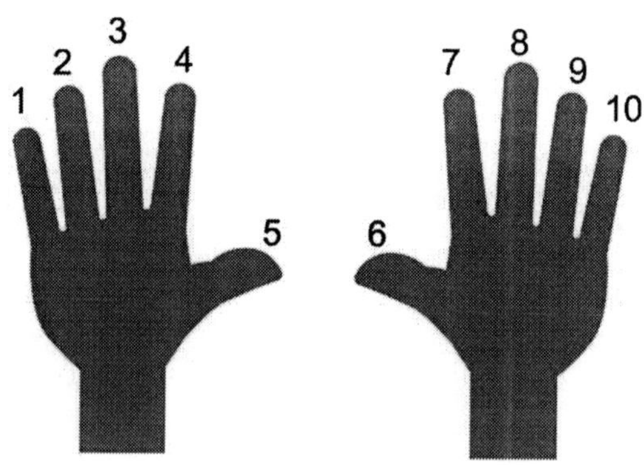

Observe que o número dez (10) tem dois algarismos: o um (1) e o zero (0).

Os números com apenas um algarismo (de um até nove) formam o que se chama "unidade" ou "ordem", enquanto os de dois algarismos formam as chamadas "dezenas" ou de duas ordens, os de três algarismos formam as centenas ou de três ordens e os de quatro algarismos formam os milhares ou de quatro ordens.
As primeiras dezenas ou números de duas ordens são: 10 (dez), 20 (vinte), 30 (trinta), 40 (quarenta), 50 (cinquenta ou cincoenta), 60 (sessenta), 70 (setenta), 80 (oitenta) e 90 (noventa). A próxima "dezena" chama-se 100 (cem), que é a primeira centena, tem três números ou de terceira ordem. As próximas centenas são: 200 (duzentos), 300 (trezentos), 400 (quatrocentos), 500 (quinhentos), 600 (seiscentos), 700 (setecentos), 800 (oitocentos) e 900 (novecentos). A próxima "centena" chama-se 1.000 (mil) ou milhar, tem quatro números ou de quarta ordem. As centenas de quarta ordem são: 1.100 (mil e cem), 1.200 (mil e duzentos), 1.300 (mil e trezentos), 1.400 (mil e quatrocentos), 1.500 (mil e quinhentos), 1.600 (mil e seiscentos), 1.700 (mil e setecentos), 1.800 (mil e oitocentos), 1.900 (mil e novecentos). A seguir são descritos vários números e seus detalhes:
12 = doze ou uma dúzia, que tem uma dezena e duas unidades, pois 12 = 10 +2. Observe uma caixa com uma dúzia de ovos. Quando escrevemos que 12 = 10 + 2, estamos decompondo o número 12 (doze), que tem uma dezena (10) e duas unidades.
47 = quarenta e sete, que decompondo tem quatro dezenas e sete unidades, pois 47 = 40 + 7.
98 = noventa e oito, que decompondo tem nove dezenas e oito unidades.
128 = cento e vinte e oito, que decompondo tem uma centena (100), duas dezenas (20) e oito unidades (8). Portanto: 128 = 100 + 20 + 8.
796 = setecentos e noventa e seis, que decompondo tem sete centenas (700), nove dezenas (90) e seis unidades. Portanto: 796 = 700 + 90 + 6.

Os números de quarta ordem, ou seja, com quatro (4) algarismos vão até 9.999 ou nove mil, novecentos e noventa e nove, pois: 9.999 = 9.000 + 900 + 90 + 9.

Observações:
1 - Os números nem sempre significam quantidade. Por exemplo, quando sua mãe compra um carro do ano 2.019, esse número apenas indica o ano de fabricação do carro. Já quando seu pai vai ao supermercado e compra duas dúzias de ovos, isso significa que ele comprou 24 (vinte e quatro) ovos. O mesmo ocorre quando você diz a um colega que mora no número 123 da Rua da Amizade.

2 - Até o número nove, escreve-se o nome do dígito (um, quatro, sete, etc.), a partir de dez (10), inclusive, escrevem-se os dígitos. Por exemplo: ontem eu chupei duas (2) laranjas, das 18 (dezoito) que minha avó comprou.
3 – Números escritos não têm plural, exceto os "dois" e "três". Por exemplo: dezessete (17) pessoas e não "dezessetes" pessoas;

Exemplos de números de quarta ordem, ou seja, com quatro algarismos:
1.019 = mil e dezenove, que decompondo tem um milhar (1.000), uma dezena (dez) e nove unidades. Portanto: 1.019 = 1.000 + 10 + 9.

Sistema de numeração decimal: classes e ordens

O sistema de numeração decimal utiliza o número 10 como base, nele os algarismos 0, 1, 2, 3, 4, 5, 6, 7, 8 e 9 são utilizados para contar unidades, dezenas, centenas, milhares e assim sucessivamente.

Numa sequência de números, por exemplo: 42, 43, 44, 45, 46, 47, 48 e 49, o número 44 é o antecessor do 45, pois vem antes. O número 49 é o sucessor do 48, pois vem depois. 44, 45, 46 e 47, são números sucessivos.

O sistema decimal também é entendido como tendo Classes e Ordens, como a seguir mostrado:

Classes	Milhões			Milhares			Unidades		
Ordens	Centena	Dezena	Unidade	Centena	Dezena	Unidade	Centena	Dezena	Unidade
78								7	8
178							1	7	8
472.178				4	7	2	1	7	8
433.472.178	4	3	3	4	7	2	1	7	8

Um número de nove ordens.

Interpretação e decomposição da tabela acima:

78 (setenta e oito) = 7 dezenas e 8 unidades = 70 + 8 = 78: um número de duas ordens.

178 (cento e setenta e oito) = 1 centena, 7 dezenas e 8 unidades = 100 + 70 + 8 = 178: um número de três ordens.

472.178 (quatrocentos e setenta e dois mil, cento e setenta e oito) = 4 centenas de milhares, 7 dezenas de milhares, 2 unidades de milhares, 1 centena, 7 dezenas e 8 unidades = 400.000 + 70.000 + 2.000 + 100 + 78 + 8 = 472.178: um número de seis ordens.

433.472.178 (quatrocentos e trezentos e três milhões, quatrocentos e setenta e dois mil, cento e setenta e oito unidades) = 400.000.000 + 30.000.000 + 3.000.000 + 400.000 + 70.000 + 2.000 + 100 + 70 + 8.

Exercícios propostos. (Veja respostas no Apêndice A)

1) Escreva e decomponha os números a seguir:
a) 27. b) 342. c) 891. d) 2.345. e) 7.005. f) 6.049. g) 99. h) 8.765. i) 123. j) 51. k) 3.007.478. l) 20.743. m) 189.007.342. n) 1.000.003.

Adição e subtração de números

O substantivo feminino "**Adição**" vem do verbo adicionar, que significa: acrescentar alguma coisa a outra (por exemplo, números), acrescer ou juntar. O símbolo matemático para a adição é o sinal "+", ou "mais". O símbolo matemático "=" significa igualdade ou igual.
Quando foi escrito que: 12 = 10 + 2, pode-se dizer que dois (2) adicionado a dez (10) é igual (=) a 12 (doze). Ou então: 12 (doze) é igual a dois (2) mais 10 (dez).

João tinha sete bolas de gude e seu pai lhe deu mais quatro: com quantas bolas de gude João ficou?

Graficamente tem-se:

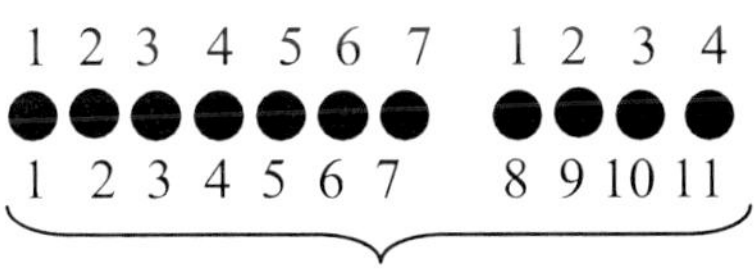

Resposta: João ficou com 11 (onze) bolas de gude.
Em símbolos matemáticos tem-se: 7 + 4 = 11. (sete mais quatro é igual a onze).

Observação: adição e soma têm significados diferentes, pois, enquanto adicionar significa acrescentar, acrescer ou juntar, soma é o resultado. A adição de 10 + 2 resulta na soma igual a 12.

E quando os números a serem adicionados são de duas, três ou quatro ordens: como fazer a adição?

A regra geral é: primeiro adicionam-se as unidades, depois as dezenas, depois as centenas, depois os milhares, etc., levando-se em conta que quando a soma de duas unidades, dezenas, centenas, etc., ultrapassar o valor de 10 (dez), utiliza-se o recurso chamado "vai um" ou "vão dois" ou "vão três", etc. Veja os exemplos a seguir:

Adicionar: a) 8 a 34. b) 17 a 58. c) 123 a 49. d) 344 a 582. e) 987 a 635

Matematicamente "armam-se", como a seguir, as adições, recomendando-se colocar os números maiores na parte superior, embora pela propriedade comutativa* a ordem das parcelas não altera o resultado. Ou seja: 34 + 8 = 8 + 34.

```
  1   É assim que se marca o "vai um"
+ 34  quatro (4) unidades + oito (8) unidades é igual a 12. Colocamos duas
+  8  unidades (2) debaixo do oito e "vamos" mais um (1), por cima da de-
 ----
  42  zena três (3). um (1) mais três (3) é igual a quatro.
      Essa é uma linha horizontal que separa os números adicionados.
```

```
  1                                                1
+ 17  (7 + 8 = 15. Indo 1 tem-se: 1 + 1 + 5 = 7).  123 (3 +9 = 12. Indo 1).
+ 58                                               +49 (1 + 2 + 4 = 7).
 ----                                              ---
  75                                               172 (1 + 0 = 1).
```

```
   1      11
  344    987        7 + 5 = 12 e vai 1.      
 +582   +635  <---  1 + 8 + 3 = 12 e vai 1.   } 987 + 635 = 1.622.
 ----   -----       
  926   1.622       1 + 9 + 6 = 16.          
```

*A adição tem quatro propriedades: 1) Comutativa; 2) Associativa; 3) Elemento neutro e 4) Fechamento.

A propriedade comutativa diz que a ordem das parcelas não altera o resultado, ou seja: 17 + 25 é igual 25 + 17, cuja soma ou resultado é 42.

A propriedade associativa diz que a ordem das parcelas não altera o resultado da soma, sendo usada em somas com mais de duas parcelas. Por exemplo: 18 + 32 + 7 + 49 é igual a 32 + 49 + 7 + 18 ou 49 + 18 + 7 + 32, cuja soma ou resultado é 106.

Na adição, o elemento neutro é o número zero, pois somar qualquer número com zero resulta no próprio número. 76 + 0 + 19 = 76 + 19 = 95.

A propriedade do fechamento da adição afirma que a soma de dois ou mais números naturais resulta sempre em um número natural. Sendo que um número natural é um número inteiro positivo*, pertencente a um determinado conjunto de números. Por exemplo, os números 0, 1, 2, 3, 4, 5, 6, 7, 8, 9, 10, 11 e 12, forma um conjunto de números naturais positivos de 0 a 12. A soma de quaisquer desses números, de dois ou mais, também será um número natural.

*Os números negativos são estudados no 6º ano do ensino fundamental, mas algumas escolas antecipam o assunto para o 5º ano.

Subtração de números

A palavra subtração é um substantivo feminino, sendo uma operação matemática que consiste em diminuir um número de outro. É o oposto da adição.

João tinha 14 bolas de gude e seu irmãozinho, sem que ele visse, jogou oito na lata de lixo: com quantas bolas de gude João ficou?

Graficamente tem-se:

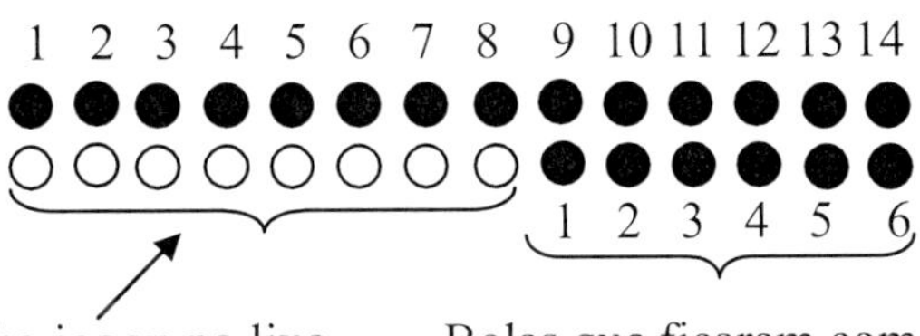

Bolas que o irmãozinho jogou no lixo. Bolas que ficaram com o João.

Resposta: João ficou com seis (seis) bolas de gude.
Em símbolos matemáticos tem-se: 14 - 8 = 6. (quatorze menos oito é igual a seis). Esse é o sinal de "menos"

Na subtração 14 - 8 = 6, os termos têm os seguintes nomes: o 14 (quatorze) é chamado minuendo, o oito (8) é chamado subtraendo e o seis (6) é chamado resto ou diferença.
Em geral, no nível do Ensino Fundamental, como não se estuda o conceito de número negativo, só faz sentido operar uma subtração onde o minuendo é maior ou igual ao subtraendo. 17 - 11 = 6.
Por exemplo: +14 - 18 = -4, em geral só é estudado após o sexto ano do Ensino Fundamental, pois envolve o conceito de número negativo.

A subtração também tem propriedades tais como:

1 – Quando subtraímos um número de zero, o resultado é o próprio número. Ou seja: 68 - 0 = 68.

2 – Quando se subtrai um número de seu próprio valor, o resultado é zero. Ou seja: 14 - 14 = 0.
3 – Quando subtraímos o número um (1) de qualquer outro número, o resultado é o seu "antecessor", ou seja, o número que vem antes. Por exemplo: 85 - 1 = 84.
4 – Quando subtraímos um número do seu antecessor o resultado é o número um (1). Por exemplo: 37 - 36 = 1.

Subtração com reserva ou "pedindo emprestado"

Efetue as seguintes subtrações: a) 78 - 34. b) 347 - 123. c) 109 - 45.

78	347	109	
-34	-123	-45 ←	Como se faz essa subtração: "zero menos quatro"? Nesse caso usa-se o recurso de "pedir emprestado".
44	224	?4	Esse recurso é chamado: subtração com reserva.

Matematicamente, usa-se a subtração com reserva quando o minuendo (no caso acima é o zero) é menor que o subtraendo (no caso acima é o quatro).

No caso acima, pede-se emprestado ao número antecessor do zero, que é o um (1), com o zero "virando 10" e o um (1) "virando zero". Então fica:

0 ← um emprestando um, fica igual a zero.
~~1~~09 → Nove menos cinco é igual a quatro. Pedindo emprestado ao um (1),
-45 que é o antecessor de zero, tem-se agora 10 menos 4 igual a 6.
064 Portanto: 109 - 45 = 64. Zero antes de número inicial não tem valor.

Efetue a subtração: 268 - 179.

1 5 8 - 9, não pode, logo pede-se emprestado ao antecessor 6. O 8 vira
~~26~~8 18 e o 6 vira 5. 18 - 9 = 9. 5 - 7, não pode, logo pede-se emprestado
-179 ao seu antecessor, que é o 2. O 5 vira 15 e o 2 vira 1. 15 - 7 = 8 e
089 1 - 1 = 0. Portanto: 268 - 179 = 89.

Esse zero não tem nenhum valor, diferentemente, por exemplo, de 708.

Esse zero tem valor, pois está na ordem das dezenas. ↗

Efetue a subtração 712 - 437.

60 2 - 7, não pode, logo pede-se emprestado ao antecessor 1. O 2 vira 12
~~71~~2 e o 1 vira zero. 12 - 7 = 5. 0 - 3, não pode, logo pede-se emprestado
-437 ao antecessor 7. O zero vira 10 e o 7 vira 6. 10 - 3 = 7 e 6 - 4 = 2.
275 Portanto: 712 - 437 = 275.

Efetue a subtração: 3.002 - 1.678.

```
  299
 3002
-1678
-----
 1324
```

2 - 8 não pode. Pede-se emprestado ao zero. O 2 vira 12 e o zero vira 9. 12 - 8 = 4. 9 - 7 = 2. Zero menos 6 não pode. Pede-se emprestado ao 3, que vira 2 (ou baixa para 2) e o zero vira 9, pois já tinha sido emprestado. 9 - 6 = 3 e 2 - 1 - 1. Portanto:
3002 - 1678 = 1324.

Efetue a subtração: 5.000 - 2.999.

```
 4 9
 5000
-2999
-----
 2001
```

Zero menos oito não pode. Pede-se emprestado ao zero antecessor, que baixa para o valor nove. Faz-se: dez menos nove igual a 1. De novo, zero menos nove não pode. Pede-se emprestado ao zero antecessor, que baixa para o valor quatro. De novo, nove baixado menos nove é igual a zero. Finalmente: quatro menos dois é igual a dois. Portanto: 5.000 - 2.999 = 2.001.

Problemas envolvendo significados de: dobro, metade, triplo e terça parte

Quando se fala em dobrar o valor de um número (o dobro), significa somar o mesmo número. Por exemplo: o dobro de 41 é igual a 41 + 41 = 82. Dobrar um valor também significa multiplicar (x) o número por dois (2).
41 x 2 = 82.

Quando se fala em triplicar o valor de um número (o triplo), significa somar o mesmo número duas vezes seguidas. Por exemplo: o triplo de 23 é igual a 23 + 23 + 23 = 69. Triplicar um valor também significa multiplicar (x) o número por três (3).
23 x 3 = 69.

Achar a metade de um valor, significa dividir (÷) o número por dois (2). Por exemplo, uma dúzia de ovos tem 12 ovos, logo meia dúzia ou a metade de 12 ovos é igual a 6 (seis) ovos, pois 6 + 6 = 12.

Achar a terça parte de um valor, significa dividir (÷) o número por três. Por exemplo, duas dúzias de ovos têm 24 ovos (12 + 12 = 24), e a terça parte de duas dúzias de ovos é igual a oito (8), pois 8 + 8 + 8 = 24.

Exercícios resolvidos:

a) Calcule o dobro de 325 ou 325 + 325.
b) Calcule a metade de 40.
c) Calcule a terça parte de 90.
d) Calcule o triplo de 10.

```
   1
a) 325 (5 + 5 = 10 e vai 1).
  +325
   650      325 + 325 = 650.
```

b) Metade de 40: também pode ser interpretado da seguinte forma: qual o número que somado a si mesmo dá 40? Qual o número cujo dobro é 40?

Como ainda não se estudou a multiplicação, pode-se fazer por tentativa: 10 + 10 = 20; 15 = 15 = 30 e 20 + 20 = 40. Bingo!
20 + 20 = 40. A metade de 40 é igual a 20.

c) Calcule a terça parte de 90: também pode ser interpretado da seguinte forma: qual o número que somado a si por duas vezes seguidas é igual a 90?

Como ainda não se estudou a multiplicação, pode-se fazer por tentativa: 10 + 10 + 10 = 30; 15 + 15 + 15 = 45; 20 + 20 + 20 = 60; 25 + 25 + 25 = 75 e 30 + 30 + 30 = 90. Bingo!
Como 30 + 30 + 30 = 90, logo a terça parte de 90 é 30.

d) Calcule o triplo de 10: também pode ser interpretado da seguinte forma: qual o valor do número somado 10 a si mesmo duas vezes?

10 + 10 + 10 = 30 ou 10 + 10 = 20 + 10 = 30.

A reta numérica

A reta numérica é uma reta onde são marcados e ordenados todos os números reais. Isso é feito de modo que nenhum número real seja utilizado duas vezes na reta ou que nenhum ponto da reta represente dois números iguais.
Para desenhar uma reta numérica, dois passos devem ser seguidos:

1 – Usando uma régua graduada, de 20 cm ou 30 cm, desenhe uma reta qualquer e marque um ponto nela que terá o valor 0 (zero) que será chamado origem.
2 – Partindo da origem, para a direita, marque pontos a intervalos regulares (por exemplo, a cada um centímetro).

A reta numérica fica como a seguir:

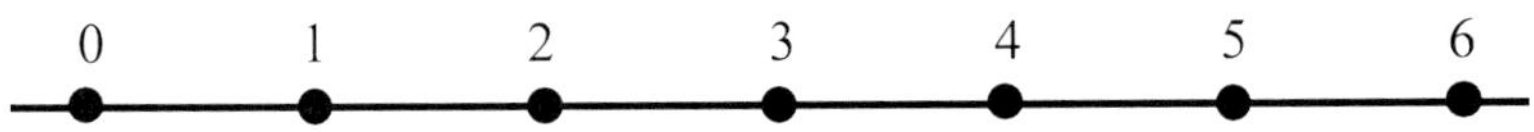

Multiplicação de números inteiros

Embora no parágrafo da adição já se tenha falado que o dobro e o triplo é a soma do mesmo número uma ou duas vezes seguidas, existe uma operação Matemática que muito facilita a multiplicação, cujo símbolo é o sinal de x ou vezes. Por exemplo: 2 + 2 = 2 x 2 = 4. 4 x 3 = 12 = 4 + 4 + 4. E assim vai.
Mas e se tivermos que fazer 6 x 7 ou 9 x 8? Para facilitar o trabalho existe a boa e velha tabuada que, a princípio parece enfadonha (e é), mas que é fundamental. O segredo está em não exigir do aluno que decore a tabuada de uma só vez, com várias aulas seguidas, como era feito no tempo da "tia Niquinha". Modernamente, a tabuada deve ser ensinada, estudada e praticada, passo a passo, aula a aula, com exemplos práticos de cada multiplicação.
Por exemplo: qual o sentido de perguntar simplesmente ao aluno: "quanto dá 6 x 8?". Que tal da seguinte forma:
Tenho que dar seis ovos (ou meia dúzia) para oito pessoas. Quantos ovos ao todo eu darei?
Como será visto à frente: 6 x 8 = 48, ou seja: terei que dar 48 ovos ao todo.

A palavra "tabuada" significa "tábua" e no Ensino Fundamental, do 1º ao 5º ano, só se deve estudar a tabuada de zero (0) a dez (10).
Existem três tabuadas que são bem simples: a de zero (0), a de um (1) e a de dez (10). Vejamos a seguir, observando que todo número multiplicado por zero é igual a zero, pois quanto dá a soma de quatro zeros? Todo número multiplicado por um (1) dá o próprio número, pois 3 vezes 1 ou 6 vezes 1, é igual a 3 e 6, respectivamente. Para saber a multiplicação por dez (10), basta acrescentar um zero ao final, ou seja: 3 x 10 = 30 e 7 x 10 = 70.

Tabuada de zero (0)	Tabuada de um (1)	Tabuada de 10
1 x 0 = 0	1 x 1 = 1	1 x 10 = 10
2 x 0 = 0	2 x 1 = 2	2 x 10 = 20
3 x 0 = 0	3 x 1 = 3	3 x 10 = 30
4 x 0 = 0	4 x 1 = 4	4 x 10 = 40
5 x 0 = 0	5 x 1 = 5	5 x 10 = 50
6 x 0 = 0	6 x 1 = 6	6 x 10 = 60
7 x 0 = 0	7 x 1 = 7	7 x 10 = 70
8 x 0 = 0	8 x 1 = 8	8 x 10 = 80
9 x 0 = 0	9 x 1 = 9	9 x 10 = 90
10 x 0 = 0	10 x 1 = 10	10 x 10 = 100

A seguir são mostradas as tabuadas de 3, 4, 5, 6 , 7, 8 e 9.

Tabuada de três (3)	Tabuada de quatro (4)	Tabuada de cinco (5)
3 x 1 = 3	4 x 1 = 4	5 x 1 = 5
3 x 2 = 6	4 x 2 = 8	5 x 2 = 10
3 x 3 = 9	4 x 3 = 12	5 x 3 = 15
3 x 4 = 12	4 x 4 = 16	5 x 4 = 20
3 x 5 - 15	4 x 5 = 20	5 x 5 = 25
3 x 6 = 18	4 x 6 = 24	5 x 6 = 30
3 x 7 = 21	4 x 7 = 28	5 x 7 = 35
3 x 8 = 24	4 x 8 = 32	5 x 8 = 40
3 x 9 = 27	4 x 9 = 36	5 x 9 = 45
3 x 10 = 30	4 x 10 = 40	5 x 10 = 50

Tabuada de seis (6)	Tabuada de sete (7)	Tabuada de oito (8)	Tabuada de nove (9)
6 x 1 = 6	7 x 1 = 7	8 x 1 = 8	9 x 1 = 9
6 x 2 = 12	7 x 2 = 14	8 x 2 = 16	9 x 2 = 18
6 x 3 = 18	7 x 3 = 21	8 x 3 = 24	9 x 3 = 27
6 x 4 = 24	7 x 4 = 28	8 x 4 = 32	9 x 4 = 36
6 x 5 = 30	7 x 5 = 35	8 x 5 = 40	9 x 5 = 45
6 x 6 = 36	7 x 6 = 42	8 x 6 = 48	9 x 6 = 54
6 x 7 = 42	7 x 7 = 49	8 x 7 = 56	9 x 7 = 63
6 x 8 = 48	7 x 8 = 56	8 x 8 = 64	9 x 8 = 72
6 x 9 = 54	7 x 9 = 63	8 x 9 = 72	9 x 9 = 81
6 x 10 = 60	7 x 10 = 70	8 x 10 = 80	9 x 10 = 90

Exercícios resolvidos sobre multiplicações com até três números

Arme e efetue: a) 32 x 12. b) 323 x 437. c) 765 x 998. d) 123 x 456.

Essas multiplicações ou produtos seguem regras como a seguir descritas:

Esse símbolo é igual a "significa"
↓

a) 32 (2 x 2 = 4) (2 x 3 = 6) => a primeira linha é igual a 64.
x 12 (1 x 2 = 2) (1 x 3 = 3) => a segunda linha é igual a 32
64 (primeira linha do produto)
+ 32 (segunda linha do produto)
384 (soma das duas linhas)

Essa é a sequência, quando todos os produtos são menores que 10. Se for maior, faz-se como a seguir.

A multiplicação começa com o último número da segunda linha, prossegue para a esquerda, multiplicando o último número da segunda linha pelo predecessor do número final da primeira linha. Repete-se o procedimento para o outro número da segunda linha.

```
      12  ← Essas linhas tracejadas mostram o alinhamento dos números.
b)   323  (7 x 3 = 21; lanço 1 na 3ª linha e vão 2 sobre o 2 da 1ª linha).
   x 437  (7 x 2 = 14 + 2 = 16; lanço 6 na 3ª linha, vai 1 sobre o 3 da 1ª linha).
    2261  (7 x 3 = 21 + 1 = 22; como é o último, da 1ª linha lanço 22).
   +969   (3 x 3 = 9) (3 x 2 = 6) (3 x 3 = 9): lançados na 4ª linha.
   1292   (4 x 3 = 12 e vai 1) (4 x 2 = 8 + 1 = 9) (4 x 3 = 12, lanço 12, 5ª linha).
  141151  ←
```

323 x 437 = 141.151.

c) 765 x 998.

```
     5 4  ← (só se consegue colocar o que "vai" aqui*).
     765  (1ª linha).
   x 998  (2ª linha).
    6120  (3ª linha).
   6885   (4ª linha).
  6885    (5ª linha).
  763470  (6ª linha).
```

765 x 998 = 763.470.

*Nas outras linhas o que "vai" é feito mentalmente.

d) 123 x 456.

```
     1 1  ← (só se consegue colocar o que "vai" aqui*).
     123  (1ª linha).
   x 456  (2ª linha).
     738  (3ª linha).
    615   (4ª linha).
   492    (5ª linha).
   56088  (6ª linha).
```

123 x 456 = 56.088.

*Nas outras linhas o que "vai" é feito mentalmente.

Exercícios propostos. (Veja respostas no Apêndice A)

2) Arme e efetue:

a) 321 x 654. b) 313 x 645. c) 132 x 456. d) 213 x 546. e) 131 x 465.

Divisão de números inteiros

O conceito de divisão, pode ser expresso na forma gráfica, por exemplo, encontrando partes iguais para um mesmo conjunto de valores ou comprimento.

A figura a seguir representa 12 bolas de gude, que devo repartir ou dividir por quatro (4) crianças, de forma que todas e cada recebam a mesma quantidade de bolas de gude. Quantas bolas caberá a cada criança?

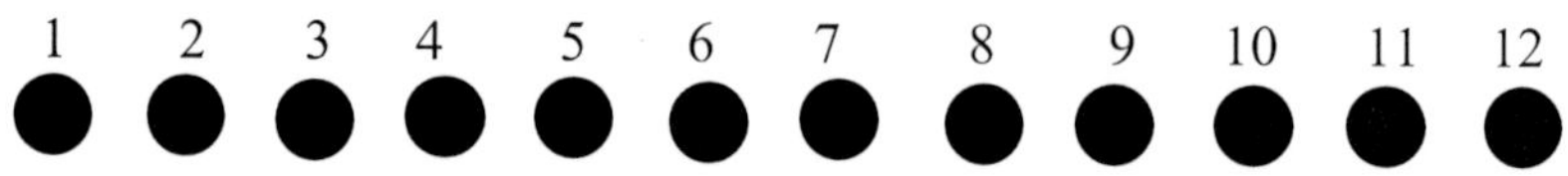

Matematicamente tem-se que dividir 12 por 4, ou seja 12 ÷ 4 ou 12/4.

O raciocínio lógico mostra que a resposta é o valor onde 4 multiplicado por um número seja igual a 12. Ou seja, na tabuada de 4, acha-se qual o número que multiplicado por 4 é igual a 12.

4 x 3 = 12. Portanto, cada criança receberá 3 bolas de gude.

Graficamente, a solução é mostrada a seguir:

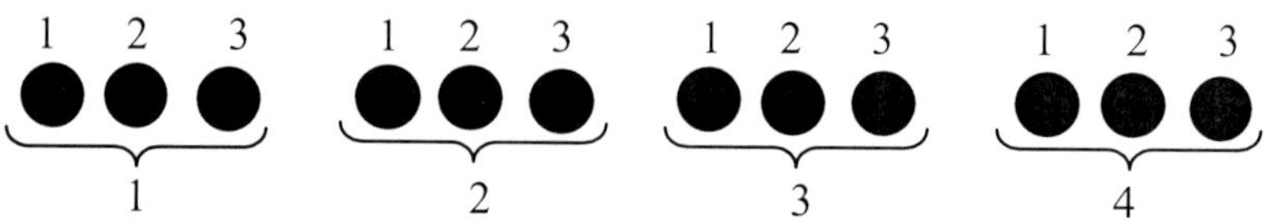

Esses são os quatro (4) conjuntos de três (3) bolas de gude cada. (4 x 3 = 12).

Divisão com divisor de um algarismo

Quando vamos dividir um número D, chamado Dividendo, por um número d, chamado divisor, devemos buscar um número Q, chamado quociente, que multiplicado por d seja igual a D. Em alguns casos, ainda existe uma sobra chamada resto, como a seguir mostrado, na divisão de 10 por 3 ou 10 ÷ 3 ou ainda na forma de fração: 10/3.

Dividendo ⟶ 10	3 ⟵ Divisor	3 x 3 = 9 e 10 - 9 = 1.
-9	3 ⟵ Quociente	
Resto ⟶ 1		

Exercício resolvido: Tenho 68 bolas de gude e quero dividir por cinco (5) crianças. Quantas bolas de gude cada criança receberá? Haverá sobra?

Esse é o símbolo que se usa para efetuar uma divisão.

```
6'8' | 5
-5   |----
 18  | 13
-15
 03
```

Como o primeiro número do dividendo, o seis (6) é maior do que o divisor (5), eu inicio ou "baixo", usando uma vírgula, o seis e o divido por 5, que dá um (1) e sobra um (1).

Conclusão: 68 ÷ 5 = 13, com resto 3.

Na sequência, baixo o segundo número do dividendo, o oito (8), colocando-o à direita do resto parcial um (1). Agora temos 18 dividido por cinco (5). Segundo a tabuada de cinco: 5 x 2 = 10; 5 x 3 = 15 e 5 x 4 = 20. Ou seja, uso o 3, e como 3 x 5 = 15, ainda sobram 3.

Como a divisão é o inverso da multiplicação, podemos verificar a divisão fazendo: 5 x 13 = 65 e 68 - 65 = 3.

Resposta do exercício: cada criança receberá 13 bolas de gude e sobrarão ou restarão 3 bolas.

Exercício resolvido: dividir 8.469 por 2.

```
8'4'6'9' | 2
-8       |-----
 0 4     | 4234
  -4
   06
   -6
    09
    -8
     1  <-- Resto.
```

Observando que cada número do dividendo é maior do que o divisor 2, vou baixando cada número do dividendo, da esquerda para a direita:
4 x 2 = 8; 2 x 2 = 4; 3 x 2 = 6 e 4 x 2 = 8

8.469 ÷ 2 = 4.234, com resto um (1).

Exercício resolvido: dividir 2.609 por 3.

```
26'0'9' | 3
-24     |-----
 020    | 869
 -18
  029
  -27
   02 <-- Resto
```

Como o primeiro número do dividendo (2) é menor que o divisor 3, ou seja, não podemos dividir 2 por 3 (em números inteiros), então baixamos o próximo, que fica 26 dividido por 3 = 8 com resto 2. Baixando o zero, fica 20 dividido por 3 = 6 com resto 2. Finalmente baixamos o 9, que fica 29 dividido por 3 = 9, com resto final de 2.

2.609 ÷ 3 = 869, com resto 2.

Exercícios propostos. (Veja respostas no Apêndice A)

3) Efetue as seguintes divisões, sem uso da máquina de calcular, informando se existe resto, indo até a 3ª casa após a vírgula, se necessário.

a) 693 ÷ 4. b) 8.200 ÷ 7. c) 832 ÷ 9. d) 4.549 ÷ 5.

Divisão com divisor de dois algarismos

Conceitualmente, um divisor com dois algarismos é da Ordem das dezenas e, portanto, tem que começar a divisão baixando a primeira dezena do dividendo e caso essa seja menor que o divisor, baixa-se a primeira centena do dividendo e assim por diante, caso necessário.
Por exemplo, dividir 2.017 por 18.

```
20'1'7 | 18
-18    | 112
 21
-18
  37
 -36
   1
Resto
```

2.017 dividido por 18 é igual a 112, com resto igual a 1.

O raciocínio lógico dessa divisão é: 1º baixo os dois primeiros números (20), pois é divisão por dois algarismos: 20 ÷ 18 é igual a 1, com resto parcial 2. Baixo o terceiro número (1) e agora tem-se 21 ÷ 18 = 1, com resto parcial igual a 3 (21 - 18 = 3). Baixo o quarto número (7) e agora tenho 37 ÷ 18 = 2 e resto 1.

Dividir 7.846 por 81.

```
784'6' | 81
-729   | 96
 0556
 -486
  070
Resto
```

7.846 dividido por 81 é igual a 96, com resto igual a 70.

O raciocínio lógico dessa divisão é: como o divisor 81 é maior que os dois primeiros números do dividendo (78), começo a divisão baixando a centena 784, que dividida por 81 dá 9 (784 ÷ 81 = 9), com resto 55. Na sequência baixo o quarto número do dividendo e tem-se 556 ÷ 81 = 6, com resto 70, pois: 6 x 81 = 486 e 556 - 486 = 70.

Capítulo 2: frações. MMC e MDC

Uma fração representa uma parte de um todo ou uma divisão de valores. É expressa por dois números separados por uma barra, que pode ser na horizontal ou inclinada. Quando a barra é na horizontal, o número de cima é o numerador e indica quantas partes estão sendo consideradas. O de baixo é o denominador e indica o total de partes iguais em que o todo foi dividido.

Numerador → $\frac{1}{2}$ ← Denominador ou Numerador → 1/2 ← Denominador

Do ponto de vista gráfico, a maneira comum de representar uma fração é com o clássico exemplo de uma pizza dividida em partes iguais, como a seguir mostrado.

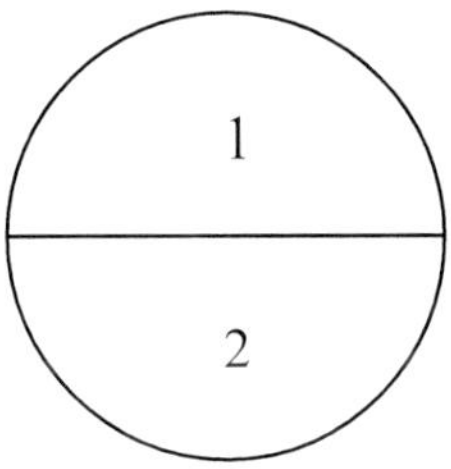

Uma pizza dividida ao meio, na forma de fração fica 1/2. Ou seja, um conjunto dividido por dois ou na metade ou em duas partes iguais.

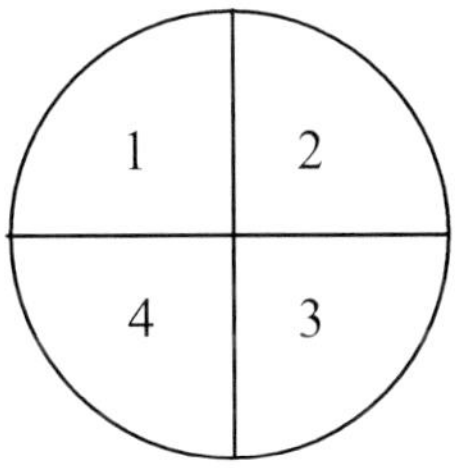

Uma pizza dividida em quatro partes iguais, na forma de fração fica 1/4. Ou seja, um conjunto dividido em quatro partes iguais.

Outra forma de representar frações é por meio de pequenos quadrados, como a seguir mostrado.

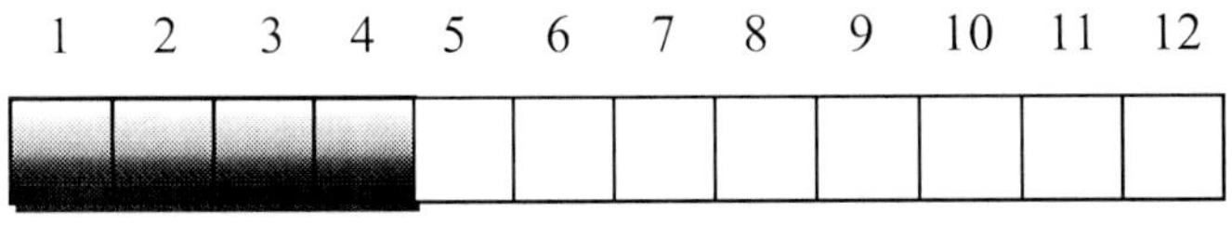

A fração acima é expressa como 4/12, que é igual a 1/3 ou um terço, pois: quatro dividido por quatro é igual a um e 12 dividido por quatro é igual a três. Matematicamente: $\frac{4 \div 4 = 1}{12 \div 4 = 3}$ ou seja: 4/12 = 1/3.

A figura anterior também pode ser interpretada como uma barra de determinado comprimento, que foi dividida em 12 partes iguais, sendo que ficamos apenas com quatro pedaços.

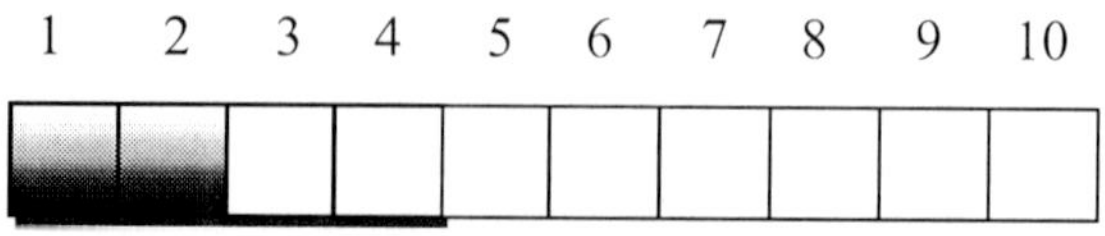

A fração acima é expressa como 2/10, que é igual a 1/5 ou um quinto, pois: dois dividido por dois é igual a um e 10 dividido por dois é igual a cinco. Matematicamente: $\frac{2 \div 2 = 1}{10 \div 2 = 5}$ ou seja: 2/10 = 1/5.

Décimo, centésimo e milésimo

2/10 ainda significa dois décimos, pois das 10 partes ficamos apenas com duas. Da mesma forma: dois décimos (2/10) é igual a um quinto (1/5).

Se tivermos 100 quadrados e ficarmos apenas com um, dizemos que temos um centésimo ou 1/100.

Se tivermos 1.000 quadrados e ficarmos apenas com um, dizemos que temos um milésimo ou 1/1.000.

Do ponto de vista da Matemática, pode-se ter qualquer tipo de fração, como por exemplo:
5/6 = cinco sextos; 3/7 = três sétimos; 7/8 = sete oitavos; 4/5 = quatro quintos.

Frações equivalentes, frações decimais, frações ordinárias, frações próprias e impróprias

Frações equivalentes são as que representam o mesmo valor numérico. Por exemplo:
1/3 = 7/21, pois: 7 x 1 = 7 e 7 x 3 = 21.
2/10 = 1/5, pois: 2 ÷ 2 = 1 e 10 ÷ 2 = 5.
8/64 = 1/8, pois: 8 ÷ 8 = 1 e 64 ÷ 8 = 8.

Frações decimais são as que têm como denominador o número 10 e suas potências, quais sejam: 100, 1.000, 10.000, 100.000, etc.

Fração ordinária é a que não tem denominador igual a 10 e seus múltiplos. 7/23; 3/41; 1/8; 5/7; 3/4, são, exemplos de frações ordinárias.

Frações próprias são as que o numerador é menor que o denominador (2/3, 4/5 e 23/45), enquanto as frações impróprias são aquelas em que o numerador é maior que o denominador (7/3, 9/5 e 23/18).

Adição e subtração de frações, em função do denominador

Existem regras específicas para adição e subtração de frações, que dependem do denominador.
Frações com o mesmo valor numérico de denominador, são somadas ou subtraídas mantendo-se o denominador e somando ou diminuindo o numerador, como adiante mostrado.

Adição com mesmo denominador

7/5 + 3/5 = 10/5 = 2, pois: 7 + 3 = 10 ÷ 5 = 2.
11/27 + 5/27 = 16/27, pois: 11 + 5 = 16. Veja observações abaixo.
11/27, escreve-se: onze e vinte e sete avos.
16/27, escreve-se dezesseis e vinte e sete avos.

Subtração com mesmo denominador

7/5 - 3/5 = 4/5, pois: 7 - 3 = 4.
11/27 - 5/27 = 6/27, pois: 11 - 5 = 6.
Fica implícito que só se pode subtrair de um número maior, ou seja, não se pode fazer, por exemplo, 3/5 - 7/5.

Adição com denominadores diferentes

Para somar frações com denominadores diferentes, tem-se que igualar os denominadores, por exemplo, através da operação de Mínimo Múltiplo Comum – MMC ou do Máximo Divisor Comum - MDC. O Mínimo Múltiplo Comum - MMC de dois ou mais números é o menor número que é divisível por todos eles. O Máximo Divisor Comum - MDC é o maior número divisor dos números, que é comum aos números estudados. Vejamos alguns exemplos para igualar denominadores diferentes. Em alguns casos não há necessidade de se calcular o MMC.

$\frac{1}{6} + \frac{3}{12}$. Para transformar 6 em 12, basta multiplicar a fração $\frac{1}{6}$ por 2:

$\frac{1 \times 2}{6 \times 2} = \frac{2}{12}$. Agora tem-se: $\frac{2}{12} + \frac{3}{12} = \frac{5}{12}$.

$\frac{6}{10} + \frac{8}{5}$. Pode-se reduzir o 10 para 5: $\frac{6 \div 2}{10 \div 2} = \frac{3}{5}$. Agora tem-se: $\frac{3}{5} + \frac{8}{5} = \frac{11}{5}$.

$\frac{2}{6} + \frac{7}{15}$ => Fazendo 6 x 5 = 30 e 15 x 2 = 30, tem-se mesmo denominador.

Portanto: $\frac{2 \times 5}{6 \times 5} = \frac{10}{30}$. $\frac{7 \times 2}{15 \times 2} = \frac{14}{30}$ => $\frac{10}{30} + \frac{14}{30} = \frac{24}{30}$.

$\frac{2}{6} + \frac{7}{15} = \frac{24}{30}$, que dividido por 6 fica: $\frac{24 \div 6}{30 \div 6} = \frac{4}{5}$.

Método do Mínimo Múltiplo comum - MMC

Esse método é usado para qualquer soma de frações, sendo especialmente aplicado quando se tem três ou mais frações a serem somadas, com denominadores diferentes.

Por exemplo, calcular: $\frac{4}{9} + \frac{5}{6}$. { Fazendo: 9 x 2 = 18 e 6 x 3 = 18, tem-se o mesmo denominador e portanto:

$\frac{4 \times 2 + 5 \times 3}{9 \times 2 + 6 \times 3} = \frac{8}{18} + \frac{15}{18} = \frac{23}{18}$.

Calcular: $\frac{7}{36} + \frac{4}{150}$. { Fica difícil determinar "de cabeça", quais números devem multiplicar 36 e 150, para se obter o mesmo valor, ou seja, o mesmo denominador.

A seguir é mostrado como se calcula o MMC de 36 e 150:

1º Colocam-se os números 36 e 150 à esquerda e lado a lado; 2º traça-se uma linha vertical para baixo, após o 150; 3º vou dividindo cada um dos números, um a um, começando por dividir por 2 (pois são pares), depois por 3 e assim por diante.

36 - 150	2
18 - 75	2
9 - 75	3
3 - 25	3
1 - 25	5
1 - 5	5
1 - 1	/

{ 36 ÷ 2 = 18; 150 ÷ 2 = 75; 18 ÷ 2 = 9; 75 não é divisível por 2, logo repito o 75; Como 9 não é divisível por 2, divido por 3, logo: 9 ÷ 3 = 3 e 75 ÷ 3 = 25; 3 ÷ 3 = 1. Repito 25, pois não é divisível por 3. Como 25 também não é divisível por 4 (que é o próximo número), divido por 5, ou seja: 25 ÷ 5 = 5. Continuo repetindo o 1 e faço 5 ÷ 5 = 1. Como reduzimos os dois números ao máximo, pois tenho um nas duas colunas, terminamos a fatoração de 36 e 150.

Conclusão: o MMC entre 36 e 150 é: 2 x 2 x 3 x 3 x 5 x 5 = 900. Então temos: 900 ÷ 36 = 25 e 900 ÷ 150 = 6. Esses são os números utilizados nas frações, de forma a que tenham o mesmo denominador.

$$\frac{7}{36} + \frac{4}{150} = \frac{7 \times 25}{36 \times 25} + \frac{4 \times 6}{150 \times 6} = \frac{175}{900} + \frac{24}{900} = \frac{199}{900}.$$

Calcule: $\frac{2}{9} + \frac{5}{6} + \frac{1}{3}$. Fazendo o MMC, tem-se:

3 - 6 - 9	2
3 - 3 - 9	3
1 - 1 - 3	3
1 - 1 - 1	/

MMC = 2 x 3 x 3 = 18. Então temos:
18 ÷ 9 = 2; 18 ÷ 6 = 3 e 18 ÷ 3 = 6, portanto:

$$\frac{2 \times 2}{9 \times 2} + \frac{5 \times 3}{6 \times 3} + \frac{1 \times 6}{3 \times 6} = \frac{4}{18} + \frac{15}{18} + \frac{6}{18} = \frac{25}{18}$$

A seguir é mostrada uma forma de calcular o Máximo Divisor Comum – MDC, entre dois números. No que se refere á adição e subtração de frações, com denominadores diferentes, o uso do MDC é mais trabalhoso e mais complexo, logo não serão feitos exemplos..

Calcule o MDC dos números 32 e 48.

Divisores de 32 = [~~1~~, ~~2~~, ~~4~~, ~~8~~, ~~16~~ e 32].
Divisores de 48 = [~~1~~, ~~2~~, 3, ~~4~~, 6, ~~8~~, 12, ~~16~~, 24, 48].
Divisores comuns = [1, 2, 4, 8, 16].
Dos cinco divisores comuns, o 16 é o maior, ou seja: **MDC = 16.**

Subtração com denominadores diferentes

A subtração segue as mesmas regras da adição, observando-se que para subtrair, como já visto, o minuendo tem que ser maior do que o subtraendo.
Como descobrir, entre várias frações, quais as de maior valor?
Basta lembrar que fração também significa divisão e, portanto, basta fazer a divisão de cada um e descobrir quais têm maior valor.
Por exemplo, descobrir quais frações são maiores entre as seguintes: 3/4, 14/15 e 20/22.

```
 30 |4       200    |22          140 |15
-28 |0,75   -198    |0,90909    -135 |0,933....
020 |       00200   |           0050 |
-20 |        -198   |            -45 |
 00 |       00200   |            050 |
    |         -198  |
    |          002
```

Pelas divisões vê-se que 14/15 é a maior, depois 20/22 e a menor é 3/4.

Calcule: $\frac{14}{15} + \frac{3}{4} - \frac{20}{22}$.

Primeiro se faz a adição das duas primeiras frações (14/15 + 3/4) e então, com a soma, subtrai-se a terceira fração (20/22).

Como os denominadores são diferentes, primeiro tem-se que igualar. Nesse caso: 14/15 + 3/4, observa-se multiplicando a fração 14/15 por 4 e a fração 3/4 por 15, ambas ficarão com o mesmo denominador.

$\frac{14 \times 4}{15 \times 4} + \frac{3 \times 15}{4 \times 15} = \frac{56}{60} + \frac{45}{60} = \frac{101}{60}$. Continuando:

$\frac{101}{60} - \frac{20}{22}$ => Tem que se achar o MMC entre 60 e 22.

22 - 60	2
11 - 30	2
11 - 15	3
11 - 5	5
11 - 1	11
1 - 1	/

MMC = 2 x 2 x 3 x 5 x 11 = 660.
660 ÷ 60 = 11 e 660 ÷ 22 = 30, portanto:
$\frac{101 \times 11}{60 \times 11} - \frac{20 \times 30}{22 \times 30} = \frac{1.111}{660} - \frac{600}{660} = \frac{511}{660}$

MMC = 2 x 2 x 3 x 5 x 11 = 660.

Observação: o resultado de 511/660, "assusta", pois fica a dúvida de como denominadores de 4, 15 e 22, "se transformam" em 660. Essa dúvida pode ser resolvida fazendo-se a divisão 511/660 e depois comparando com as divisões: 3/4 = 0,75, 14/15 = 0,933... e 20/22 = 0,90909.
Ou seja: 0,933 + 0,75 = 1,683 - 0,90909 = 0,774.

5110	660
-4620	0,774
04900	
-4620	
2800	
-2640	
160	

Embora a divisão continue, confirma-se que o resultado está certo, embora 511/660 assuste.

Conclusão: 14/15 + 3/4 - 20/22 = 511/660.

Multiplicação de frações

Para multiplicar frações, basta multiplicar os numeradores e os denominadores.

$\frac{5}{8} \times \frac{11}{5} = \frac{55}{40}$. $\frac{3}{4} \times \frac{5}{6} \times \frac{7}{8} \times \frac{9}{10} = \frac{945}{1920}$.

Divisão de frações

A divisão de frações é feita multiplicando-se a primeira fração pelo inverso da segunda fração. Inverter uma fração significa trocar numerador e denominador de posição. Ou seja, o numerador passa a ser o denominador e esse passa a ser o numerador.
Por exemplo: o inverso de $\frac{3}{4}$ é $\frac{4}{3}$, O inverso de $\frac{13}{27}$ é $\frac{27}{13}$.

Calcule: $\frac{7}{8} \div \frac{3}{5}$. Ou seja: $\frac{7}{8} \times \frac{5}{3} = \frac{35}{24}$.

Exercícios resolvidos

1) $\underbrace{\left(\frac{2}{3} \div \frac{5}{3}\right)}_{A} \times \underbrace{\left(\frac{3}{7} \times \frac{1}{2}\right)}_{B} + \underbrace{\left(\frac{4}{5} - \frac{1}{8}\right)}_{C}$. Que significa: (A x B) + C.

Em verdade, aqui se tem uma expressão, com três termos (A, B e C) que deve ser resolvida exatamente na ordem, da esquerda para a direita, sendo que primeiro se resolve o que está dentro de cada parênteses.

$\left(\frac{2}{3} \div \frac{5}{3}\right) = \frac{2}{3} \times \frac{3}{5} = \frac{6}{15}$ (A)

$\left(\frac{3}{7} \times \frac{1}{2}\right) = \frac{3}{14}$ (B)

$\left(\frac{4}{5} - \frac{1}{8}\right) = \frac{4 \times 8}{5 \times 8} - \frac{1 \times 5}{8 \times 5} = \frac{32}{40} - \frac{5}{40} = \frac{27}{40}$ (C)

(A x B) + C = $\left(\frac{6}{15} \times \frac{3}{14}\right) + \frac{27}{40} = \frac{18}{210} + \frac{27}{40}$. Tem que calcular o MMC.

40 - 210	2	
20 - 105	2	
10 - 105	2	
5 - 105	3	
5 - 35	5	
1 - 7	7	
1 - 1	/	

MMC = 2 x 2 x 2 x 3 x 5 x 7 = 840.
840 ÷ 210 = 4 e 840 ÷ 40 = 21. Então temos:

$$\frac{18 \times 4 + 27 \times 21}{210 \times 4 + 40 \times 21} = \frac{72}{840} + \frac{567}{840} = \frac{639}{840}.$$

Finalmente: $\left(\frac{2}{3} \div \frac{5}{3}\right) \times \left(\frac{3}{7} \times \frac{1}{2}\right) + \left(\frac{4}{5} - \frac{1}{8}\right) = \frac{639}{840}.$

2) A diretora e a professora de uma escola pretendem levar seus 35 alunos a uma exposição cultural em um determinado museu. Uma empresa de ônibus foi contratada e o valor cobrado será de *R$ 70,00 por aluno, com gratuidade de transporte para os adultos que acompanharão o grupo. O valor da entrada inteira para essa exposição é R$ 30,00 para adultos e da meia entrada é R$ 15,00 para alunos. O valor total que será gasto na realização desta atividade é:

(A) R$ 2.970,00. (B) R$ 3.050,00. (C) R$ 3.035,00. (D) R$ 3.580,00.

*O símbolo R$, ou melhor, a letra R maiúscula seguida do cifrão $ (a letra S maiúscula com um traço vertical) representa a nossa moeda, ou seja, o real. O valor R$ 70,00 representa setenta reais.

Raciocínio lógico: são 35 alunos onde cada um pagará R$ 70,00. Os dois adultos não pagarão o transporte. Cada adulto pagará R$ 30,00 da entrada. Cada aluno pagará R$ 15,00.

Cálculos matemáticos:

35 x R$ 70,00 = R$ 2.450,00.
2 x R$ 30,00 = R$ 60,00.
35 x R$ 15,00 = R$ 525,00.
Valor total gasto: R$ 3.035,00.

3	2
35	35
x70	x15
00	175
245	35
2450	525

A resposta correta é a letra C. Valor total igual a R$ 3.035,00.

3) Em uma cidade do interior de São Paulo com 252.488 eleitores, foi feita uma pesquisa para saber o nível de satisfação dos eleitores em relação à atuação da gestão municipal. O instituto de pesquisa responsável pela analise entrevistou 180 eleitores e obteve a seguinte resposta: a) 2/7 dos eleitores se declararam totalmente insatisfeitos; b) 1/3 declararam insatisfeitos e c) O

restante dos entrevistados se declarou totalmente satisfeito. A) Quantos eleitores estavam totalmente satisfeitos? B) Os que estavam totalmente satisfeitos constituem mais ou menos do que a metade dos entrevistados?

Raciocínio lógico: os cálculos matemáticos serão feitos em relação ao número de eleitores entrevistados, ou seja: 180 pessoas. Primeiro calcula-se o número de eleitores totalmente insatisfeitos, ou seja, 2/7 de 180. Depois calcula-se o número de eleitores satisfeitos, ou seja, 1/3 de 180. Somam-se os 2/7 com o 1/3 de pessoas e subtrai-se essa soma das 180 pessoas entrevistadas. O resultado da subtração é o resultado da 1ª pergunta. A 2ª pergunta é respondida calculando-se a metade ou 1/2 de 180.

Cálculos matemáticos:

2/7 de 180 = (180 ÷ 7) x 2. (180 ÷ 7 = 25,7 pessoas) x 2 = 51,4 pessoas.
1/3 de 180 = (180 ÷ 3) = 60 pessoas.
2/7 + 1/3 = 51,4 + 60 = 111,4 pessoas.
180 - 111,4 = 68,6 pessoas. Como passa de 68,5 e não se pode ter 0,6 pessoa, usa-se 69 pessoas. (Não se pode dividir uma pessoa). Se desse até 68,4 seria usado 68 pessoas.
1/2 de 180 = 90 pessoas.
68 é menor do que 90.

```
                         1 1
18'0'0' | 7              25,7     18'0' | 3        51,4      18'0' | 2
-14     | 25,7          x  2      -18   | 60     + 60,0      -18   | 90
 40     |                51,4      00   |        111,4       000   |
-35     |                 ↑                        ↑
 50     |                 |    Coloca-se vírgula zero, só para armar a conta.
-49     |                 |
  1     |       A vírgula é colocada nessa posição.
```

Resposta: A) 69 pessoas estavam satisfeitas e B) menos da metade das pessoas estavam satisfeitos.

4) Um pedreiro foi contratado para construir um muro com 63 metros de comprimento por dois metros de altura. Foi combinado que ele terá que entregar o muro pronto em 12 dias, sendo que devido fim de semana e um feriado ele não trabalhará por três dias. Quantos metros por dia o pedreiro terá que construir, para cumprir o contrato?

Raciocínio lógico: como tem que entregar em 12 dias, mas não trabalhará 3 dias, é lógico que ele terá nove (dias) para fazer os 63 metros de muro. Ou seja, tem-se que dividir 63 metros por nove (9) dias, para saber quantos metros terá que fazer por dia.

Cálculo matemático: 63 metros dividido por 9 dias é igual a 7 (sete) metros por dia, pois, conforme a tabuada: 9 x 7 = 63.

Resposta: o pedreiro terá que construir 7 metros de muro por dia.

5) Um empresário muito rico decidiu dividir sua fortuna de 18 milhões de reais pelos seus três filhos: João, Pedro e Giovana, estabelecendo o seguinte critério: a) Cada filho receberá um terço (1/3) do total e b) Cada pai/mãe, ficará com metade do que receber e a outra metade será dividida igualmente entre os seus filhos, ou seja, netos do empresário. Determinar quanto cada neto receberá sabendo que: c) João tem três filhos (A, B e C); d) Pedro tem quatro filhos (D, E, F e G) e e) Maria tem duas filhas (H e I).

Raciocínio lógico: primeiro calcula-se um terço (1/3) dos 18 milhões de reais. Em seguida calcula-se a metade (1/2) de quanto receberá cada filho e finalmente divide-se a metade de cada filho, de forma igual pelo número de filhos de cada um.

Cálculos matemáticos:

Quanto cada filho receberá: 18.000.000/3 = 6.000.000.
Quanto cada filho distribuirá para cada filho = 6.000.000/2 = 3.000.000.
Quanto receberá cada filho de João = 3.000.000/3 = 1.000.000.
Quanto receberá cada filho de Pedro = 3.000.000/4 = 750.000.
Quanto receberá cada filha de Maria = 3.000.000/2 = 1.500.000.

18'.000.000 | 3
-18 | 6.000.000
00

6'.000.000 | 2
-6 | 3.000.000
0

Repito os seis zeros aqui e nas demais divisões (0 x3 = 0).

3'.000.000 | 3
-3 | 1.000.000
0

3.0'0'0.000 | 4
-28 | 750.000
020

3'.0'00.000 | 2
-2 | 1.500.000
10
-10
00

Resposta: os netos A, B e C receberão, cada um, 1.000.000 (um milhão de reais). Os netos D, E, F e G receberão, cada um, 750.000,00 (setecentos e cinquenta mil reais). Os netos H e I receberão, cada um, 1.500.000 (um milhão e meio de reais).

Capítulo 3: números racionais decimais e o sistema monetário brasileiro

Números racionais são os que podem ser representados como uma fração a/b, onde a e b são inteiros e b é diferente de zero. Eles incluem todos os números inteiros, as frações e os decimais. Os números racionais têm várias formas de representação, como frações simples (2/3, 5/4), números inteiros (1, -3) ou decimais finitos e periódicos (0,75, 0,3333....).
A característica essencial que define um número racional é justamente a possibilidade de expressá-lo como uma fração de inteiros, o que os torna particularmente úteis em cálculos e medições.

Exemplos de números racionais:

– Números inteiros como -5, 0 e 7, são números racionais porque podem ser expressos como frações, como -5/1, 0/1 e 7/1.
– Frações simples, como 1/2, 4/5 e 7/3, são números racionais porque podem ser representadas como a divisão de dois inteiros, o que caracteriza os números racionais.
– Decimais finitos: Números como 0,25, 1,5 e 3,75 são exemplos de números racionais porque suas representações decimais são finitas e podem ser expressas como frações. Por exemplo, 0,25 = 25/100 = 1/4.
– Decimais periódicos: Números como 0,3333... (que representa 1/3) e 0,6666... (que representa 2/3) são racionais porque a parte decimal se repete infinitamente, mas ainda pode ser expressa como uma fração de inteiros.

Números decimais são os "números com vírgula", ou melhor, números resultados de uma divisão não exata, ou seja, sem resto. Vejamos, por exemplo, 47 ÷ 5 = 9,4, pois: 9,4 x 5 = 47.

```
  47 | 5            2
 -45 | 9,4         9,4
 020 |           x  5
 -20 |          47,0
  00 |
```

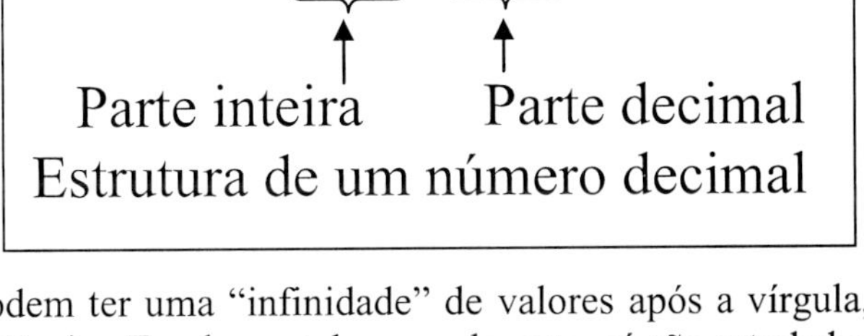

Os números decimais podem ter uma "infinidade" de valores após a vírgula, mas nos anos iniciais do Ensino Fundamental, normalmente, só são estudados e operados até a terceira casa após a vírgula.

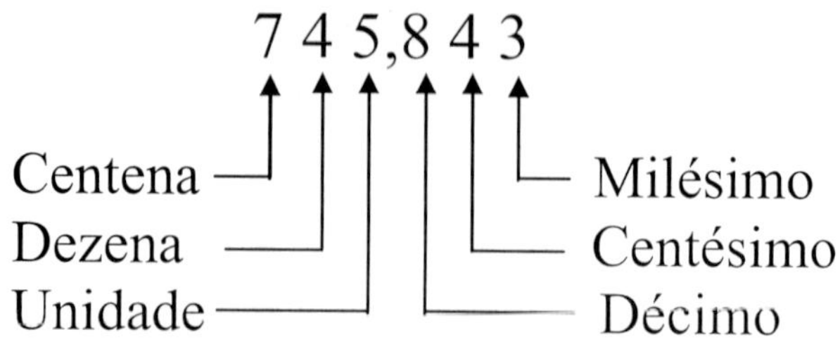

Nomenclatura de um número decimal

O número acima pode ser lido da seguinte maneira: setecentos e quarenta e cinco inteiros e oitocentos e quarenta e três milésimos.

Números racionais divididos ou multiplicados por 10, 100, 1.000, 10.000 e demais múltiplos de 10

Existe uma maneira bem prática de dividir qualquer número por 10 e seus múltiplos, sem precisar armar a conta. Chama-se "andar com a vírgula para a esquerda". O raciocínio inverso ocorre para a multiplicação, bastando andar com a vírgula para a direita. Vejamos:

47 ÷ 10 = 4,7. (4,7 x 10 = 47).
47 ÷ 100 = 0,47. (0,47 x 100 = 47).
47 ÷ 1.000 = 0,047. (0,047 x 1.000 = 47).
47 ÷ 10.000 = 0,0047. (0,0047 x 10.000 = 47).

> Aqui andamos quatro casas para a esquerda, pois 10.000 tem quatro zeros.

Divisão de números racionais por divisor diferente de 10 ou seus múltiplos, resultando em número decimal

Vejamos as cinco etapas para dividir, por exemplo: 45 ÷ 8.

1ª etapa:

```
 45 | 8
-40 | 5
 05 |
```

> 45 ÷ 8 = 5 (5 x 8 = 40), com resto 5.

2ª etapa:

```
 45  | 8
-40  | 5,
 050 |
```

> Como não posso dividir 5 por 8, acrescento um zero no resto 5, virando 50 e acrescentando uma vírgula no quociente 5.

3ª etapa:

```
 45  | 8
-40  | 5,6
 050 |
 -48 |
  02 |
```

> 50 ÷ 8 = 6, com resto 2.

4ª etapa:

```
 45  | 8
-40  |5,62
 050 |
 -48 |
  020|
  -16|
   04|
```

Como não posso dividir 2 por 8, acrescento um zero no resto 2, virando 20 que dividido por 8 dá 2 de quociente e resto 4.

5ª etapa:

```
 45   | 8
-40   |5,625
 050  |
 -48  |
  020 |
  -16 |
   040|
   -40|
    00|
```

Como não posso dividir 4 por 8, acrescento um zero no resto 4, virando 40 que dividido por 8 dá 5 de quociente e resto zero.
Ou seja: 45 dividido por 8 é igual a 5,625 ou cinco unidades e seiscentos e vinte e cinco milésimos.

```
              5 24
Verificação: 5,625
            x    8
            45,000
```

8 x 5 = 40 e vão 4. 8 x 2 = 16 + 4 = 20 e vão 2. 8 x 6 = 48 + 2 = 50 e vão 5. 8 x 5 = 40 + 5 = 45.
Como o multiplicando tem três casas decimais, após a vírgula, o resultado também tem três casas decimais, da direita para a esquerda.

Adição e subtração de números decimais

Tanto na adição, quanto na subtração, os números decimais têm que ser armados de forma a que as casas de mesma nomenclatura sejam adicionadas ou subtraídas. Ou seja, Adiciona-se centena com centena; dezena com dezena, unidade com unidade; décimo com décimo, centésimo com centésimo, milésimo com milésimo e assim por diante.

Efetue: a) 345,678 + 123,456. b) 735,123 - 3,005. c) 0,0704 + 1,223.

```
  1  1 1
  345,678        735,123       0,0704
+ 123,456      -   3,005    +  1,2230
  469,134        732,118       1,2934
```

Multiplicação de números decimais

Multiplicamos da mesma forma que fazemos com os números inteiros. A diferença está na colocação da vírgula, pois ela deverá ser inserida de modo a deixar o número de casas decimais igual à soma da quantidade de casas decimais dos fatores multiplicados, ou seja, se os dois fatores tiverem duas casas decimais, o resultado terá quatro casas decimais, se um tiver duas casas decimais e o outro três, o resultado terá cinco casas decimais.
Para "armar" a conta, coloca-se a parte inteira embaixo de parte inteira, décimos embaixo de décimos, centésimos embaixo de centésimos, e assim sucessivamente, colocando-se o número com maior quantidade de números na parte superior da multiplicação.
A multiplicação é feita sem considerar as vírgulas e ao final coloca-se a vírgula, considerando a soma das casas decimais da direita para a esquerda.
Para multiplicar três ou mais números decimais, fazemos a multiplicação dois a dois, podendo ser em qualquer ordem, devido à propriedade comutativa da multiplicação.

Calcular: a) 5,626 x 2,23. b) 4,27 x 0,006. c) 0,045 x 7,4569.

$$\begin{array}{r} 5,626 \\ \times\ \underline{2,230} \\ 16878 \\ 11252 \\ \underline{11252} \\ 12,54598 \end{array}$$

$$\begin{array}{r} 0,006 \\ \times\ \underline{4,27} \\ \underline{2562} \\ 0,02562^{*} \end{array}$$

$$\begin{array}{r} 7,4569 \\ \times\ \underline{0,045} \\ 372845 \\ \underline{298276} \\ 0,3355605 \end{array}$$

O resultado da terceira conta tem sete casas decimais (4 + 3 = 7).

O resultado das duas primeiras contas tem cinco casas decimais (2 + 3 = 5).
*Na segunda conta: 4,27 x 0,006 como o número superior só tem um número, pois o resto é zero, multiplica-se 427 x 6 = 2562 e então contam-se cinco casas decimais, da direita para a esquerda, resultando: 0,02562

Divisão de número decimal por número inteiro

Essa divisão é feita multiplicando-se o divisor e o dividendo por 10, até que o dividendo torne-se um número inteiro. Por exemplo, para dividir 3,1416 por 3, multiplicam-se ambos os números por 10.000 (dez mil) pois o dividendo tem cinco casas decimais e tem-se então: 31.416 dividido por 30.000. Lembra-se que: 3,1416 dividido por 3 é igual a 31.416 por 30.000.

Calcular: a) 27,48 ÷ 3,6. b) 3,14 ÷ 0,7. c) 1,223 ÷ 0,0704.

a) 27,48 ÷ 3,6 = 2.748 ÷ 360, ou seja, multipliquei os dois números por 100.

```
 2748   |360
- 2520  |7,633...
 02280  |
 - 2160 |
  01200 |
  - 1080|
   01200|
   - 1080
    0120|
```

(7 x 360 = 2520). (6 x 360 = 2160). (3 x 360 = 1080).

Esses três pontinhos significam que essa divisão continuará dando 3, infinitamente, constituindo o que se chama de "dízima periódica".

Portanto: 27,48 ÷ 3,6 = 7,633...

b) 3,14 ÷ 0,7 = 314 ÷ 70, ou seja, multipliquei os dois números por 100.

```
 314  |70
- 280 |4,485
 0340 |
- 280 |
 0600 |
- 560 |
 0400 |
- 350 |
   50 |
```

(4 x 70 = 280). (8 x 70 = 560). (5 x 70 = 350).

Essa divisão, que parou em milésimo, pode continuar ainda mais.

Portanto: 3,14 ÷ 0,7 = 4,485

c) 1,223 ÷ 0,0704 = 12230 ÷ 704, ou seja, multipliquei os dois números por 10.000.

```
 1223'0'  | 704
 - 704    |17,372
   5190   |
 - 4928   |
    2620  |
  - 2112  |
   05080  |
  - 4928  |
     1520 |
   - 1428 |
      092 |
```

(1 x 704 = 704). (7 x 704 = 4928) (3 x 704 = 2112). (2 x 704 = 1408).

Essa divisão que parou em milésimo, pode continuar ainda mais.

Portanto: 1,223 ÷ 0,0704 = 17,372

Exercícios resolvidos

1) Em 2024, no Rio de Janeiro, em média pagava-se por um tipo de carne bovina R$ 38,50. Em 2025, a mesma carne em média custava R$ 51,75. Quanto pagou de diferença, em reais, entre 2024 e 2025, uma família que comprou 47 quilos de carne em cada ano?

Raciocínio lógico: primeiro calcula-se o quanto a família gastou para comprar 47 quilos de carne em 2024, depois calcula-se o quanto gastou em 2025, pela mesma quantidade e, finalmente, faz-se a diferença entre o gasto de 2025, em relação a 2024.

Cálculos matemáticos:

```
  R$ 2.432,25
- R$ 1.809,50
  R$ 0 622,75
```

Total gasto em 2025: 47 x R$ 51,75 = R$ 2.432,25.
Total gasto em 2024: 47 x R$ 38,50 = R$ 1.809,50.
Diferença de gasto: R$ 2.432,25 - R$ 1.809,50 = R$ 622,75.

Resposta: a família pagou uma diferença de R$ 622,75.

2) Em 2025, uma pessoa pagou R$ 135,40, para completar o tanque do seu carro com etanol. Sabendo que o litro do etanol, naquele dia, custava R$ 4,85, calcular a quantidade de combustível colocada no veículo.

Raciocínio lógico: basta dividir o total gasto R$ 135,40 pelo preço do litro a R$ 4,85.

Cálculo matemático: R$ 135,40 ÷ R$ 4,85 = R$ 13.540,00 ÷ R$ 485,00.

```
 1354'0' | 485
 - 970   | 27,91
 03840
 - 3395
 04450
 - 4365
  00850
  - 485
    365
```

(2 x 485 = 970). (7 x 485 = 3395). (9 x 485 = 4365). (1 x 485 = 485).

*Essa divisão, em verdade é da seguinte forma:

$$\frac{\frac{R\$\ 135{,}40}{R\$\ 4{,}85}}{\text{Litro}}$$ o que resulta: $\frac{\cancel{R\$}\ 135{,}40}{\cancel{R\$}\ 4{,}85}$ x litro = 27,91 l.

Dividir significa multiplicar pelo inverso.

Resposta: foram colocados 27,91 litros* de etanol no tanque do carro.

*Quando eu divido reais por reais eu encontro um número que não é o real, no caso o resultado desse número são litros (cujo símbolo é o l minúsculo).

O sistema monetário brasileiro

O sistema monetário brasileiro é baseado no real, que é representado por um r maiúsculo e o cifrão - $, que é um s maiúsculo, cortado no meio por um traço vertical. Esse sistema foi criado a partir do famoso e bem planejado "Plano Real", sendo oficializado a partir de 1º de julho de 1994. O real era a unidade monetária do Brasil (em 2025), sendo dividido em centavos.
Nosso sistema monetário (em 2025) era composto de sete notas e seis moedas, como a seguir mostradas.

Imagens frontais das sete notas em papel, do sistema monetário brasileiro que existiam em 2025.

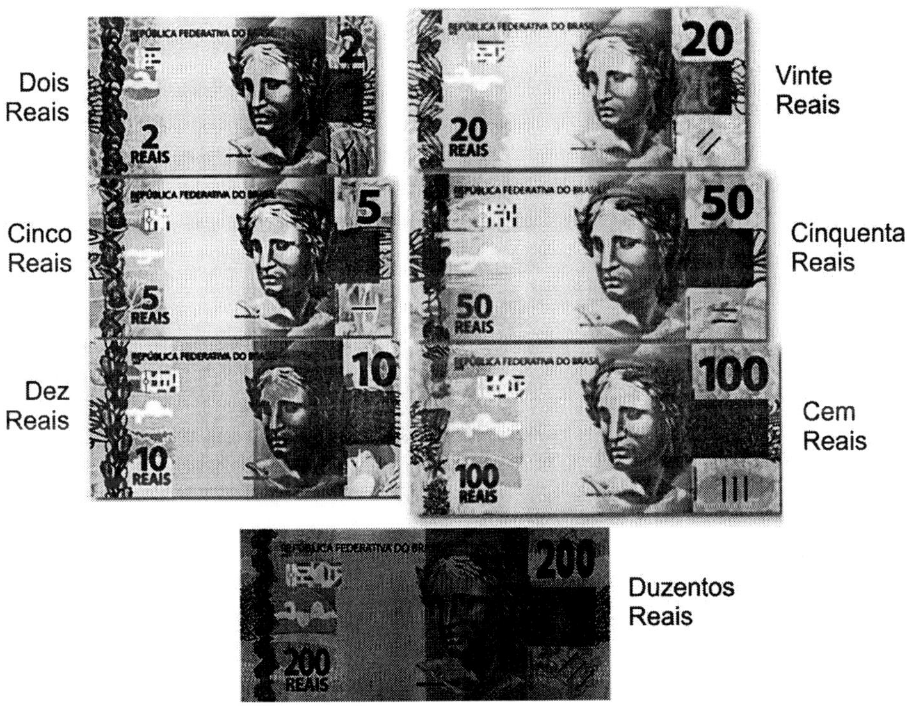

Imagens das cinco moedas do sistema monetário brasileiro que existiam em 2025. A moeda de um centavo quase não era mais utilizada.

As cinco moedas utilizadas em 2025 eram as de: um real (R$ 1,00), cinqüenta centavos (R$ 0,50), vinte e cinco centavos (R$ 0,25), dez centavos (R$ 0,10) e cinco centavos (R$ 0,05). A de um centavo escreve-se: R$ 0,01.

R$ 0,50 = R$ 1,00/2; R$ 0,25 = R$ 1,00/4 ou R$ 0,50/2; R$ 0,10 = R$ 1,00/10 ou R$ 0,50/5; R$ 0,05 = R$ 1,00/20 ou R$ 0,50/10 ou R$ 0,25/5 ou R$ 0,10/2 e R$ 0,01 = R$ 1,00/100.

Por terem valor numérico, nossas cédulas e moedas podem ser utilizadas segundo as quatro operações básicas: adição, subtração, multiplicação e divisão, ou seja, utilizando todos os capítulos estudados até aqui, bem como o próximo que fala de porcentagem.

Exercícios resolvidos

1) Uma família foi a um grande supermercado, que vende por atacado, onde a cada três unidades compradas do mesmo produto tem-se um bom desconto. Ou seja, ao comprar um só item, paga-se mais por unidade, do que se comprar três, seis, nove, etc. Ao longo de meia hora de compras o carrinho tinha os seguintes produtos: a) seis latas de leite em pó a R$ 16, 97 cada; b) nove frascos de detergente a R$ 0,73 cada; c) três pacotes de café em pó, com meio quilo, a R$ 34,78 cada; d) 12 sabonetes em barra a R$ 0,77 cada; e) três quilos de carne bovina a R$ 29,99 o quilo; f) seis litros de água sanitária a R$ 1,27 cada litro; g) seis quilos de feijão manteiga a R$ 5,27 o quilo; h) seis quilos de arroz integral a R$ 4,26 o quilo e i) três garrafas de azeite extra virgem a R$ 33,33 a garrafa. Após passarem pelo caixa pergunta-se: A) Quanto pagaram

ao todo? e B) Pagando com cartão de crédito em três parcelas iguais, quanto pagarão por mês?

Raciocínio lógico: primeiro calcula-se quanto gastaram com cada produto e quanto foi o total, depois divide-se esse total por três, para saber o valor que pagarão por mês.

Cálculos matemáticos:

a) Latas de leite em pó: 6 x R$ 16,97 = R$ 101,82.
b) Frascos de detergente: 9 x R$ 0,73 = R$ 6,57.
c) Pacotes de café: 3 x R$ 34,78 = R$ 104,34.
d) Sabonetes em barra: 12 x R$ 0,77 = R$ 9,24.
e) Carne bovina: 3 x R$ 29,99 = R$ 89,97.
f) Água sanitária: 6 x R$ 1,27 = R$ 7,62.
g) Feijão manteiga: 6 x R$ 5,27 = R$ 31,62.
h) Arroz integral: 6 x R$ 4,26 = R$ 25,56.
i) Azeite extra virgem; 3 x R$ 33,33 = R$ 99,99.

Total pago = R$ 476,73.

```
476’7’3’ | 300
- 300    | 158,91
 1767
- 1500
 2673
- 2400
  2730
- 2700
   300
 - 300
   000
```

Pagamento mensal: R$ 476,73 ÷ 3* = R$ 158,91.

*Dividir R$ 476,73 por três é o mesmo que dividir R$ 47.673,00 por 300.

Resposta: A) A família pagou ao todo R$ 476,73 (quatrocentos e setenta e seis reais e setenta e três centavos) e B) Pagarão por mês R$ 158,91 (cento e cinqüenta e oito reais e noventa e um centavos).

2) Um festival de música foi realizado durante dois fins de semana (quatro dias), com a venda total de 50 mil ingressos e um faturamento total de um quinze milhões de reais (R$ 15.000.000,00). Aos sábados o ingresso custava R$ 420,00 (quatrocentos e vinte reais). Sabendo que nos dois sábados o faturamento foi de nove milhões e duzentos e quarenta mil reais (R$ 9.240.000,00), pergunta-se: A) Quantas pessoas assistiram ao festival nos dois sábados? B) Quantas pessoas assistiram ao festival nos dois domingos? e C) Quanto custou cada ingresso aos domingos?

Raciocínio lógico: para saber quantas pessoas assistiram ao festival nos dois sábados, basta dividir os nove milhões e duzentos e quarenta mil reais pelo valor de cada ingresso, ou seja, quatrocentos e vinte reais. O número de pessoas que assistiram aos domingos é obtido subtraindo-se os 50 mil ingressos por quantas pessoas assistiram aos sábados. Finalmente, para saber quanto custou cada ingresso aos domingos, basta dividir a diferença de faturamento entre os sábados e domingos pelo número de pessoas que assistiram aos domingos.

Cálculos matemáticos:

A) Número de pessoas que assistiram aos sábados é igual a R$ 9.240.000,00 dividido por R$ 420,00.

9.240.000 ÷ 420 = 924.000 ÷ 42.

```
 92'4'0'0'0' | 42
- 84         |______
   84        | 22000
 - 84        |
   00        |
```

(2 x 42 = 84).

22.000 pessoas assistiram ao festival aos sábados.

B) Número de pessoas que assistiram aos domingos é igual a 50.000 menos 22.000.

```
   4
  5 0 . 0 0 0
- 2 2 . 0 0 0
  2 8 . 0 0 0
```

28.000 pessoas assistiram ao festival aos domingos.

C) Custo de cada ingresso aos domingos:

R$ 15.000.000,00 - R$ 9.240.000,00 = R$ 5.760.000,00 que divididos por 28.000 pessoas, indica o valor do ingresso aos domingos. R$ 5.760.000,00 ÷ 28.000 pessoas = R$ 5.760,00 ÷ 28 pessoas.

```
 57'6'0' | 28
- 56     |________
 016     | 205,71
  - 0    |
   160   |
 - 140   |
   0200  |
  - 196  |
   0040  |
    -28  |
     12  |
```

(2 x 28 = 56). (0 x 28 = 0). (5 x 28 = 140). (7 x 28 = 196). (1 x 28 = 28).

Na média, aos domingos, cada ingresso custou R$ 205,71. Esses centavos apareceram devido provavelmente a ingressos vendidos diretamente na portaria e com descontos.

Capítulo 4: porcentagens e suas representações decimais e fracionárias

Porcentagem ou percentagem é uma fração com denominador igual a 100. A própria palavra porcentagem remete ao conceito de "por cento", ou seja, dividir por 100. O símbolo matemático para porcentagem é %, ou seja, dois zeros um sobrescrito e outro subscrito separados por um pequeno traço inclinado a quarenta e cinco graus (45º).
Uma porcentagem pode ser expressa de três formas diferentes: forma percentual, por exemplo 25%, forma fracionária, por exemplo, 1/4 e na forma decimal, por exemplo 0,25.
O cálculo do valor representado por uma porcentagem geralmente é feito a partir de uma multiplicação de frações ou de números decimais. A seguir são mostrados alguns exemplos de porcentagens.

1) 25% de $\frac{240}{100}$ = 25 x 240 = 0,25 x 240 = 60.

$$\left\{\begin{array}{r} 2\,4\,0 \\ \times\ \underline{0\,,\,2\,5} \\ 1\,2\,0\,0 \\ \underline{4\,8\,0} \\ 6\,0\,,\,0\,0 \end{array}\right.$$

2) Sabendo que um supermercado anunciou que dará desconto de 12% para quem comprar, no mínimo três garrafas de azeite português, com preço de R$ 48,50 a garrafa, pergunta-se quanto será pago ao se comprar cinco garrafas e quanto se pagará a menos por garrafa..

Preço das cinco garrafas sem desconto: 5 x R$ 48,50 = R$ 242,50.

12% de R$ 242,50 = 12/100 x R$ 242,50 = 0,12 x R$ 242,50 = R$ 29,10.

Ou seja, tem-se um desconto de R$ 29,10 sobre R$ 242,50. Isso significa fazer: R$ 242,50 - R$ 29,10 = R$ 213,40.

Por garrafa haverá uma economia de R$ 29,10 ÷ 5 = R$ 5,82.

3) José precisa ir de onde mora até a casa de seu avô, que fica a 148 quilômetro (148 km) de distância, se for por uma estrada com pedágio de R$ 19,00. Se ele utilizar um caminho alternativo andará 11% a mais, sem pagar pedágio. O que é mais vantajoso para o José, sabendo que pelo caminho alternativo seu carro faz 10 km com um litro de etanol, que custa R$ 4,85?

11% de 148 km = 11/100 x 148 = 0,11 x 148 = 16,28 km, que é o quanto andará a mais.

Com o rendimento de 10 km gastando R$ 4,85, significa que gastará R$ 4,85/10 = R$ 0,485 por km.

Como andará 16,28 km a mais, terá um custo de 16,28 km x $\frac{\text{R\$ 0,485}}{\text{km}}$, que é igual a aproximadamente R$ 7,90.

Conclusão: é mais econômico o José pegar o caminho alternativo, pois gastará R$ 7,90, ao invés dos R$ 19,00 do pedágio. Com esse gasto o José pagará cerca de 41,6% do valor do pedágio, pois R$ 7,90/R$ 19,00 = 0,416 x 100 = 41,6%.

Aumento percentual

Pedro tinha R$ 2.000,00 numa Caderneta de Poupança e seis meses depois passou a ter R$ 2.065,87. Qual foi o aumento percentual da Poupança do Pedro?
Em seis meses houve um aumento de R$ 2.065,87 - R$ 2.000,00 = R$ 65,87, que em relação aos R$ 2.000,00 significam: (R$ 65,87/R$ 2.000,00) x 100 = aproximadamente 3,3%. Esse foi o aumento percentual da Poupança, que pode ser resumido como:

$$\text{Aumento percentual} = \frac{(\text{Valor novo - valor antigo}) \times 100\%}{\text{Valor antigo}}.$$

Antônio fez uma dívida no cartão de crédito de R$ 2.820,00, para pagar em uma parcela, 30 dias depois. Devido problema de saúde com seu filho, com muitas despesas, Antônio ficou dois meses sem pagar e quando foi negociar para fazer o pagamento, a dívida estava em R$ 3.158,40, o que lhe assustou. Qual foi o aumento percentual dos dois meses de atraso?

$$\text{Aumento percentual} = \frac{(\text{R\$ 3.158,40 - R\$ 2.820,00}) \times 100\%}{\text{R\$ 2.820,00}} =$$

$$= \frac{\text{R\$ 338,40} \times 100\%}{\text{R\$ 2.820,00}} = 0{,}12 \times 100\% = \textbf{12\%: aumento percentual}.$$

Lucro, prejuízo, multa e juros

Lucro é o ganho financeiro obtido, por exemplo, em uma venda. Ou seja, a pessoa comprou algo por um valor e a vendeu por um valor maior. Essa diferença, para mais é o lucro, que pode ser calculado como:

$$\text{Lucro percentual} = \frac{(\text{Valor de venda - Valor de compra}) \times 100\%}{\text{Valor de compra}}.$$

Prejuízo ocorre quando o valor da venda é menor do que o valor da compra.

Mariana comprou um vestido de formatura por R$ 3.500,00 e três meses depois vendeu para outra pessoa por R$ 4.000,00. Qual foi o lucro percentual da Mariana?

$$\text{Lucro percentual} = \frac{(\text{R\$ } 4.000{,}00 - \text{R\$ } 3.500) \times 100\%}{\text{R\$ } 3.500{,}00} = \frac{\text{R\$ } 500{,}00 \times 100\%}{\text{R\$ } 3.500{,}00} =$$

= 0,1429 x 100% = **14,29%, que foi o lucro percentual da Mariana.**

Francisco comprou à vista um celular novo por R$ 12.000,00, mas dois meses depois teve que vender por R$ 10.000,00, pois perdeu o emprego e tinha muitas responsabilidades a cumprir. Qual foi o prejuízo percentual do Francisco?

$$\text{Prejuízo percentual} = \frac{(\text{R\$ } 12.000{,}00 - \text{R\$ } 10.000{,}00) \times 100\%}{\text{R\$ } 12.000{,}00} =$$

$$= \frac{\text{R\$ } 2.000{,}00 \times 100\%}{\text{R\$ } 12.000{,}00} = 0{,}1666 \times 100\% = 16{,}66\%.$$

Francisco teve um prejuízo percentual de 16,66%.

Henrique deixou de pagar um boleto bancário no valor original de R$ 1.325,00, no dia do vencimento e quatro dias depois quando foi pagar o valor estava em R$ 1.378,00. Qual foi o valor percentual da multa?

$$\text{Multa percentual} = \frac{(\text{R\$ } 1.378 - \text{R\$ } 1.325{,}00) \times 100\%}{\text{R\$ } 1.325{,}00} =$$

$$= \frac{\text{R\$ } 53{,}00 \times 100\%}{\text{R\$ } 1.325{,}00} = 0{,}04 \times 100\% = 4\%$$ **: multa percentual.**

Em termos matemáticos, os juros podem ser entendidos como uma "multa", mas enquanto a multa é uma penalidade, os juros são um valor adicional cobrado.

Por exemplo, é comum ver-se em lojas o seguinte anúncio "Pagamento à vista R$ 2.500,00", para pagar em até 10 vezes, tem um acréscimo de 10%.
Ou seja, se cobra um juro de 10%, com 10 prestações mensais de R$ 275,00.

Exercícios resolvidos

1) Um professor aposentado por uma Universidade estadual consultou o seu contracheque de agosto de 2025 e constatou os seguintes valores:

Salário Bruto	R$ 5.819,77.
Desconto do Imposto de Renda	R$ 1.392,31.
Salário líquido	R$ 4.427,46.

Quantos porcento o professor tem de desconto do imposto de renda?

$$\text{Desconto percentual} = \frac{(\text{R\$ } 5.819{,}77 - \text{R\$ } 4.427{,}46) \times 100\%}{\text{R\$ } 5.819{,}77} =$$

= 0,2392 x 100% = **23,92%: esse é o desconto percentual**.

2) Considerando o ano de 2025, com o salário mínimo de R$ 1.518,00, a alíquota de contribuição previdenciária para o INSS era conforme a tabela a seguir, levando em conta faixas de salários.

Salário de contribuição	Alíquota	Parcela a deduzir
Até R$ 1.518,00	7,5%	–
De R$ 1.518,00 até R$ 2.793,88	9%	R$ 22,77.
De R$ 2.793,88 até R$ 4.190,84	12%	R$ 106,59.
De R$ 4.190,84 até R$ 8.157,41	14%	R$ 190,40.

Qual o desconto mensal de dois funcionários de uma empresa particular que ganham respectivamente: a) João com salário bruto mensal de R$ 6.780,00 e b) Antônio com salário bruto mensal de R$ 11.548,00.

a) João está na faixa de R$ 4.190,84 até R$ 8.157,41, com alíquota de 14% e parcela a deduzir de R$ 190,40, portanto tem que ser calculado desconto de 14% sobre o salário de R$ 6.780,00 e desse percentual deduzir R$ 190,40.

14% de R$ 6.780,00 = 14/100 x R$ 6.780,00 = 0,14 x R$ 6.780,00 = R$ 949,20 que, menos R$ 190,40 é igual a R$ 758,80.

b) Antônio com salário de R$ 11.548,00 também está na faixa de R$ 4.190,84 até R$ 8.157,41, com alíquota de 14% e parcela a deduzir de R$ 190,40, portanto tem que ser calculado desconto de 14% sobre o salário de R$ 11.548,00 e desse percentual deduzir R$ 190,40.

14% de R$ 11.548,00 = 14/100 x R$ 11.548,00 = 0,14 x R$ 11.548,00 = R$ 1.616,72 que, menos R$ 190,40 é igual a R$ 1.426,32.

R$ 6 7 8 0 , 0 0	R$ 1 1 5 4 8 , 0 0
x 0 , 1 4	x 0 , 1 4
2 7 1 2 0	4 6 1 9 2
+ 6 7 8 0	+ 1 1 5 4 8
R$ 9 4 9 , 2 0	R$ 1 6 1 6 , 7 2
- R$ 1 9 0 , 4 0	- R$ 1 9 0 , 4 0
R$ 7 5 8 , 8 0	R$ 1 4 2 6 , 3 2

3) Uma empresa de transporte precisa renovar sua frota de caminhões e vai comprar cinco novos veículos da mesma marca e exatamente iguais em tudo. Após consultar três concessionárias: A, B e C, a empresa recebeu as propostas a seguir. Calcular o preço final de cada uma e os juros cobrados nas vendas.

A) Preço à vista R$ 5.000.000,00, com alternativa de uma entrada de R$ 2.000.000 e 10 parcelas de R$ 350.000,00.

B) Preço à vista R$ 4.850.000,00, com alternativa de uma entrada de R$ 3.000.000 e cinco parcelas de R$ 450.000,00.

C) Preço à vista R$ 4.800.000,00, com alternativa de sem entrada e seis parcelas R$ 850.000,00.

Análise de cada proposta:

Concessionária A: R$ 2.000.000,00 + 10 x R$ 350.000,00 = R$ 5.500.000,00. Como o preço à vista é R$ 5.000.000,00, está cobrando um juro de R$ 500.000,00, ou seja, 10% do preço à vista.

Concessionária B: R$ 3.000.000,00 + 5 x R$ 450.000,00 = R$ 5.250.000,00. Como o preço à vista é R$ 4.850.000,00 está cobrando um juro de R$ 5.250.000,00 - R$ 4.850.000,00 = R$ 400.000,00 sobre o preço à vista de R$ 4.850.000,00.
Ou seja: (R$ 400.000,00/R$ 4.850.000) x 100% = 0,0825 x 100% = 8,25% do preço à vista.

Concessionária C: 6 x R$ 850.000,00 = R$ 5.100.000,00. Como o preço à vista é R$ 4.800.000,00, está cobrando um juro de R$ 300.000,00.
Ou seja: (R$ 300.000,00/R$ 4.800.000,00) x 100% = 0,0625 x 100% = 6,25% do preço à vista.

Cálculos matemáticos:

```
  R$ 4 5 0 0 0 0 , 0 0
                   x 5
-----------------------
R$ 5 2 5 0 0 0 0 , 0 0
```

R$ 400.000,00 ÷ R$ 4.850.000,00 = R$ 400,00 ÷ R$ 4.850,00.

```
  40000   |4850
- 38800   |0,08247
   12000  |
  - 9700  |
   23000  |
  - 19400 |
    36000 |
  - 33950 |
     2050 |
```

(8 x 4.850 = 38.800). (2 x 4.850 = 9.700).
(4 x 4.850 = 19.400). (7 x 4.850 = 33.950).

0,08247 está sendo arredondado para 0,0825.
0,0825 x 100% = 8,25%.

R$ 300.000,00 ÷ R$ 4.800.000,00 = R$ 300,00 ÷ R$ 4.800,00.

```
  30000   |4800
- 28800   |0,0625
   12000  |
  - 9600  |
   24000  |
  - 24000 |
   00000  |
```

(6 x 4.800 = 38.800). (2 x 4.850 = 9.700).
(5 x 4.800 = 24.000).

Exercícios propostos. (Veja respostas no Apêndice A)

1) Num grupo de 100 juízes de um estado 25% são mulheres e dessas 20% são negras. Quantas juízas negras existem nesse grupo?

2) Em porcentagem, a quanto corresponde 0,0073?

3) Um produto custava R$ 2.000,00 e teve dois aumentos em dois meses seguidos, um de 20% e outro de 15%. Para quanto foi o preço do produto, ao final do segundo aumento?

UNIDADE II: ÁLGEBRA

Capítulo 5: padrões figurais e numéricos. Sequências e seriações numéricas. Relação e propriedades da igualdade. Grandezas proporcionais

A álgebra é uma linguagem da Matemática que utiliza os símbolos, as operações e as propriedades dos números para expressar generalizações. O objetivo da álgebra nos anos iniciais é desenvolver o pensamento algébrico, ou seja, através de situações matemáticas os estudantes podem identificar padrões, analisar regularidades e fazer generalizações.

Foi a partir da aprovação, em 2017, da Base Nacional Comum Curricular - BNCC, para os anos iniciais do Ensino Fundamental, que o pensamento algébrico passou a fazer parte do estudo da Matemática, já a partir do 1º ano. Antes da BNCC, a álgebra era estudada somente após o 6º ou 7º ano.

Padrões figurais

Matematicamente, a palavra "padrão" pode ser interpretada como algo que se repete, de forma previsível. Dessa forma existem os padrões figurais e os numéricos, onde os figurais são repetições de figuras ou desenhos em geral, mas também de figuras e entidades geométricas como triângulos, quadrados, retângulos, círculos, etc.

Principais figuras geométricas

Quadrado Triângulo Retângulo Círculo

Exemplo de padrão geométrico

1) Quadrados que aumentam de tamanho

2) Triângulos iguais em posições diferentes

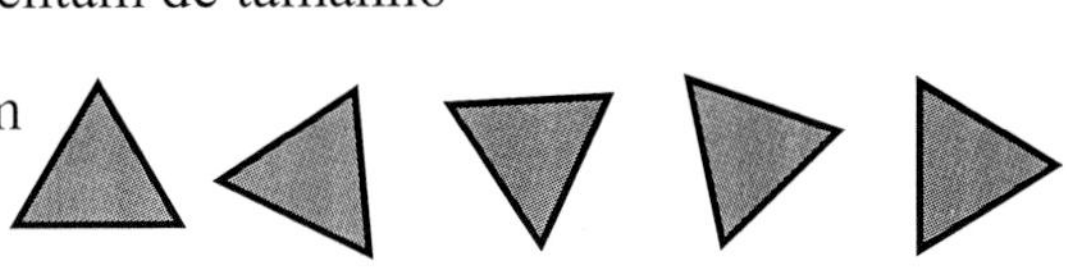

Padrões numéricos

Padrões numéricos, em matemática, são regras ou modelos que descrevem como os números em uma sequência se relacionam. Exemplos incluem sequências de números pares, números primos, múltiplos de um número específico ou sequências onde a diferença entre termos é constante.

2, 4, 6, 8, 10, 12, 14, 16, 18. Padrão de números pares.

1, 3, 5, 7, 9, 11, 13, 15, 17. Padrão de números ímpares.

1, 3, 5, 7, 11, 13, 17, 19, 23. Padrão de números primos.

Números primos são os números naturais, maiores que um (1), que possuem somente dois divisores: a unidade um (1) e ele mesmo.

2, 6, 10, 14, 18, 22, 26. Padrão de números que aumentam de 4 em 4.

2, 5, 8, 11, 14, 17, 20. Padrão de números que aumentam de 3 em 3.

Exercícios resolvidos

1) Na sequência a seguir, qual figura não pertence ao padrão?

As seis primeiras estrelas têm cinco pontas, a sétima tem quatro pontas, portanto é a estrela de quatro pontas que não pertence ao padrão estabelecido.

2) No padrão a seguir, descubra qual número vem na sequência.

24, 12, 6, ? É o número três (3), pois a sequência vem com metades em ordem decrescente. (24/2 = 12; 12/2 = 6 e 6/2 = 3).

3) No padrão a seguir, qual o número a seguir?

10, 20, 30, 40, 50, 50, 70, 80, ? 90 é o número a seguir, pois a sequência são dezenas em ordem crescente.

4) Complete a sequência do padrão inicial das figuras a seguir.

Observe-se que o padrão inicial é composto por: um coração, um pentágono*, uma cruz e um triângulo. Na quarta sequência de figuras a que falta é a do pentágono*, que é uma figura geométrica com cinco lados. O prefixo penta, vem do grego e significa cinco. O Brasil é pentacampeão mundial de futebol, ou seja, já foi campeão cinco vezes.

5) Complete com a figura que falta na sequência a seguir.

 ?

Raciocínio lógico: observa-se que a sequência começou com uma linha horizontal, depois uma horizontal e uma vertical, depois três linhas formando um triângulo e depois quatro linhas formando um quadrado. A lógica aqui é seguir com figuras geométricas, sendo a próxima uma figura com cinco linhas retas (ou lados), ou seja, um pentágono.

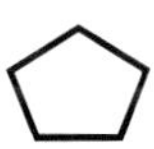 Essa é a figura que falta na sequência acima.

6) Complete a sequência a seguir.

 ?

Raciocínio lógico: observa-se que, a partir de uma linha horizontal, foram acrescentadas, da direita para a esquerda, traços verticais, um a um. Como a sexta figura tem quatro traços verticais é lógico que a próxima figura, a sétima, terá cinco traços verticais, da direita para a esquerda.

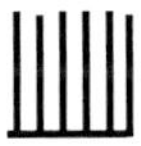 ← Essa é a figura que falta na sequência acima, com seis traços.

7) Considerando as figuras sequenciais a seguir, determine como ficará a sexta figura.

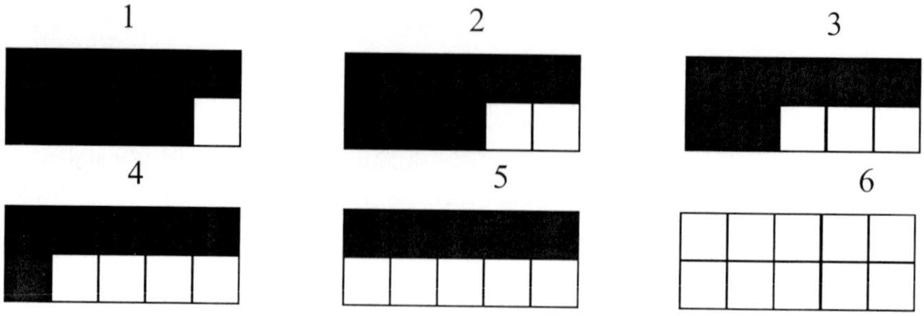

Raciocínio lógico: observa-se que cada figura tem 10 quadradinhos e a partir da número 1, uma a uma, vão sendo retirados o preenchimento de cada quadradinho, da direita para a esquerda. É lógico que a figura número seis ficará da forma mostrada abaixo.

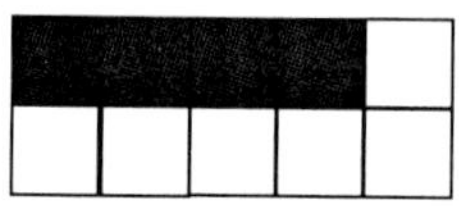

8) Complete com a palavra que falta:

ABA, ABE, ABI, ABO, ABU, ACA, ACE, ACI, ?

Raciocínio lógico: observa-se que as cinco primeiras palavras começam com as letras AB e depois a terceira letra segue a ordem das vogais, ou seja: A, E, I, O, U. Na sequência, as três primeiras palavras começam com as letras AC e na sequência recomeçam com as vogais A, E, I. É lógico que a nona palavra é **ACO**, pois é a próxima vogal depois de I.

9) Madalena tinha vários biscoitos. Depois de comer um, deu metade do que restou para a irmã. Depois de comer outro biscoito, deu a metade do que restou ao irmão. Agora só lhe restam cinco biscoitos. Com quantos biscoitos começou ela?

☐ 11 ☐ 22 ☐ 23 ☐ 45 ☐ 46

A solução matemática dessa questão envolve a montagem, conhecimento e resolução de uma equação do primeiro grau, ou seja, de médio conhecimento. Como este conteúdo não faz parte do Ensino Fundamental anos iniciais, recomenda-se testar as respostas.

23 - 1 = 22; 22/2 = 11; 11 - 1 = 10; 10/2 = 5 (cinco).
Ou seja: Madalena começou com 11 biscoitos.

10) Qual dos cinco desenhos representa a melhor comparação?

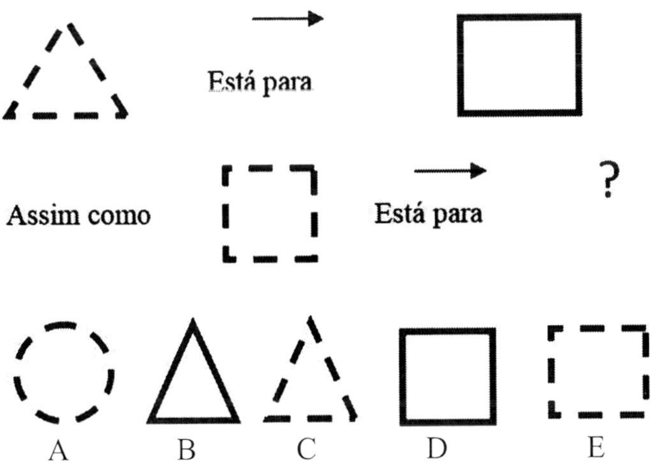

A resposta é a letra D, pois, assim como um triângulo tracejado se transformou num triângulo com linhas cheias, é lógico que um quadrado de linhas tracejadas se transforme em um quadrado de linhas cheias.

11) Que objeto não pertence a este grupo?

☐ Castelo ☐ espada ☐ fortaleza

☐ capacete ■ Automóvel

Raciocínio lógico: um castelo pode ser entendido como uma fortaleza, onde pessoas usam capacete e portam espadas logo, automóvel é o objeto que não pertence a esse grupo.

12) Qual a próxima figura?

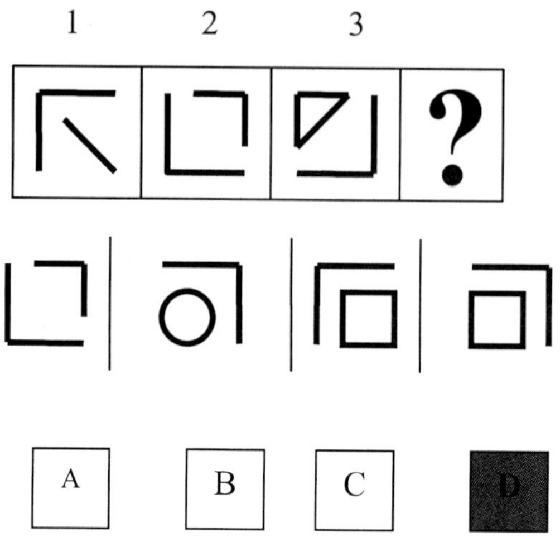

Raciocínio lógico: Nessa questão estão envolvidos dois elementos geométricos: dois segmentos de reta que formam um ângulo reto (90°) e que gira a 90° no sentido anti-horário e elementos compostos por segmentos de reta, com um dois e três partes (ou lados). A imagem D é a resposta, pois tem o ângulo reto girado de 90° no sentido anti-horário em relação à figura 3 e a figura de um quadrado, ou seja, com quatro lados, que é o valor depois do triângulo da figura 3.

13) Qual é a próxima figura?

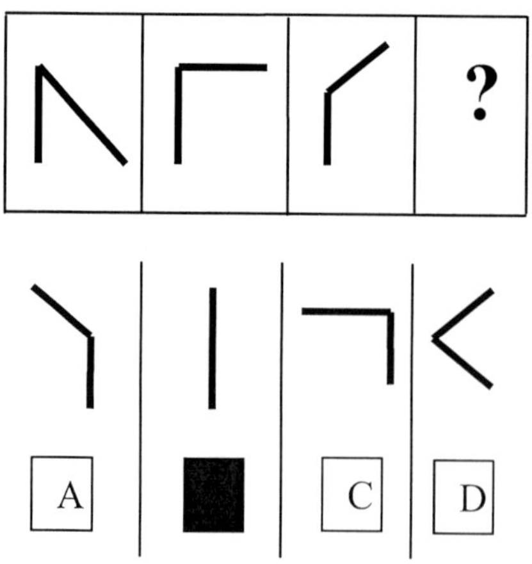

Raciocínio lógico: cada um dos símbolos têm dois segmentos de reta formando um ângulo e mudam de posição de 45º, no sentido anti-horário. Na figura 1 temos o segmento da esquerda a menos 45º; Na figura 2 o segmento da esquerda gira no sentido anti-horário, formando um ângulo de zero grau; Na figura 3 o segmento da esquerda gira no sentido anti-horário, formando um ângulo de mais 45º. Seguindo esse raciocínio, é lógico que, como cada figura gira de 45º, a figura 4 formará um ângulo de mais 90º, ou seja, como indicado na opção B.

14) Qual é o próximo número da sequência:

531, 496, 461, 426, 391, 356, 321, ?.

$$\begin{array}{r} {}^{2\,1} \\ \not{3}\not{2}1 \\ -\ 35 \\ \hline 286 \end{array}$$

A) 276. B) 281. **C) 286**. D) 294. E) nenhum dos números anteriores.

Raciocínio lógico: observa-se que se trata de um conjunto ou sequência numérica em ordem decrescente. Faz-se a subtração de cada dois elementos seguidos, para se descobrir se existe um valor constante de subtração. 496 - 461 = 35; 461 - 426 = 35; 426 - 391 = 35; 391 - 356 = 35 e 356 - 321 = 35.
Ou seja, cada número é igual ao seu predecessor menos 35. Assim sendo o próximo número é 321 - 35 = 286, que é a opção C.

As igualdades

Como já visto, em toda adição se aplica a propriedade comutativa, ou seja, por exemplo: 6 + 1 = 7 e 1 + 6 = 7. Para além da comutatividade, também se pode usar o seguinte raciocínio: 6 + 1 = 7 = 1 + 6 = 2 + 5 = 4 + 3, etc.

Vamos imaginar a seguinte questão: a soma das idades de um pai e seu filho é igual a 92 anos. Sabendo que o pai tem 72 anos, qual a idade do filho?
O raciocínio lógico nesse caso é descobrir qual é o número que adicionado a 72 dá 92, ou melhor, basta calcular a subtração de 92 - 72 = 20.
Ou seja, o filho tem 20 anos.

Numa família a soma das idades do pai, da mãe e do filho é igual a 80 anos. Sabendo que o pai tem 35 anos e o filho 12 anos, determinar a idade da mãe.

Análise matemática: 35 anos + 12 anos + idade da mãe = 80 anos. Isso significa que 47 anos + idade da mãe = 80 anos. Ou seja, deve ser calculado o número que somado a 47 seja igual a 80 ou calcular a subtração de 80 menos 47 = 33. Ou seja: a mãe tem 33 anos de idade.

$$\begin{array}{rrr} & {}^{7} & \\ 35 & 80 & 92 \\ \underline{+12} & \underline{-47} & \underline{-72} \\ 47 & 33 & 20 \end{array}$$

O conceito de equação e a incógnita x

Uma equação é uma sentença matemática que estabelece uma igualdade entre duas expressões, contendo pelo menos uma incógnita (um valor desconhecido), denominada pela letra "x". O objetivo de resolver uma equação é determinar o valor da incógnita que torna a igualdade verdadeira.

Por exemplo, na igualdade matemática ou equação: 35 + 12 + x = 80 o valor de x é 33, como visto anteriormente.

Existe outra forma de escrever essa igualdade ou equação, passando 35 + 12 para o "outro lado" da igualdade. Ao fazer essa mudança a adição 35 + 12 passa a ser uma subtração, ou seja: x = 80 - 35 - 12 ou x = 45 - 12 e x = 33.

Existe a seguinte regra, quando se muda um valor de lado em uma equação: "ao se mudar um valor de lado em uma equação, inverte-se o seu sinal".
Ou seja, o que está sendo adicionado, ao mudar de lado, passa a ser subtraído. Do mesmo modo, o que está sendo multiplicado, ao mudar de lado, passa a ser dividido.

Por exemplo: um avô tem uma idade cinco vezes maior que o seu neto. Sabendo que o avô tem 75 anos, qual a idade do neto.

Esse problema pode ser expresso da seguinte forma, considerando a idade do neto igual a x: 5x = 75.
Observa-se que o número 5 está multiplicando à esquerda e ao passá-lo para a direita o seu sinal se inverte, ou seja, passa a dividir ou passa a ser um divisor. Logo:

$5x = 75 \Rightarrow x = \frac{75}{5} \Rightarrow x = 15.$

$$\begin{array}{r} {}^{2} \\ 15 \\ \underline{\times 5} \\ 75 \end{array}$$

Em alguns casos, existe a necessidade de se usar uma segunda incógnita, que é chamada de y. Vejamos o seguinte exemplo, e como se resolve:

A soma da idade do avô com a do neto é igual a 80. Sabendo que o avô tem quatro (4) vezes a idade do neto, calcular a idade de cada um.

A análise matemática é a seguinte: a idade do avô é chamada de y e a do neto de x. Dessa forma, se pode escrever as seguintes igualdades ou equações:

$x + y = 80$ e $y = 4x$. Essas igualdades constituem o que se chama de "um sistema de duas equações com duas incógnitas", sendo escritas como:

$$\begin{cases} x + y = 80. \\ y = 4x \end{cases}$$

> Existem dois métodos para resolver esse tipo de sistema, mas nesse caso o mais rápido é o da substituição.

Como $y = 4x$, eu o substituo na 1ª equação, ficando: $x + 4x = 80$, ou seja: $5x = 80$, que significa: $x = 80/5$ ou $x = 16$, que é a idade do neto.

Idade do avô: 80 - 16 = 64.

Conclusão: o avô tem 64 anos e o neto 16 anos.

$$\begin{array}{r} {}^{3} \\ 16 \\ \underline{\times 5} \\ 80 \end{array} \qquad \begin{array}{r} {}^{7} \\ 80 \\ \underline{-16} \\ 64 \end{array}$$

Grandezas proporcionais

Duas grandezas são consideradas diretamente ou inversamente proporcionais quando se relacionam de forma direta, ou seja, crescem ou decrescem na mesma proporção. Por exemplo, considere o retângulo a seguir:

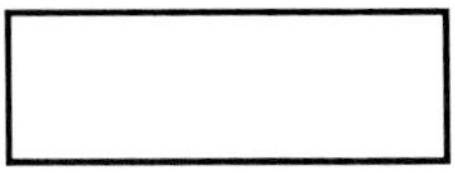

Retângulo de 1 cm x 3 cm

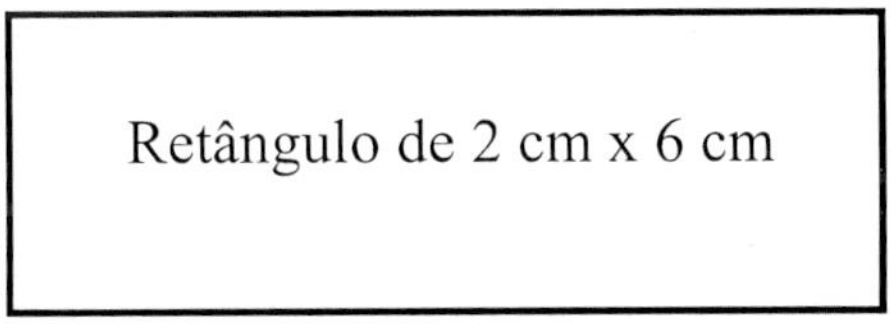

A abreviatura “cm” significa centímetro ou um centésimo de um metro, ou seja, pega-se um metro que dividido por 100, gera o centímetro.

Dividindo-se os valores dos lados maiores e menores, descobre-se se existe proporcionalidade ou não.

$\text{Lado maior} = \dfrac{6\ \cancel{cm}}{3\ \cancel{cm}} = 2$	$\text{Lado menor} = \dfrac{2\ \cancel{cm}}{1\ \cancel{cm}} = 2$

Como a relação entre os lados é igual a 2, diz-se que esses retângulos são proporcionais, com a razão ou constante de proporcionalidade igual a 2 (dois).
Nesse caso pode-se escrever que o retângulo maior (2 cm x 6 cm) é diretamente proporcional ao retângulo menor (1 cm x 3 cm), na razão de proporcionalidade igual a 2 (dois).
Também se pode dizer que o retângulo menor (1 cm x 3 cm) é inversamente proporcional ao retângulo maior (2 cm x 6 cm), na razão de proporcionalidade igual a 2 (dois).

Em uma fábrica, determinada máquina produz 10 peças em um minuto, 30 peças em três minutos, 90 peças em nove minutos e 120 peças em 12 minutos. Determinar, se houver, a razão ou constante de proporcionalidade.

Análise matemática: $\dfrac{10}{1} = 10$; $\dfrac{30}{3} = 10$; $\dfrac{90}{9} = 10$ e $\dfrac{120}{12} = 10$.

Conclusão: essa máquina tem uma produção de forma proporcional, com razão de proporcionalidade igual a 10.

Exercícios propostos. (Veja respostas no Apêndice A)

1) Observe a lógica das sequências a seguir e responda à pergunta ao final.

 ou  Duas figuras geométricas.

Três figuras geométricas.

Observa-se que, a partir de três figuras geométricas podem ser criadas seis formas ou sequências diferentes, na forma de suas posições. Constata-se que o mesmo ocorre no sentido vertical.

A partir de três figuras foram obtidas seis sequências diferentes, quanto à posição no grupo.

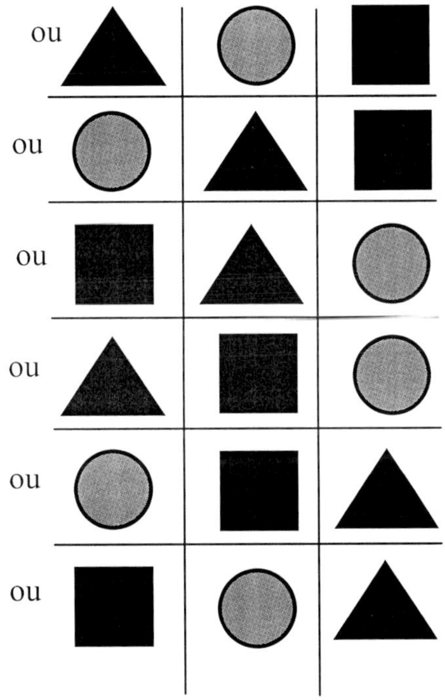

Exercícios resolvidos

1) Complete a sequência a seguir, conforme a lógica geométrica utilizada.

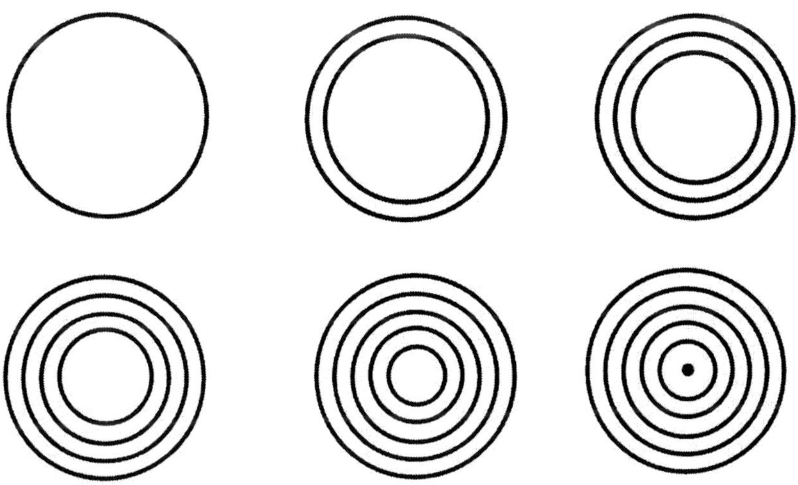

Nesse exercício, a lógica utilizada foi a de desenhar circunferências concêntricas e cada vez menores, se dirigindo para um ponto que é o centro da circunferência. Quando você utiliza um compasso e desenha uma circunferência, o ponto onde você fixa a ponta metálica no papel é o centro da circunferência.

2) Complete a sequência a seguir, descrevendo a lógica utilizada.

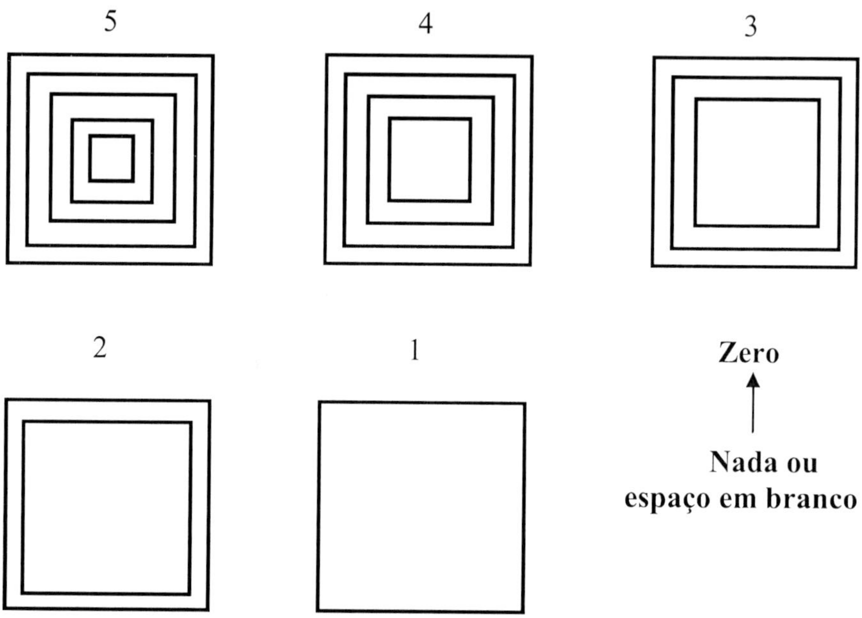

A lógica utilizada foi a de eliminar quadrados inscritos, de lados cada vez menores, em ordem decrescente e ao final chegando ao conceito de “zero”.

UNIDADE III: GEOMETRIA

Capítulo 6: introdução à geometria. Linhas. Polígonos e poliedros. Corpos redondos. Perímetros e áreas de figuras planas

O objetivo do ensino de geometria do 1º ao 5º ano do Ensino Fundamental está ligado ao sentido de localização, reconhecimento de figuras, manipulação de formas geométricas, representação espacial e estabelecimento de propriedades.

Os três elementos básicos da geometria são: o ponto, a reta e o plano, com os quais são desenhados, ou seja, representados graficamente as figuras planas e as espaciais. As figuras planas têm duas dimensões: largura e comprimento, sendo chamadas de bidimensionais, enquanto as figuras espaciais, ou melhor, sólidos têm três dimensões: largura, comprimento e profundidade, sendo chamadas de tridimensionais. Além de possibilitar estudos matemáticos, tanto as figuras planas quanto as espaciais são utilizadas nos mais variados objetos, como adiante mostrado.

Tipos básicos de linhas

Uma linha pode ser definida como o segmento de reta que une dois pontos. Por exemplo, quando eu uno os pontos A e B, por um segmento de reta contínuo, tenho um trecho ou segmento de reta.

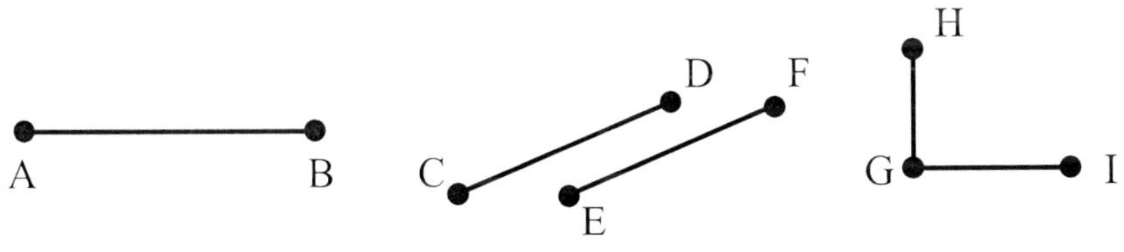

As linhas podem ser: simples (AB), paralelas (CD, EF) e perpendiculares (GH e GI). Linhas perpendiculares formam 90º entre si.

Embora há muito se possa desenhar com programas de computador, inclusive usando o Word, como é o caso desse livro, existem os instrumentos clássicos de desenho, que podem e devem ser utilizados, tanto em aulas de Desenho Geométrico, quanto em aulas de Geometria.

O uso manual desses instrumentos em muito ajuda o desenvolvimento viso espacial dos alunos.
A seguir são mostrados os principais instrumentos de desenho, que podem ser utilizados já a partir do 4º ano do Ensino Fundamental.

A régua graduada

É uma régua de plástico transparente, produzida nos comprimentos de 10, 15, 20, 30, 40 e 50 centímetros. Este tipo de régua, em geral a de 20 cm, atende muito bem aos objetivos dos conteúdos das disciplinas Desenho Geométrico e Geometria.
Como se pode ver na imagem, de uma régua de 10 cm, a mesma tem 10 marcações maiores, representando os centímetros. Entre cada marcação de centímetros, existem marcações menores, que representam os milímetros.

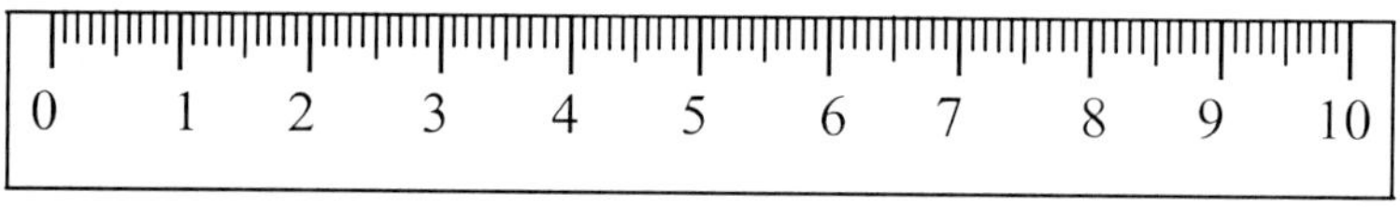

O par de esquadros sem escala ou liso (sem marcação de medidas)

Embora no comércio existam pequenos esquadros de plástico, com marcações em centímetros e milímetros, em uma das bordas, não se recomenda o uso dos mesmos, pois, embora sejam mais baratos do que os recomendados a seguir, quebram com muita facilidade.. O par de esquadros recomendado, a seguir descrito, são chamados de esquadros para Desenho Técnico, fabricados em acrílico, com dois milímetros (2 mm) de espessura.
O par de esquadros é composto por um triângulo retângulo isósceles, com dois ângulos de 45º (quarenta e cinco graus) e outro triângulo retângulo escaleno, com um ângulo de 30º (trinta graus) e outro de 60º (sessenta graus). Os esquadros são utilizados para traçar retas paralelas e perpendiculares, além de ângulos, como será detalhado mais a frente. Os dois esquadros são diferentes na forma e nas medidas. Veja figuras a seguir, que mostram as dimensões e detalhes dos esquadros recomendados. Os esquadros são triângulos retângulos, onde os lados menores são chamados catetos e os maiores hipotenusas.

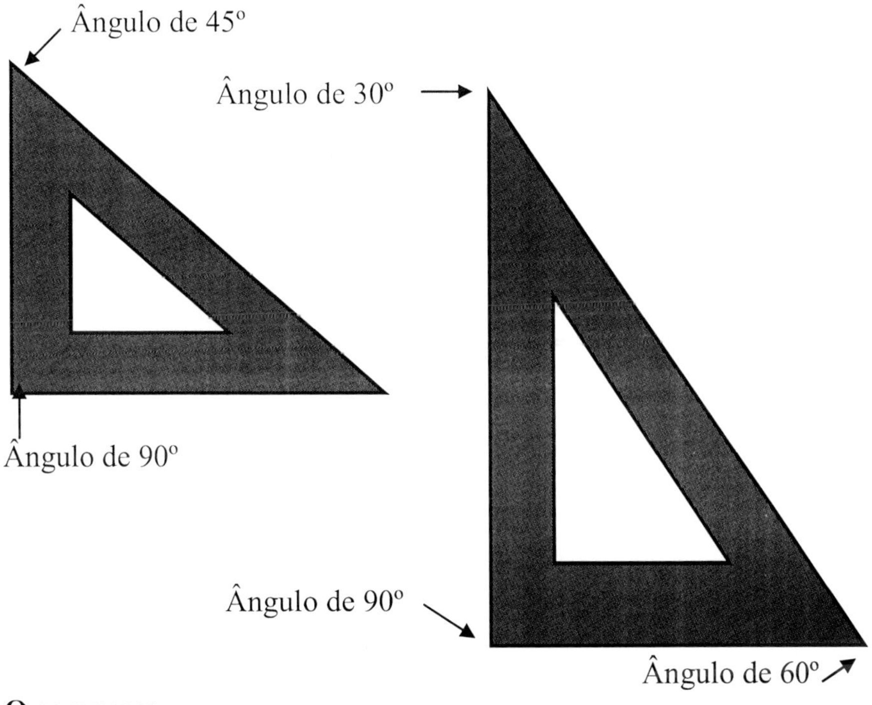

O compasso

A função principal do compasso é traçar circunferências e arcos, sendo fundamental, por exemplo, para o desenho de concordâncias. Outra função importante do compasso é transferir medidas e fazer marcações. Existem diversos tipos de compassos à venda no mercado, desde os mais simples, de baixo preço até estojos de compasso com vários acessórios, de alto custo.

Ao adquirir um compasso de boa qualidade, o aluno terá um material para uso em todo o Ensino Fundamental e Médio, também podendo ser utilizado, por exemplo, nos cursos superiores de Arquitetura, *Design* e Engenharia.

Imagem de um compasso:

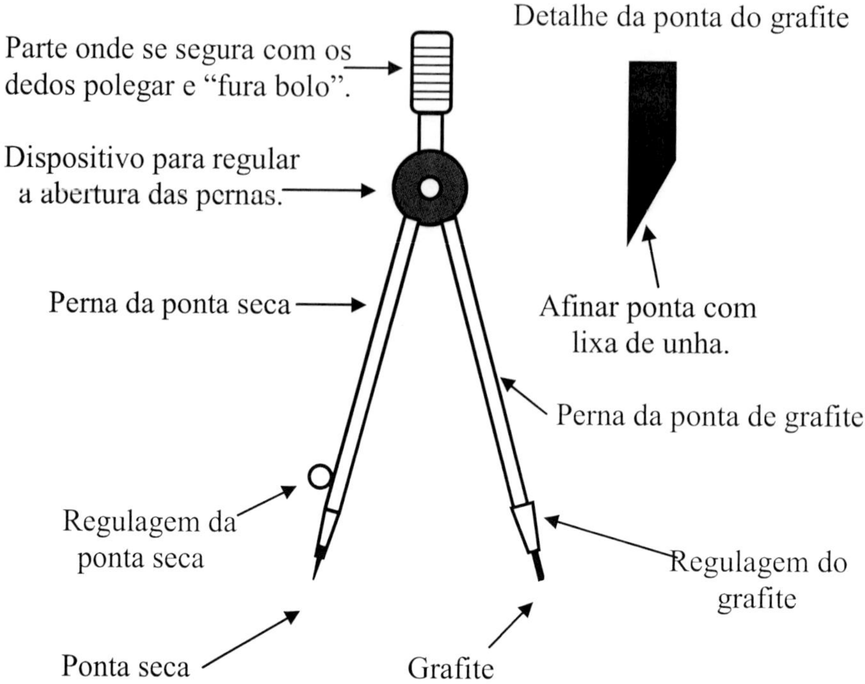

O transferidor

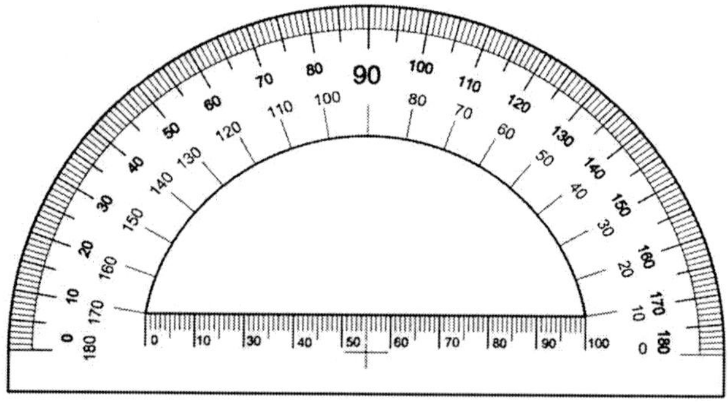

É um instrumento, de plástico, utilizado para marcar e verificar ângulos. Observa-se que com o par de esquadros, como será visto no capítulo 8, podem ser traçados ângulos de 30º, 45º, 60º e 90º.

Figuras planas básicas ou polígonos

Existem dezenas de figuras planas e a seguir são apresentadas as principais estudadas na Educação Básica.

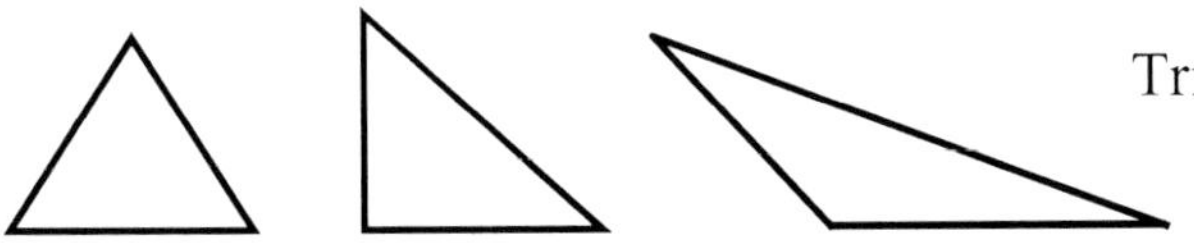

Triângulos

A palavra polígono é composta do prefixo poli, que significa vários e gono, que significa ângulo. A palavra triângulo, que também é um polígono, é formada pelo prefixo tri + o termo ângulo, significando três ângulos, que podem ser agudos, retos ou obtusos. Ângulos agudos são menores que 90°, o ângulo reto tem 90° e os obtusos maior que 90°.

Um polígono com quatro lados é chamado de quadrilátero. Quadrado, retângulo, paralelogramo, trapézio e losango são exemplos de quadriláteros.
A palavra quadrilátero é formada pelo prefixo quadri, que significa quatro e látero que significa lado.

Os quadriláteros

Quadrado

Retângulo

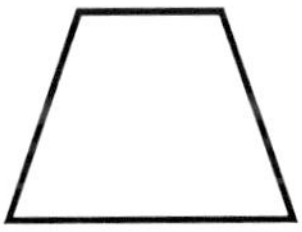

Trapézio

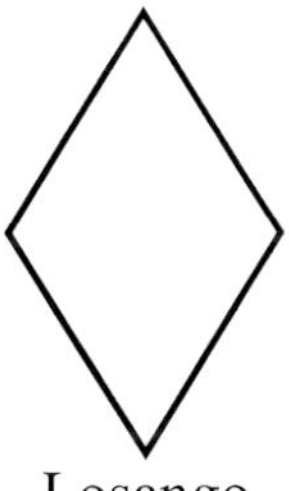

Losango

Paralelogramo

Principais polígonos regulares

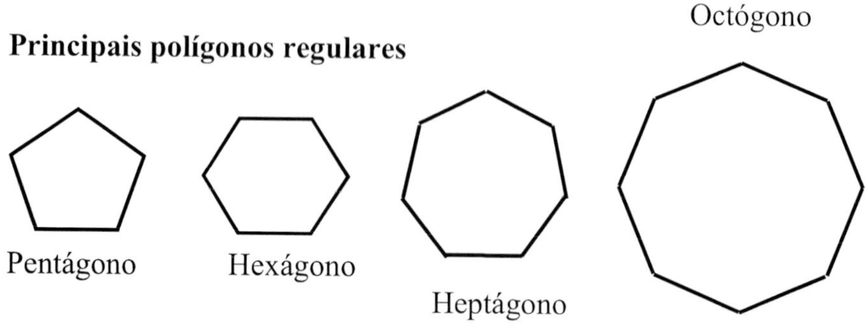

Polígonos regulares são os que têm todos os lados de mesma medida.

Pentágono = cinco lados; Hexágono = seis lados; Heptágono = sete lados e
Octógono = oito lados.

Os poliedros

A palavra poliedro é composta do termo "poli", que significa vários e "edro" que significa plano. Ou seja, poliedro é um corpo com vários planos.
A partir dos triângulos, quadriláteros e polígonos já mostrados é possível ter-se poliedros, como a seguir mostrados.

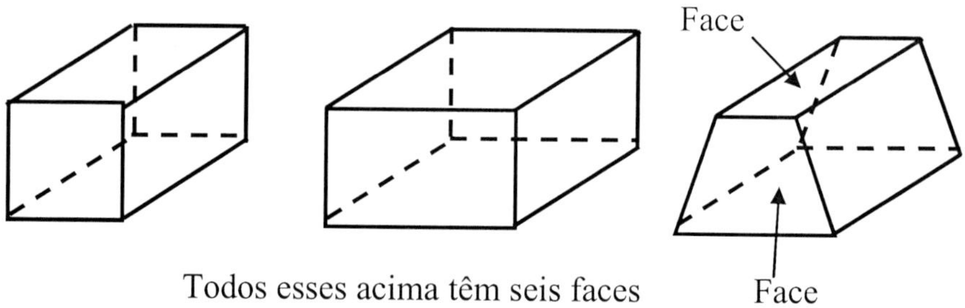

Todos esses acima têm seis faces

Prismas de base quadrada, retangular e trapezoidal

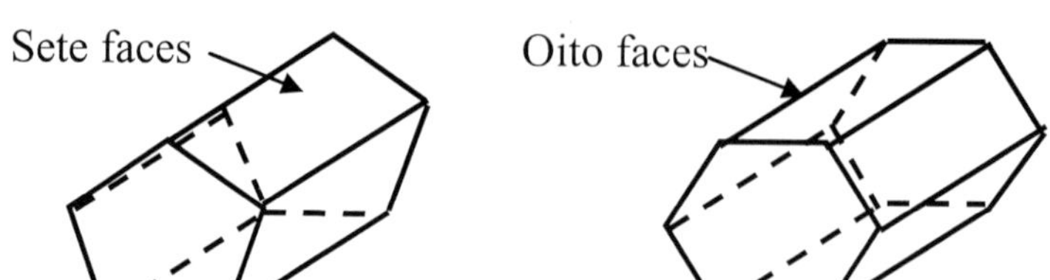

Prismas de base pentagonal e hexagonal

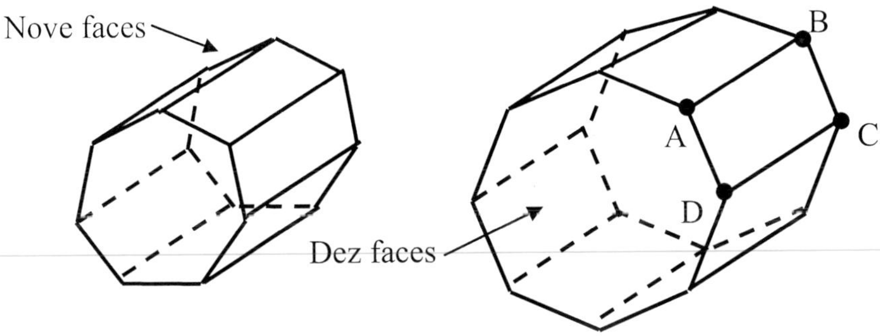

Prismas de base heptagonal e octogonal

Pontos A, B, C e D são vértices. Retas AB, BC, CD e DA são arestas. Os quatro pontos ABCD formam um plano ou uma face do prisma.

Os cinco poliedros de Platão

Platão (428 a.C. - 348 a.C.) foi um filósofo grego, que dizia que as únicas coisas que realmente existem são as formas abstratas e ideias matemáticas, uma vez que só com a Matemática, podemos obter um conhecimento absolutamente certo e objetivo. Cerca de 300 anos antes de Cristo, Platão concebeu e detalhou cinco poliedros regulares, ou seja, todos e cada um são formados por polígonos regulares que podem ser acoplados de forma a se ter um sólido perfeito. Os cinco poliedros de Platão são: tetraedro, hexaedro, octaedro, dodecaedro e icosaedro.

Tetra significa quatro. O tetraedro é formado por quatro faces na forma de triângulos equiláteros, ou seja os três lados são iguais. Hexa significa seis. O hexaedro ou cubo é formado por seis faces na forma de quadrados. Octo significa oito. O octaedro é formado por oito faces, na forma de triângulos equiláteros. Dodeca significa 12. O dodecaedro é formado por 12 faces na forma de pentágonos regulares. Icosa significa 20. O icosaedro é formado por 20 faces na forma de triângulos equiláteros.

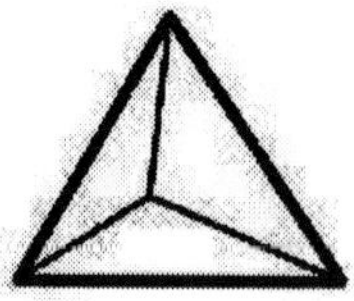

Tetraedro

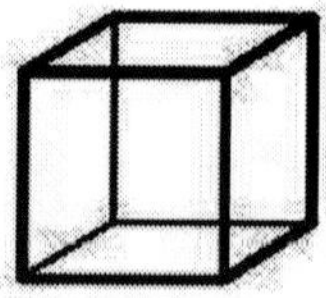

Hexaedro
ou cubo

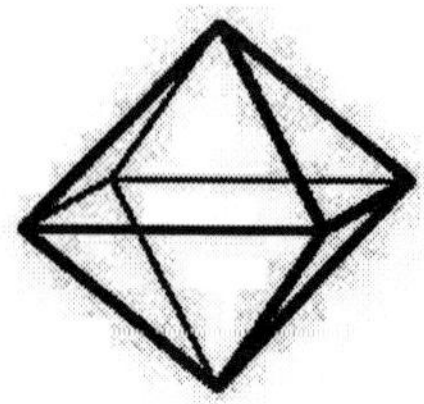

Octaedro

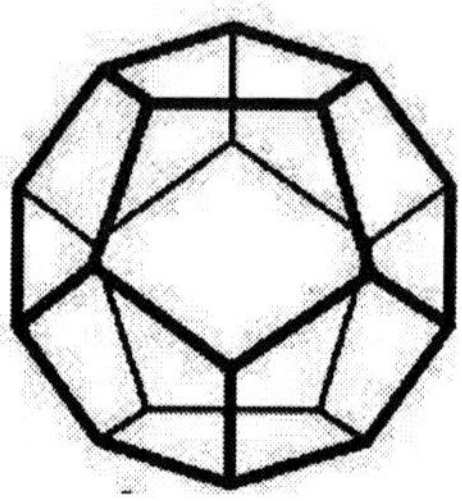

Dodecaedro

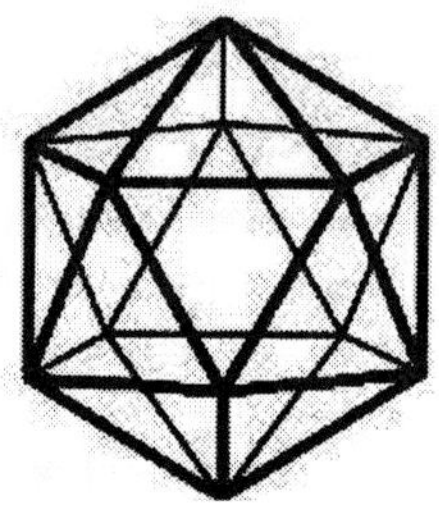

Icosaedro

Observa-se que, além de utilizados em análises e cálculos matemáticos os cinco poliedros de Platão têm muita utilização na Arquitetura, Design, bem como muitas joias são lapidadas nesses formatos.

As pirâmides

Uma pirâmide é um sólido geométrico tridimensional caracterizado por ter uma base poligonal e faces laterais triangulares que convergem para um ponto chamado vértice. A figura a seguir mostra as dimensões da famosa pirâmide de Gizé no Egito, construída há cerca de cinco mil anos. É uma pirâmide de base quadrada.

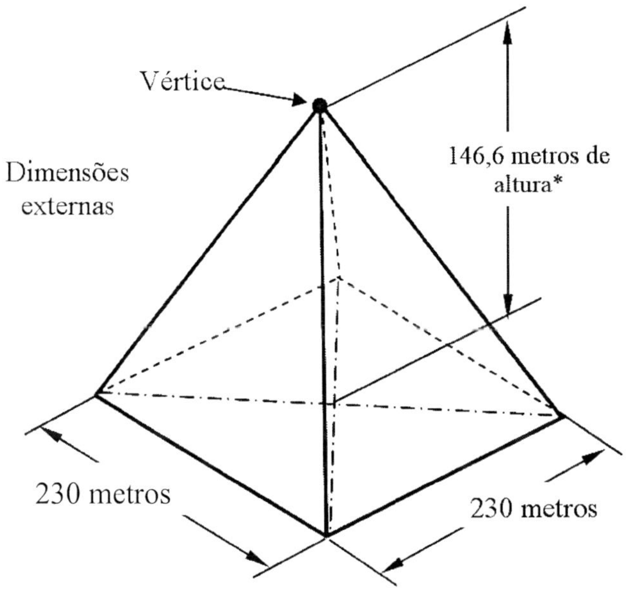

*146,6 metros de altura, equivale hoje a um prédio com quase 50 andares. Como conseguiram realizar tal proeza há cinco mil anos? Quais recursos tecnológicos utilizaram?

Os corpos redondos

São três: o cilindro, o cone e a esfera. O cilindro, normalmente tem uma base circular, tendo inúmeras aplicações na vida cotidiana, como por exemplo, em latas de alimentos e garrafas em geral. O cone é muito utilizado na Arquitetura. Quanto à esfera, o melhor exemplo é uma bola de futebol.

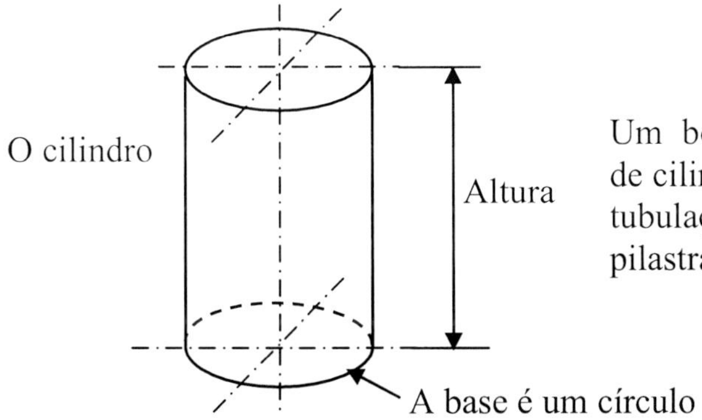

Um bom exemplo de uso de cilindro na prática é o de tubulações, bem como pilastras de prédios.

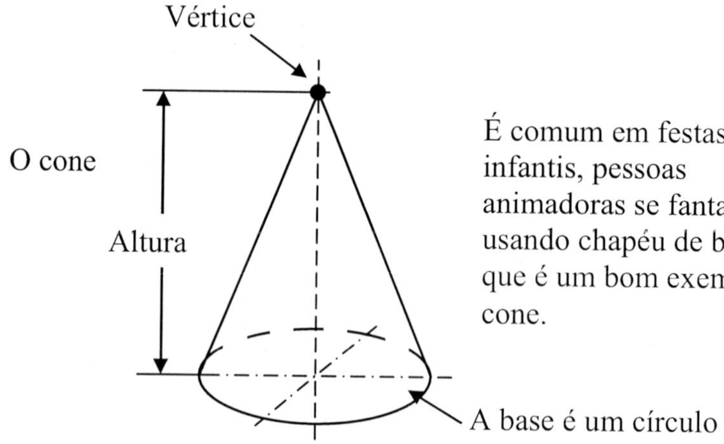

É comum em festas infantis, pessoas animadoras se fantasiarem usando chapéu de bruxa, que é um bom exemplo de cone.

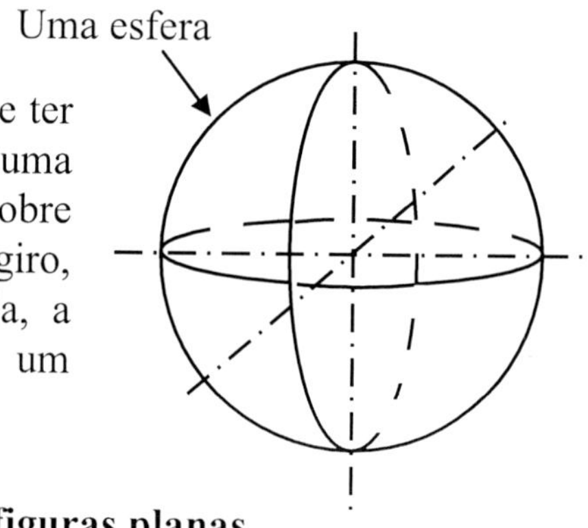

Além da bola de futebol, pode-se ter ideia de uma esfera ao se girar uma moeda ou uma tampa circular sobre uma superfície plana. Com o giro, percebe-se uma esfera. Ou seja, a esfera é gerada a partir de um círculo.

Características geométricas das figuras planas

Os triângulos

Quanto à medida dos lados, os triângulos são classificados em:

Triângulos equiláteros: têm os três lados iguais.
AB = AC = BC.

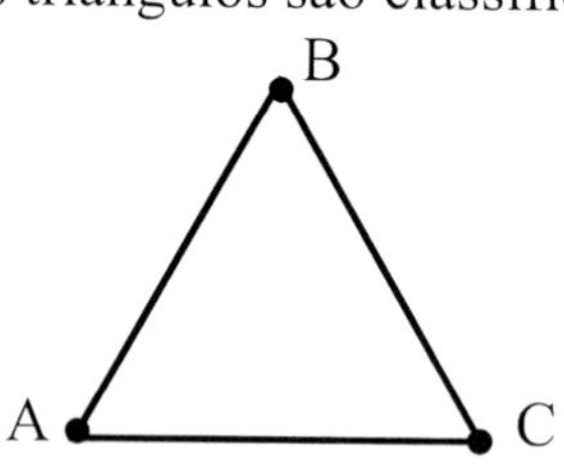

Na palavra equilátero, o termo "equi" significa igual e "látero" significa lado.

Triângulos isósceles: têm dois lados iguais. AB = BC.

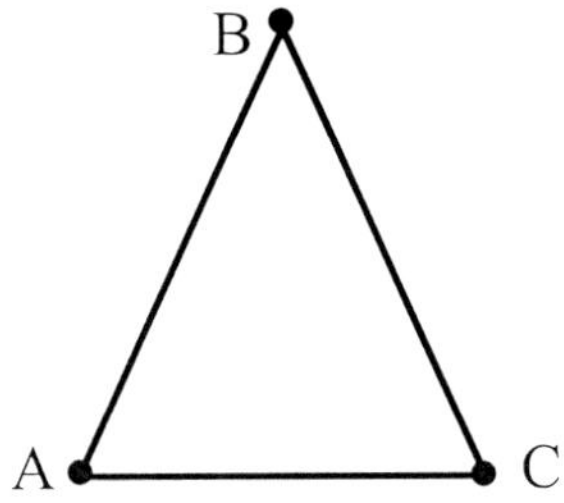

Triângulos escalenos: têm os três lados com medidas diferentes.

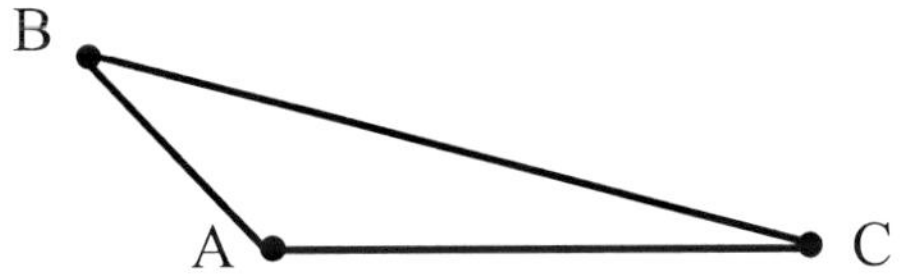

Quanto aos ângulos, os triângulos são classificados como:

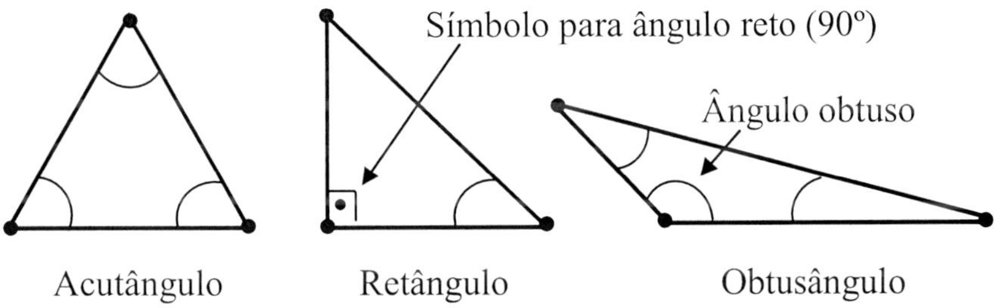

Acutângulo tem os três ângulos agudos, ou seja, menor que 90º.
Retângulo tem um ângulo reto, ou seja, igual a 90º.
Obtusângulo tem um ângulo maior que 90º.

É importante salientar que, a soma dos ângulos internos sempre é igual a 180º, segundo a Lei Angular de Tales. Isso significa que, no triângulo retângulo, os outros dois ângulos são agudos, ou seja, menor que 90º. O mesmo ocorre com um triângulo obtusângulo, onde dois ângulos são agudos.

Altura dos triângulos:

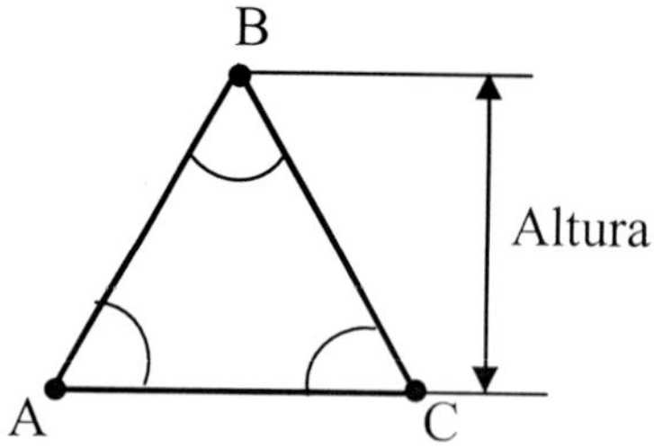

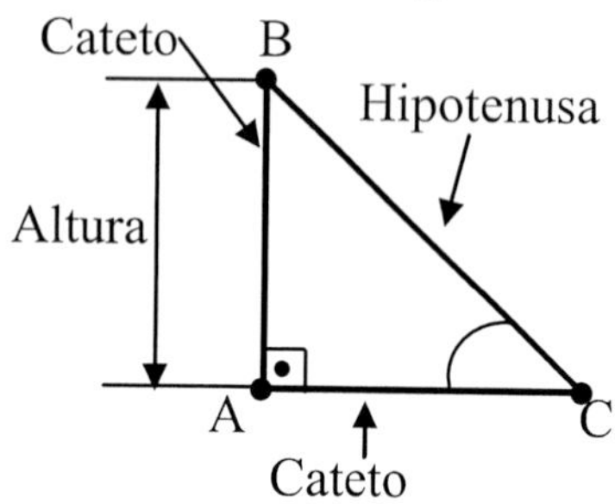

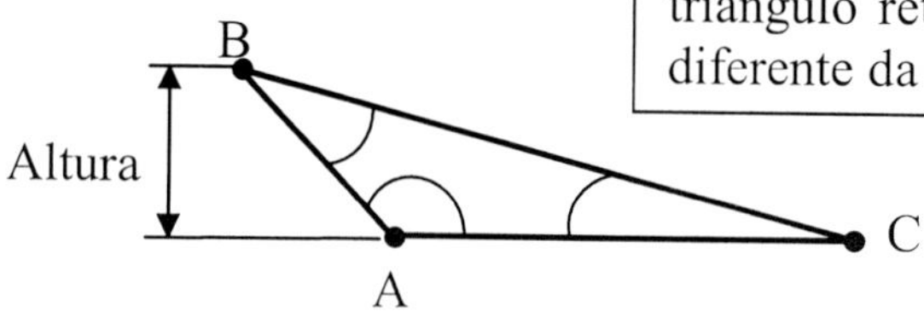

Embora as alturas dos triângulos, em geral, sejam mostradas dessa forma, em verdade todo triângulo tem três alturas, já que por definição, a altura de um triângulo é: “a distância entre um lado e o vértice oposto”. Ou seja, a altura de um triângulo é definida como a distância entre um ponto, que é um vértice e uma reta, que é o lado oposto. No Ensino Fundamental anos iniciais, as alturas são mostradas como à esquerda. Em geral, só a partir do 7º ano alguns professores citam as três alturas. Vejamos o que acontece, por exemplo, quando colocamos um triângulo retângulo em uma posição diferente da forma “clássica”!

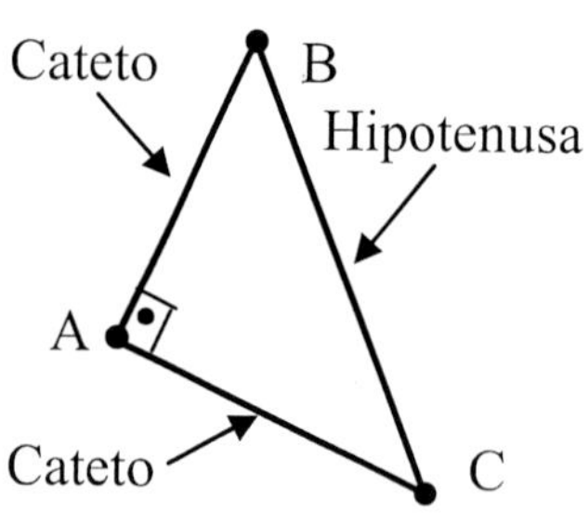

E agora: onde está a altura?
Essa “confusão” existe, sempre que se refere a altura em relação a uma base. O que é a base de um triângulo, quando ele é girado, como à esquerda?
Nos triângulos retângulos, o lado maior chama-se hipotenusa e os menores catetos.

Observa-se que, nos triângulos retângulos cada cateto é igual à altura em relação ao vértice oposto.

Perímetros e áreas de triângulos

Perímetro significa comprimento e área significa espaço ou região. Se eu tiver que, por exemplo, cercar um terreno circular com arame farpado, terei que calcular quantos metros medem os três lados, para poder comprar a quantidade necessária. Nesse mesmo terreno se eu quiser plantar grama ou colocar um piso, eu terei que saber a área interna do triângulo. Em resumo, perímetro é uma linha ou "periferia", enquanto área é uma grandeza interna a uma figura geométrica.

Para calcular o perímetro de um lado, basta somar o valor de cada lado, como no triângulo a seguir.

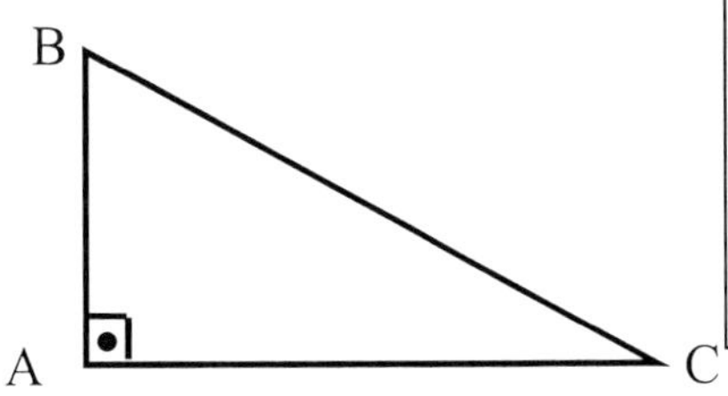

Sabendo que: AB = 3 m, AC = 4 m e BC = 5 m, calcular o perímetro P do triângulo.
P = AB + AC + BC.
P = 3 m + 5 m + 4 m = 12 m.
Perímetro igual a 12 metros.

Para deduzir como se calcula a área de um triângulo, vamos recorrer ao retângulo, como a seguir mostrado.

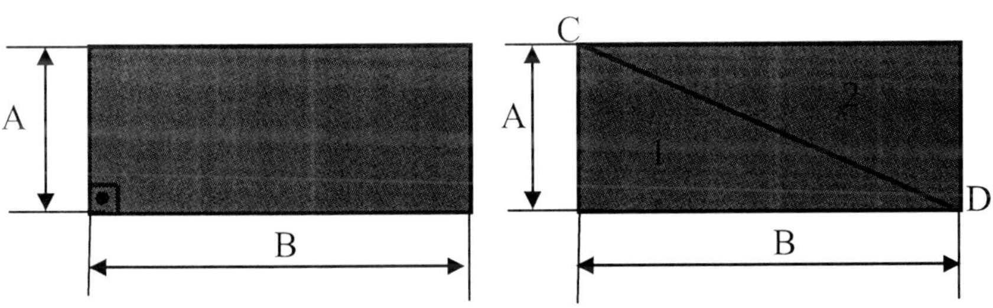

A área S do retângulo é igual ao produto do lado A pelo lado B, ou seja: S = A x B.. Quando eu divido o retângulo ao meio, com a linha CD, chamada diagonal, em verdade eu divido a área do retângulo em dois triângulos retângulos iguais, ou seja, de mesma área. Portanto a área S de cada um dos dois triângulos é igual a: $S = \frac{A \times B}{2}$.

Como nos triângulos retângulos cada cateto é igual à altura em relação ao vértice oposto, podemos concluir que a área de um triângulo é igual ao produto da altura em relação a um lado pelo valor desse lado, dividido por dois. Essa conclusão vale para qualquer tipo de triângulo.

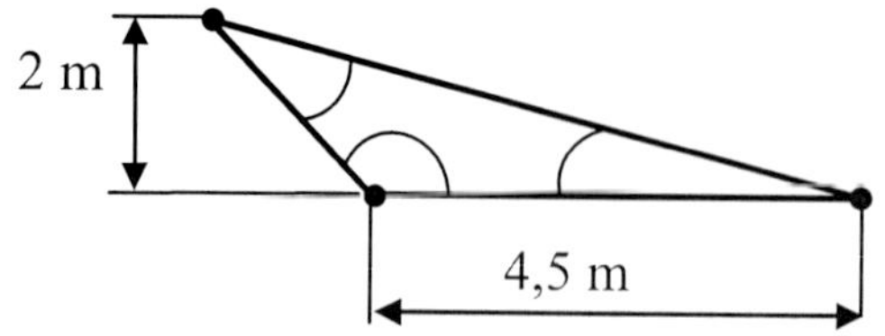

Nesse triângulo a área S é igual a: $\frac{2\ m \times 4{,}5\ m}{2}$.

Ou seja:
$S = \frac{9\ m^2}{2} = 4{,}5\ m^2$.(*)

*4,5 m^2 significa quatro e meio metros quadrados. Na Unidade de medidas e grandezas serão explicadas as unidades de áreas, com múltiplos e submúltiplos.

Curiosidades sobre as alturas e a área de um triângulo escaleno

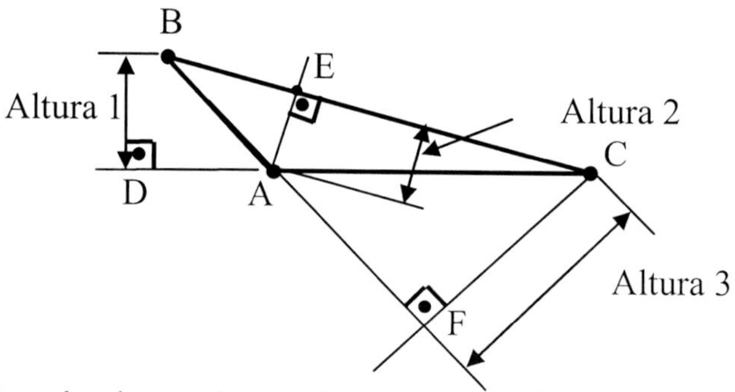

As três alturas desse triângulo são: BD em relação ao lado AC; AE em relação ao lado BC e CF em relação ao lado AB. Como a área de um triângulo é igual ao produto da altura pelo valor do lado correspondente dividido por dois, então temos:

$$S = \frac{CF \times AB}{2} = \frac{AE \times BC}{2} = \frac{BD \times AC}{2}.$$

O prolongamento dos lados para achar as alturas, advém da definição de triângulo, como a área interna à interseção de três retas.

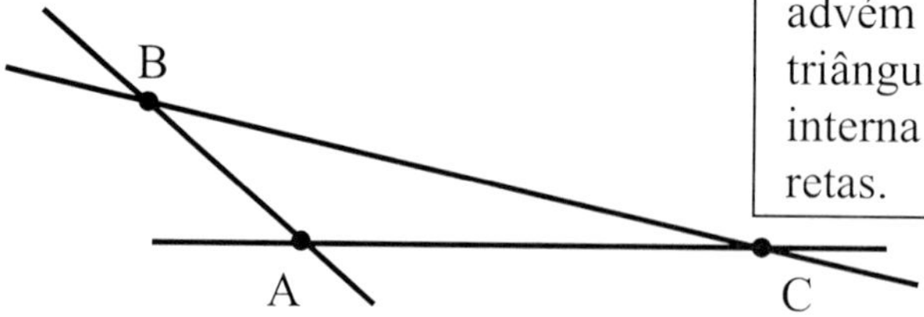

Congruência ou igualdade e semelhança de triângulos

Congruência ou igualdade

Dois triângulos são congruentes ou iguais se, e somente se, as medidas de seus lados e ângulos correspondentes são iguais. Para confirmar a congruência de dois triângulos, apenas três medidas precisam ser verificadas (dois lados e um ângulo ou dois ângulos e um lado). Ou seja, não é necessário confirmar que os três lados e os três ângulos são iguais. São quatro os casos que confirmam a congruência entre dois triângulos. Observa-se que: ser congruente não significa, necessariamente, estar na mesma posição.

1º - Se os três lados de um triângulo têm a mesma medida dos três lados (LLL) de outro triângulo então, esses dois triângulos são congruentes, ou seja: são iguais.

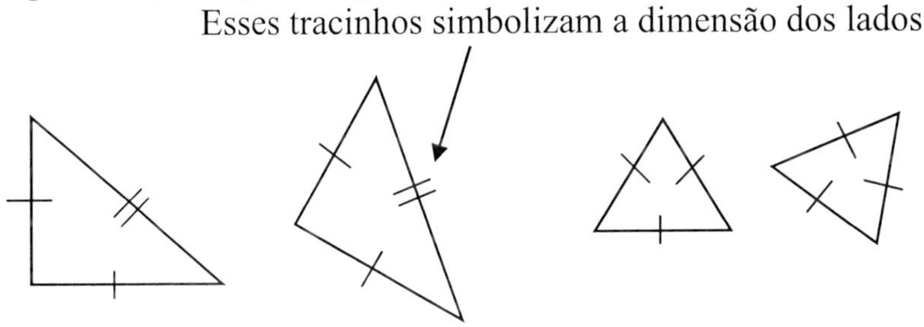

Dois triângulos isósceles congruentes, pois os lados têm dimensões iguais, embora os triângulos estejam em posições diferentes.

Dois triângulos equiláteros iguais, embora estejam em posições diferentes.

2º - Se dois triângulos possuem um lado (L), um ângulo (A) e o outro lado (L) com medidas iguais, então são congruentes. Observa-se que essa ordem LAL deve ser respeitada. Triângulos que possuem dois lados (LL) e um ângulo (A) com medidas iguais, nem sempre são congruentes, já que o ângulo (A) deve estar entre os dois lados ou simbolicamente LAL.

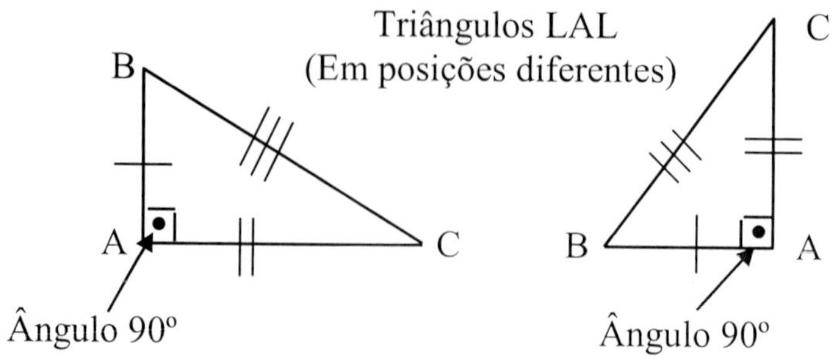

Dois triângulos retângulos escalenos, exatamente iguais ou congruentes.

3° - Quando dois triângulos possuem um ângulo (A), um lado (L) e um ângulo (A) com medidas iguais, então os triângulos são congruentes. Observa-se que essa ordem ALA deve ser respeitada, ou seja, o lado tem que estar entre os ângulos.

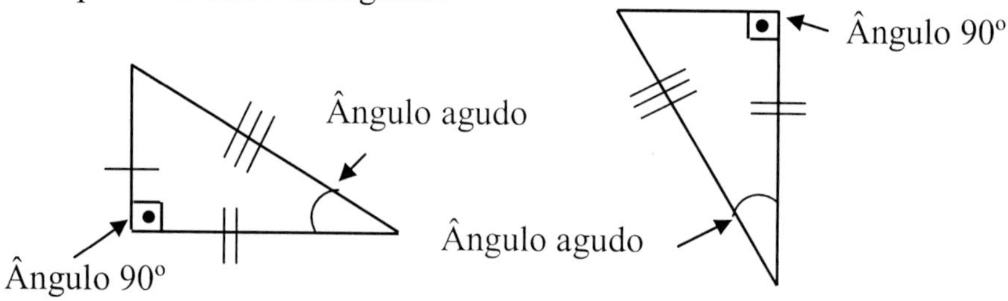

4° - Quando dois triângulos possuem um lado (L), um ângulo adjacente (A) a esse lado e um ângulo oposto (Ao) ao adjacente ao lado, então esses dois triângulos são congruentes. Observa-se que, essa ordem deve ser respeitada, pois, caso o segundo ângulo analisado, não for oposto ao considerado, não se pode afirmar que existe congruência, devendo ser feita uma análise mais detalhada.

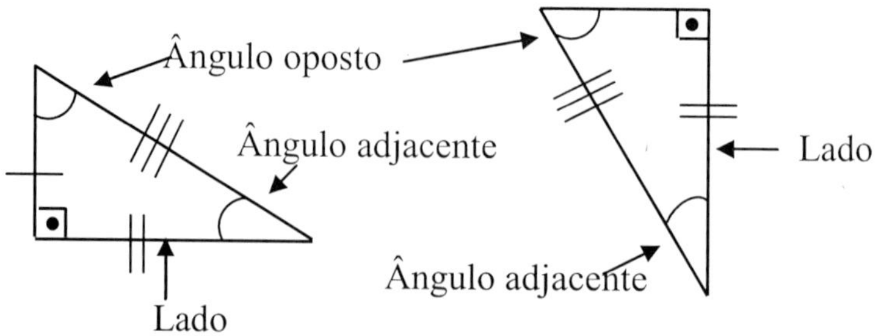

Semelhança de triângulos

Dois polígonos, incluindo os triângulos, são semelhantes quando existe proporcionalidade entre seus lados e seus ângulos correspondentes são todos iguais. Proporcionalidade significa que, se dividirmos a medida de um lado da primeira figura pelo valor de um lado da segunda figura e o resultado for, por exemplo, o número dois (2), então todas as divisões entre medidas de lados da primeira figura por medidas dos lados da segunda figura terão dois (2) como resultado. Vejam-se os exemplos a seguir.

AD = 2 cm, AB = 1 cm e BD = 2,236 cm.
EG = 4 cm, EF = 2 cm e FG = 4,472 cm.
Aqui a razão de semelhança é igual a dois (2).

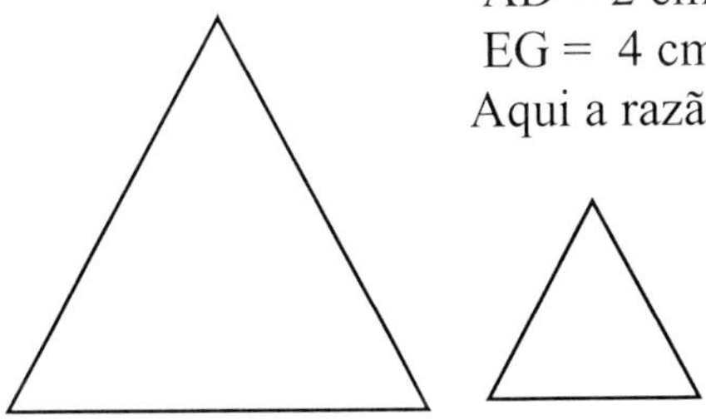

Dois triângulos equiláteros Semelhantes

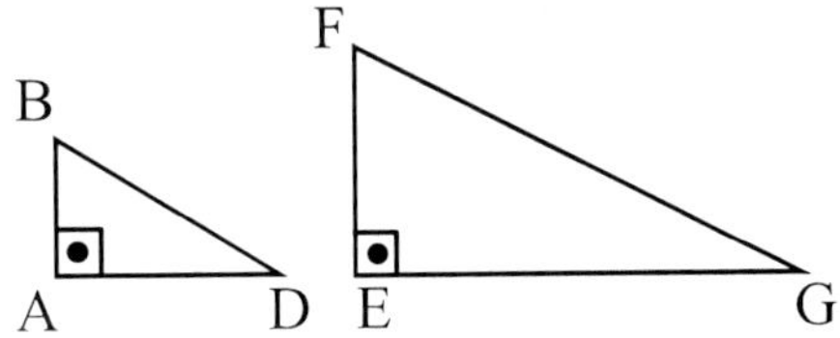

Dois triângulos retângulos semelhantes

Características geométricas dos quadriláteros:

Quadrado

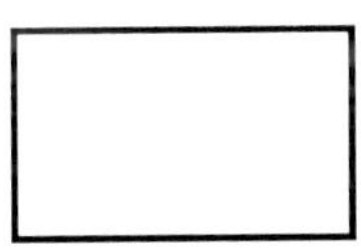

retângulo

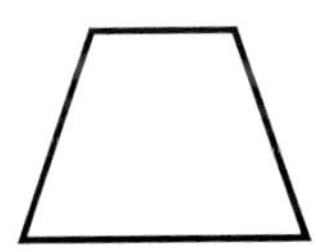

Trapézio isósceles

Os quadrados e os retângulos tem os quatro ângulos retos, ou seja, iguais a 90º. Quadrados têm os quatro lados de mesma medida e os retângulos têm lados iguais dois a dois.

Existem três tipos de trapézios, o isósceles, como mostrado acima, que têm dois ângulos agudos (menores que 90º) e dois obtusos (maiores que 90º), o retângulo, que tem dois ângulos retos, um agudo e um obtuso e o trapézio escaleno que tem os quatro lados com medidas diferentes. Os trapézios, de qualquer tipo, têm dois lados paralelos.

É importante citar que a soma dos ângulos internos de qualquer quadrilátero é igual a 360º.

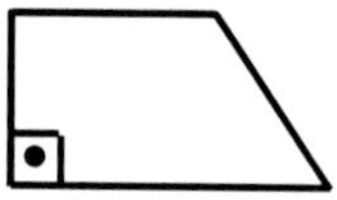

Trapézio retângulo

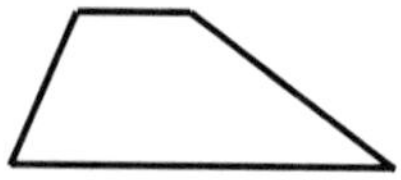

Trapézio escaleno

Losango

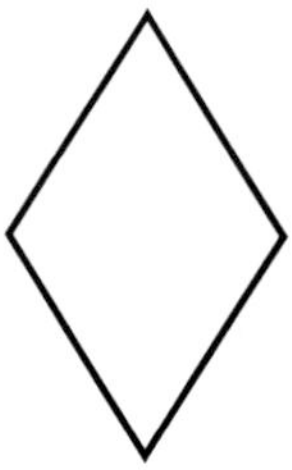

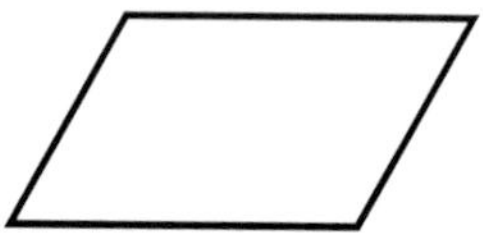

Paralelogramo

O losango têm os quatro lados iguais e são paralelos, entre si (dois a dois). Os ângulos do losango são iguais dois a dois, sendo dois obtusos e dois agudos. O paralelogramo tem os lados iguais dois a dois, lados paralelos e ângulos iguais dois a dois, sendo dois obtusos e dois agudos.

Perímetros e áreas de quadriláteros

Quadrado

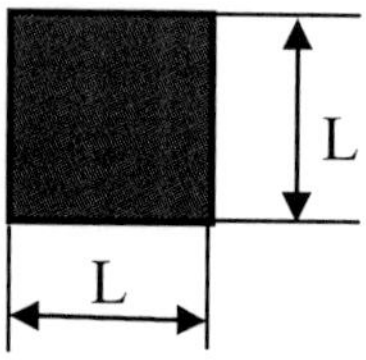

Perímetro P é igual à soma dos quatro lados.
P = L + L + L + L => P = 4L.

Área S é igual ao produto dos lados.
S = L x L => S = L^2. (L ao quadrado).

Retângulo

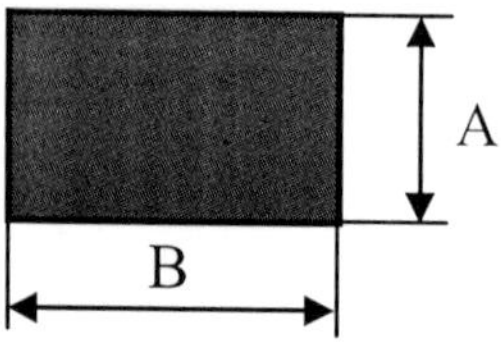

Perímetro P é igual à soma dos quatro lados.
P = A + A + B + B => P = 2A + 2B.

Área S é igual ao produto dos lados.
S = A x B.

Trapézios

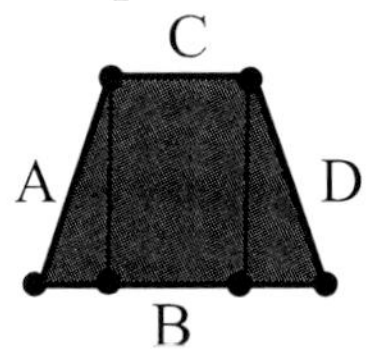

O conceito gráfico é dividir o trapézio em dois triângulos e um retângulo e então calcular os perímetros e áreas, como já

A demonstração matemática é a seguinte:

Como visto existem três tipos de trapézios: retângulo, isósceles e escaleno. Independente do tipo, todo trapézio tem sua área dada por: S = (B + b)h/2, onde B é a base maior, b a base menor e h a altura.

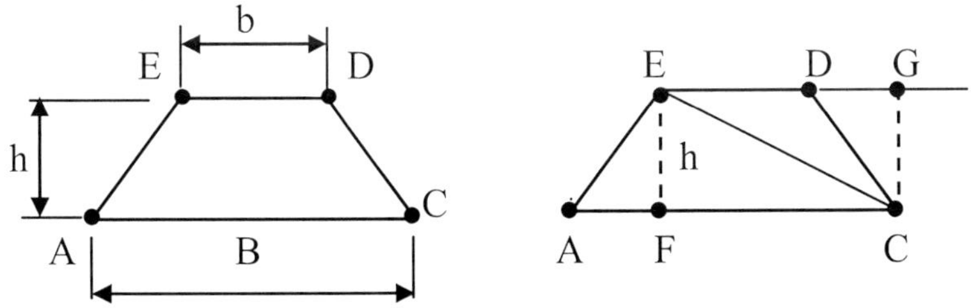

Ao traçar a diagonal CE, criam-se dois triângulos: ACE e CDE, ambos com a mesma altura h, ou seja: EF = CG. A área do trapézio é igual à soma das áreas dos triângulos.

Área triângulo ACE = $\frac{B \times h}{2}$; Área do triângulo CDE = $\frac{b \times h}{2}$.

Soma das áreas = $\frac{B \times h}{2} + \frac{b \times h}{2} = \frac{(B + b)\,h}{2}$ ⟵ Área do trapézio.

Paralelogramo

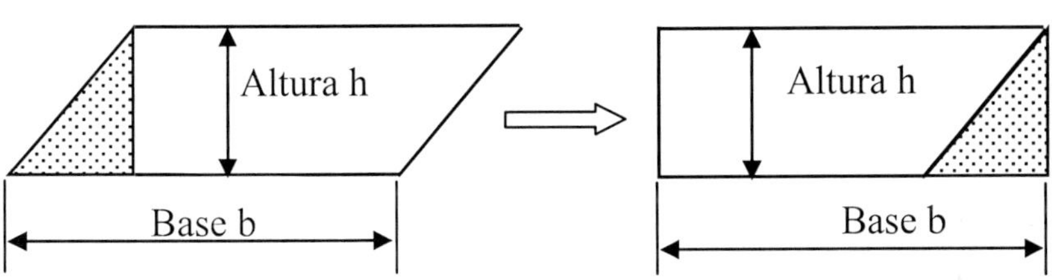

Como os lados são iguais dois a dois e também paralelos entre si, pode-se "transformar" a área de um paralelogramo como a área de um "retângulo". Portanto, a área de um paralelogramo é igual ao produto da base pela altura.
O perímetro é igual à soma dos lados.

Losango

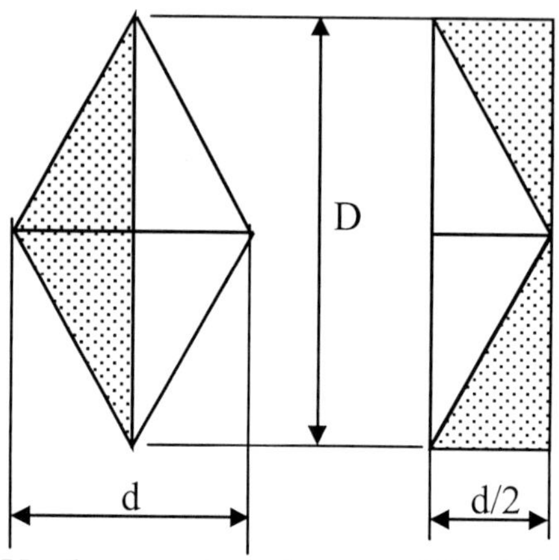

Raciocínio lógico: como tem lados iguais, o losango pode ser dividido em quatro triângulos retângulos escalenos iguais.
Observa-se que com a transposição de dois triângulos, como mostrado, em termos de área, "transforma-se" o losango em um retângulo de comprimento D e largura d/2.

Um losango tem duas medidas básicas ou diagonais: D e d.

Conclusão: a área S de um losango é igual à metade do produto de suas diagonais ou seja: S = (D x d)/2.
O perímetro é igual à soma dos lados.

Circunferência e círculo. Perímetro e área

Circunferência é o lugar geométrico dos pontos equidistantes a um determinado ponto. Ou seja, é uma linha, ou melhor, um perímetro. Círculo é a área contida no interior de uma circunferência.

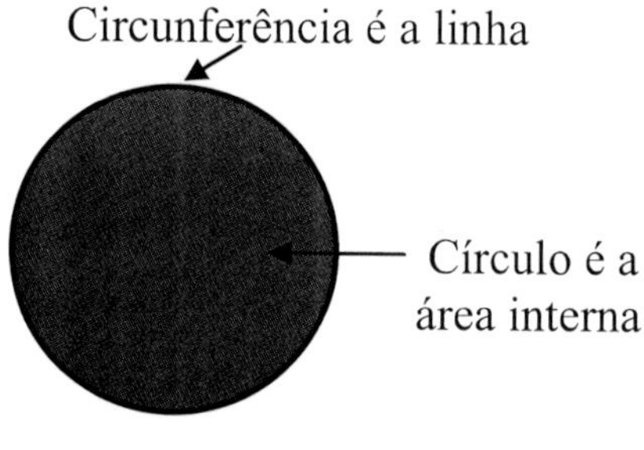

Elementos básicos de uma circunferência

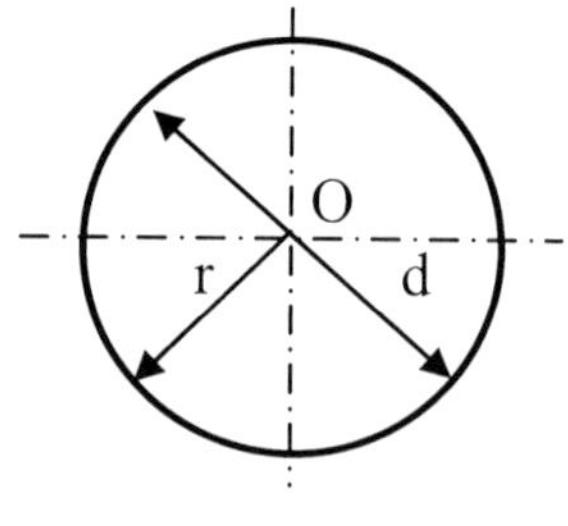

O = centro ou origem.
d = diâmetro ou a maior corda.
r = raio, que é metade do diâmetro: d = 2r.

Quando se desenha uma circunferência ou círculo com o compasso, a sua abertura tem que ser igual ao raio.

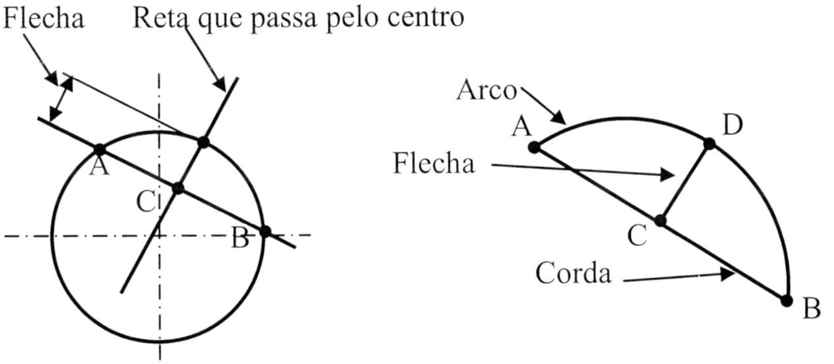

Perímetro de uma circunferência

Para qualquer diâmetro, existe uma relação constante entre a linha da circunferência, que é o seu perímetro e o seu diâmetro. Sempre que se divide o perímetro de uma circunferência pelo seu diâmetro se acha o valor 3,1415.
Essa constante recebe o nome de PI, que é uma letra grega minúscula escrita com o símbolo π. Ou seja: π = P/d. Voltando ao conceito de equação, visto na Unidade de Álgebra, podemos fazer a seguinte operação:

$\pi = \frac{P}{d} \Rightarrow P = \pi \times d.$ ← Essa é a fórmula do perímetro da circunferência.

Área de um círculo

A área de um círculo é igual a $\pi d^2 / 4$ ou πr^2. Essa fórmula, pode ser explicada como a seguir.

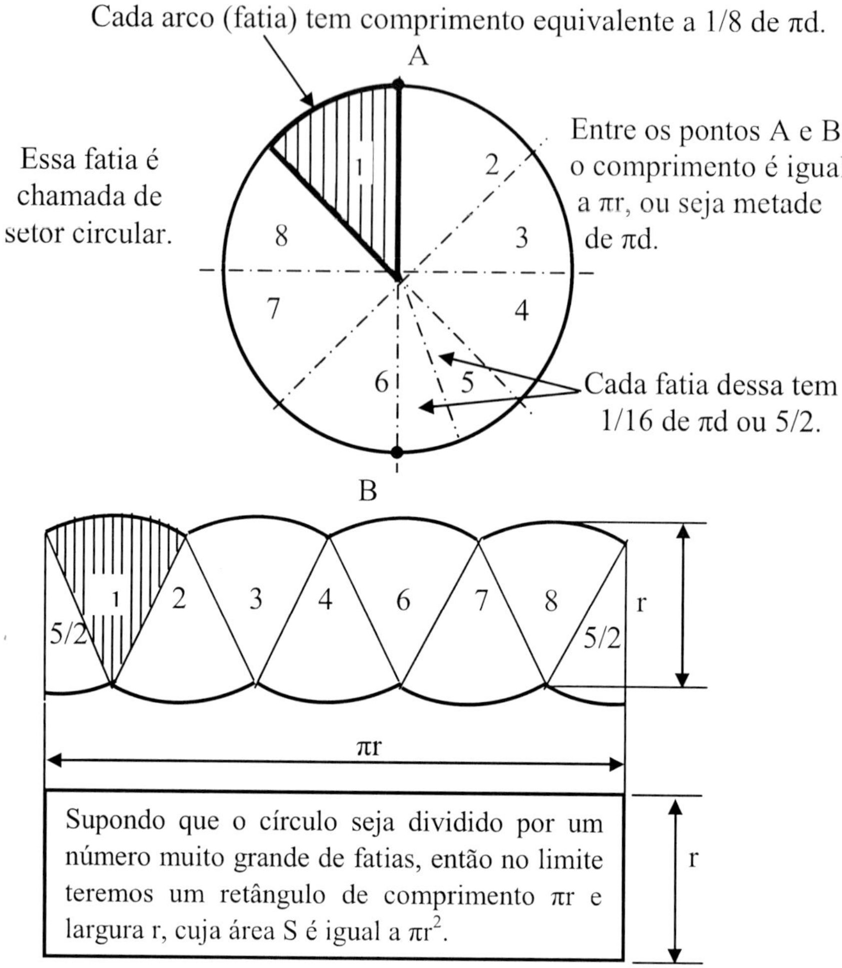

Exercícios resolvidos

1) (Colégio Pedro II). Um carpinteiro foi contratado para alterar o formato de uma mesa quadrada, aumentando o número de lados. Como mostrado na figura a seguir, ele decidiu cortar o tampo da mesa, da seguinte forma:

A) Dividiu cada lado em três partes iguais e

B) Retirou os quatro cantos da mesa, utilizando como referência as marcações feitas.

Com esses dados, e a figura, pergunta-se:

I) Que fração da mesa corresponde à área retirada?

II) Qual figura geométrica surgiu, com os cortes nos quatro cantos?
III) Quais os tipos de triângulos que surgiram?

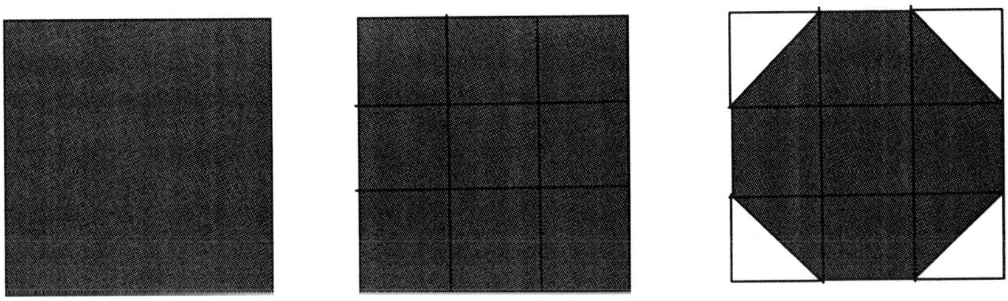

Tampo original Tampo dividido Tampo cortado

Raciocínio lógico: o tampo original quadrado foi dividido em nove partes iguais, ou seja, nove quadrados menores. Como em quatro quadrados foram retirados a metade de cada um, ao final foram retirados o equivalente a dois quadrados, ou seja: I) Foram retirados 2/9 (dois nonos) do tampo.

II) A figura geométrica que surgiu é a de um octógono irregular já que os lados inclinados são maiores que os lados paralelos. Esse octógono tem quatro lados iguais a 1/9 do tampo e quatro lados iguais às hipotenusas dos triângulos.
III) Surgiram quatro triângulos retângulos isósceles, pois têm dois lados, os catetos, iguais.
2) Numa folha de papelão retangular, como mostrado na figura a seguir, foram pintados e destacados seis quadrados de mesma dimensão. Pergunta-se, que fração da área da folha correspondem esses seis quadrados?

Raciocínio lógico: a folha retangular foi dividida em 12 quadrados e como só são marcados seis quadrados, a conclusão é que os quadrados marcados correspondem à metade ou 1/2 da área da folha retangular.
Observação: esse tipo de marcação, com seis quadrados, nessas posições, é utilizado quando se quer fazer um cubo de papelão, a partir de uma folha de papelão.

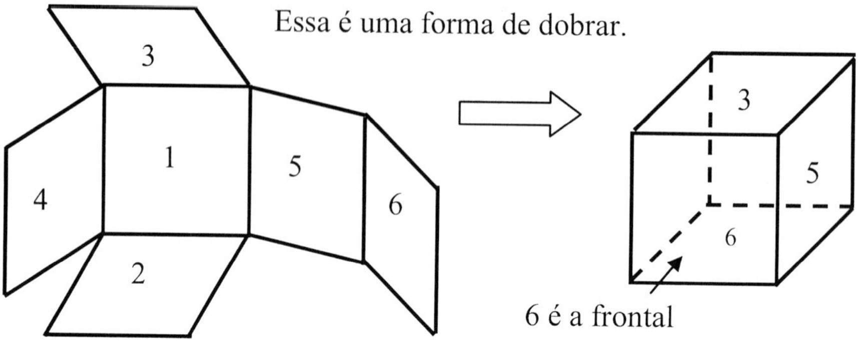

No capítulo 7 são vistas diversas planificações de poliedros e corpos redondos.

3) No hexágono regular a seguir, determine quais os tipos de triângulos internos existem, sabendo que o lado do hexágono é igual ao raio da circunferência circunscrita*. (O hexágono está inscrito** à circunferência).

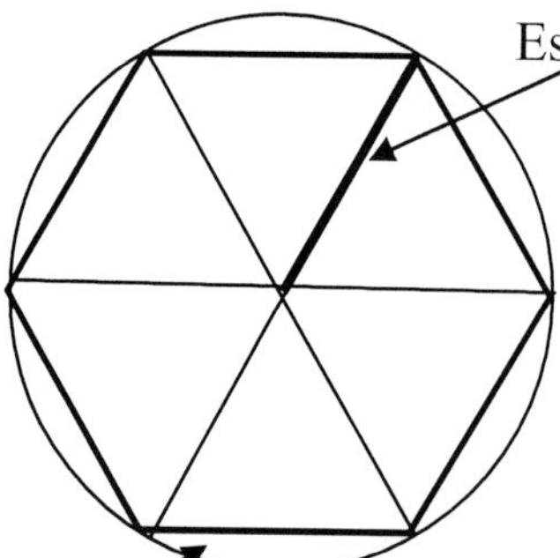

Raciocínio lógico: como o lado do hexágono é igual ao raio da circunferência circunscrita, cada triângulo e os seis, são tipo equilátero, pois têm os três lados iguais.

*Uma figura geométrica circunscrita está pelo lado de fora de uma outra figura geométrica, no caso é o hexágono. Uma figura inscrita está do lado de dentro.

4) Dezoito (18) quadrados são desenhados e sombreados como a seguir mostrado. Pergunta-se: Qual fração da área total do grande retângulo está sombreada? Qual percentual está sombreado?

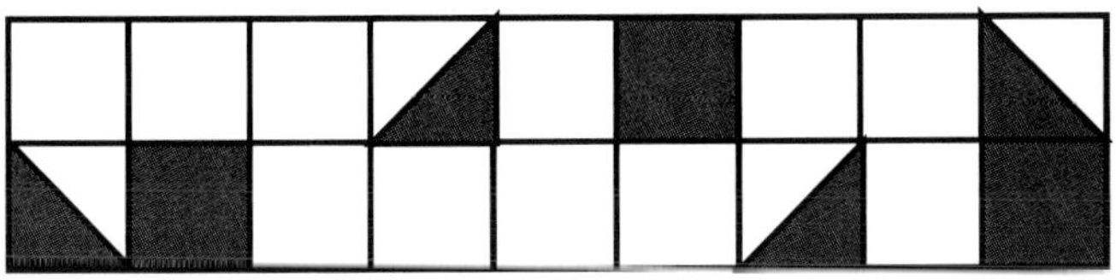

Raciocínio lógico: são 18 quadrados sendo que, três estão completamente sombreados e quatro estão sombreados pela metade, ou seja, equivalem a outros dois sombreados. Ou seja, ao todo temos cinco (3 + 2 = 5) quadrados sombreados e 13 em branco.

Cálculo matemático: a área sombreada é igual a 5/18 (cinco dezoito avos) da área total. 5/18 = 0,2777.

50	18	(2 x 18 = 36). (7 x 18 = 126).
-36	0,2777	
140		5
-126		18
140		x 7
-126		126
140		
-126		
14		0,2777 x 100% = 27,77%

Conclusão: a área sombreada é igual a 5/18 da área total ou 27,77%.

5) Determinar o perímetro e a área do triângulo retângulo a seguir.

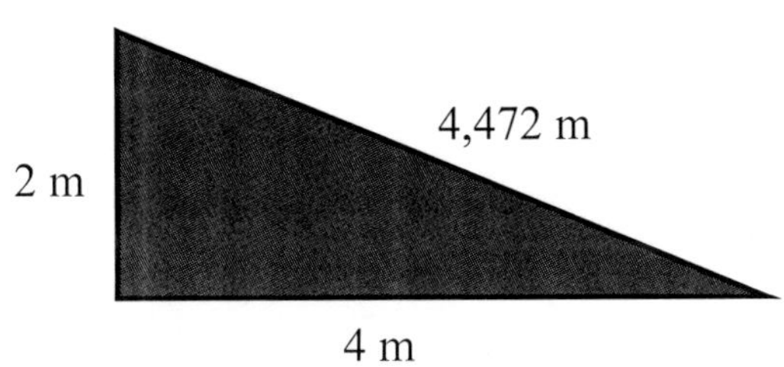

Raciocínio lógico: o perímetro é igual à soma das medidas dos lados. A área é igual ao produto de um lado pela sua altura. Como é um triângulo retângulo pode fazer 2 m x 4 m ou 4 m x 2m.

Cálculos matemáticos: perímetro = 2 m + 4 m + 4,472 m = 10,472 m. Área = 2 m x 4 m = 8 m^2.

4,472 m	2 m
4,000 m	x 4 m
+2,000 m	**8 m^2**
10,472 m	

Colocam-se zeros após a vírgula, só para alinhar a conta.

6) Uma prefeitura vai construir um chafariz circular em uma praça, com diâmetro de 20 metros. Calcular o perímetro da mureta que terá em volta, bem como a área do círculo, pois, em verdade o chafariz ficará no centro de uma piscina circular e para calcular o volume de água que poderá existir é preciso saber a área circular e a altura da mureta, que nessa Unidade não interessa o cálculo de volumes. O perímetro será útil para saber quantos metros de uma grade de proteção serão necessários.

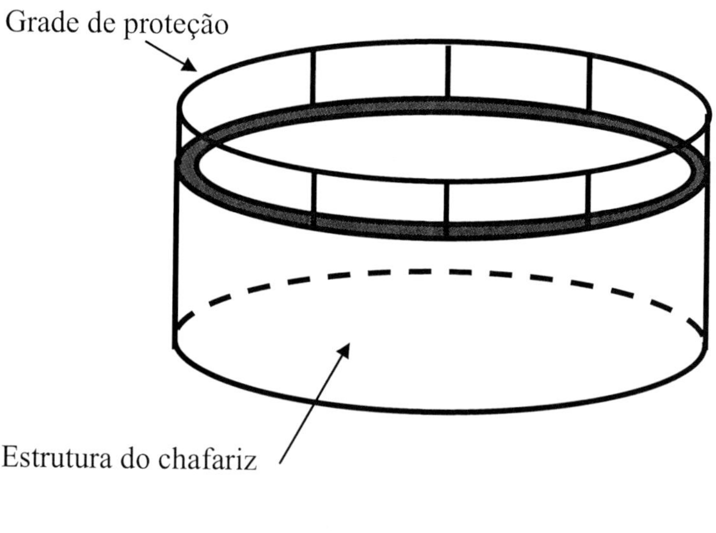

Raciocínio e cálculos matemáticos:

Se o diâmetro é 20 metros, o raio é 10 metros.
O perímetro da grade de proteção é $2\pi r = 2 \times 3{,}1415 \times 10$ m = 62,83 m.
A área do fundo circular é $\pi \times r^2 = 3{,}1415 \times 10$ m x 10 m = 314,15 m^2.

Resposta: perímetro igual a 62,83 m e área igual a 314,15 m^2.

7) Determinar a área total da imagem a seguir, com todas as medidas em centímetros.

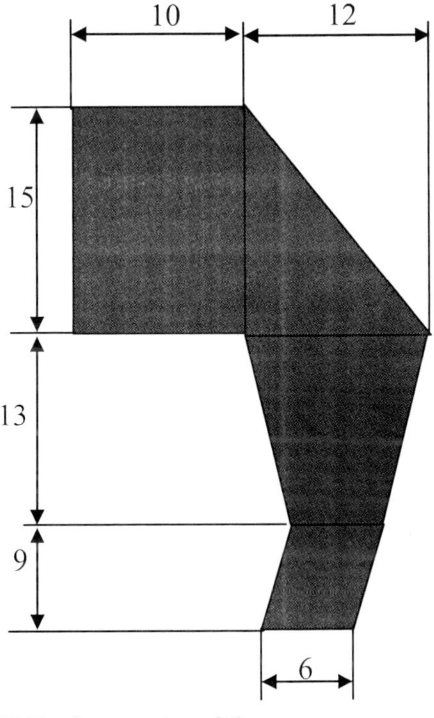

Raciocínio lógico espacial:

Pela ordem da esquerda para a direita e de cima para baixo, existem as seguintes figuras:
Um retângulo 10 x 12; um triângulo retângulo de altura 15 e lado 12; um trapézio com base maior 12, base menor 6 e altura 13 e um paralelogramo de base 6 e altura 9.
Primeiro calculam-se todas as quatro áreas e depois faz-se a soma.

Cálculos matemáticos:

Área do retângulo = 10 cm x 15 cm = 150 cm^2.

Área do triângulo retângulo = $\frac{12 \text{ cm} \times 15 \text{ cm}}{2}$ = 90 cm^2.

Área do trapézio = $\frac{(\text{Base maior} + \text{base menor}) \times \text{altura}}{2}$ =

$$= \frac{(12 \text{ cm} + 6 \text{ cm}) \times 13 \text{ cm}}{2} = \frac{18 \text{ cm} \times 13 \text{ cm}}{2} = \frac{234 \text{ cm}^2}{2} = 117 \text{ cm}^2.$$

Área do paralelogramo = 6 cm x 9 cm = 54 cm². (6 x 9 = 54).

Resposta: Área total da figura = 311 cm².

Cálculos matemáticos:

```
      1                       21
15    12     18'0' | 2        150 cm²      2'3'4' | 2
x10   15     -18     90       90 cm²       -2       117
150   60     00               117 cm²       3
              0             + 54 cm²       -2
                              411 cm²       14
                                           -14
                                            00
```

8) Determinar a área da figura abaixo, com todas as medidas em metros.

*Cada semicírculo tem diâmetro igual a 1/3 da altura do retângulo.

Área da figura = 242,264 m².

Raciocínio lógico espacial:

A área dessa figura é igual à área de um círculo, pois tem dois semi círculos, mais a área de um retângulo. A largura do retângulo é igual ao diâmetro dos semicírculos.

Cálculos matemáticos:

O diâmetro dos semicírculos é igual a 24/3 = 8, ou seja, com raio = 8/2 = 4. Área da parte circular = πr^2 = 3,1415 x 4 x 4 = 50,264.

A área do retângulo = 8 x 24 = 192.

Área da figura = 50,264 + 192 = 242,264.

```
 1 2         3        1
 3,1415      24       192,000 m²
x     4    x  8     + 50,264 m²
 12,566      192      242,264 m²
x     4
 50,264
```

Capítulo 7: Planificações de poliedros e corpos redondos

Na Unidade de Geometria, da Base Nacional Comum Curricular - BNCC, no 5º ano do Ensino Fundamental, a Habilidade EF05MA16 cita: "Associar figuras espaciais" a suas planificações (prismas, pirâmides, cilindros e cones) e analisar, nomear e comparar seus atributos. Esse capítulo aborda, com mais detalhes, as planificações citadas na BNCC.

Planificação dos poliedros de Platão

Tanto para atividades escolares, quanto para uso na prática, é importante estudar-se a planificação dos poliedros de Platão. Por exemplo, imagina-se que se queira construir um octaedro em papelão ou cartolina, como deve-se cortar o papelão, de forma a se ter o menor número possível de uniões, ou seja, com o máximo de dobras possíveis. Observa-se que, como será mostrado, ao planejar a planificação de um poliedro, a ser construído em papelão, tem-se que deixar determinadas bordas (o mínimo), que permitem a colagem.

O tetraedro

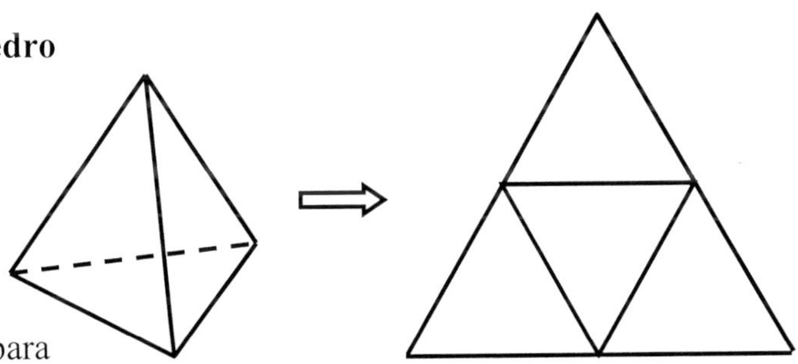

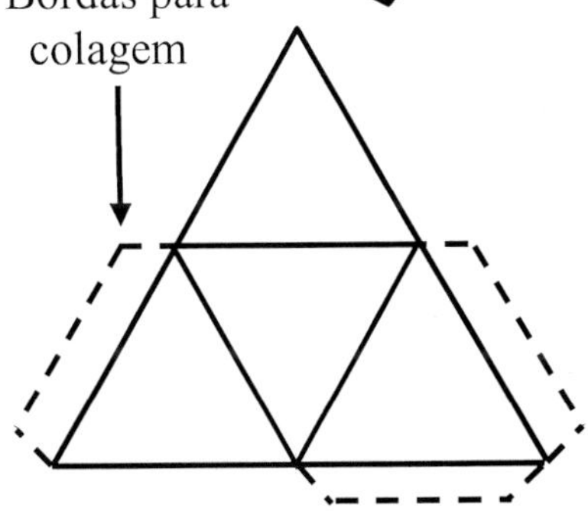

O tetraedro tem quatro triângulos equiláteros, ou seja, quatro faces. A planificação acima é a teórica ou geométrica, já a da esquerda permite que em folha de papel se faça o desenho dos triângulos e com as bordas se consiga colar o sólido.

Hexaedro ou cubo

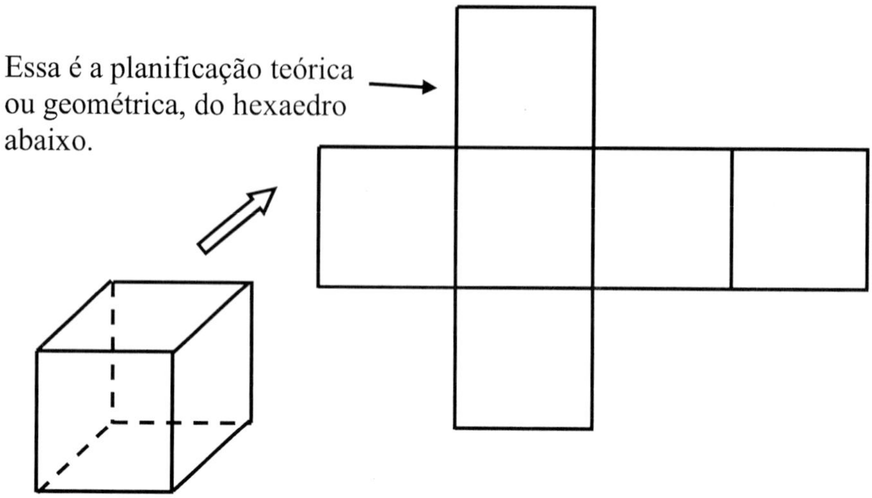

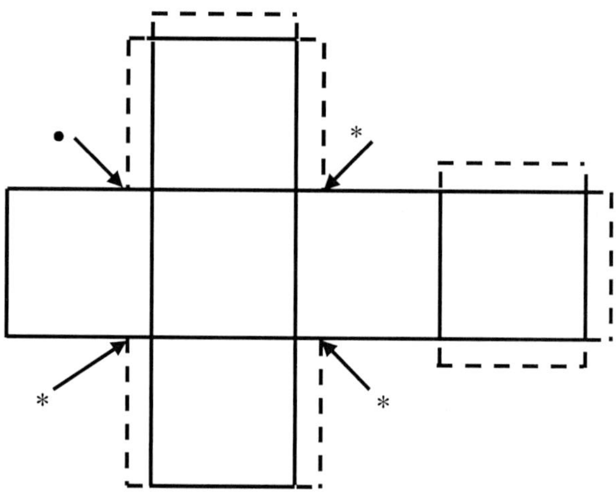

O hexaedro tem seis faces quadradas e a planificação acima mostra as bordas que permitem que se faça o desenho em folha de papel e se dobre em folha de papel, com as bordas permitindo o fechamento do sólido e sua colagem.

*Nesses trechos o corte deve ir até a linha do quadrado, para permitir o fechamento e colagem.

Octaedro

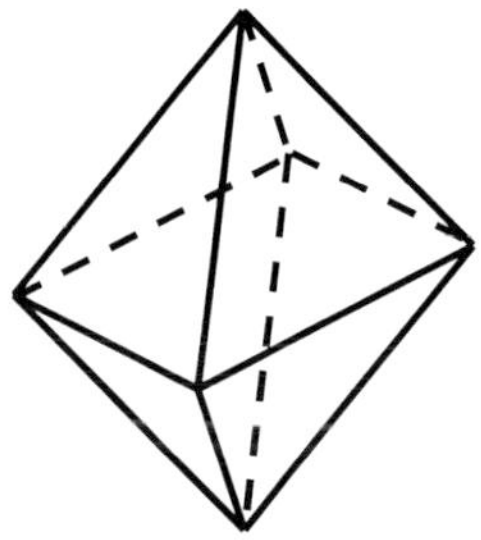

Imagem tridimensional do octaedro

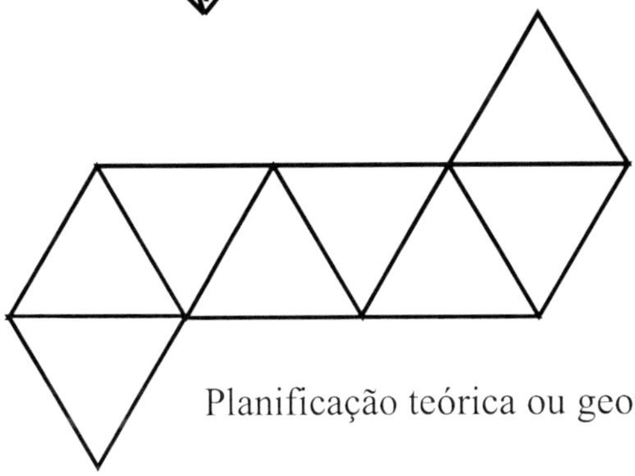

Planificação teórica ou geométrica

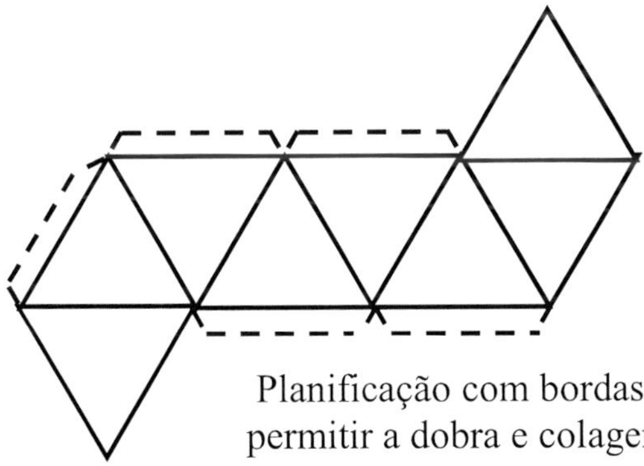

Planificação com bordas para permitir a dobra e colagem.

O octaedro tem oito faces, com oito triângulos equiláteros.

Dodecaedro

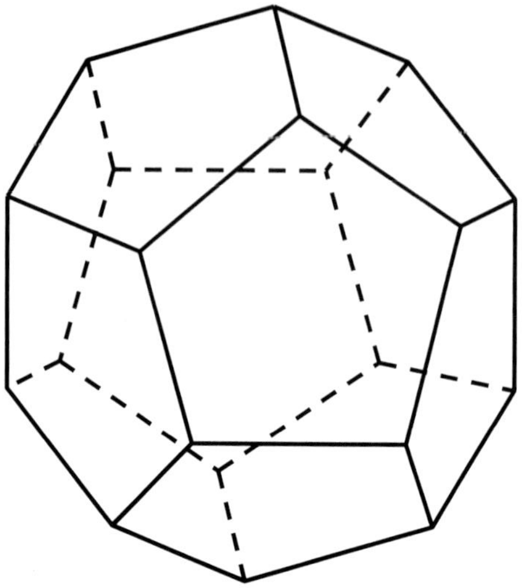

Imagem tridimensional do dodecaedro

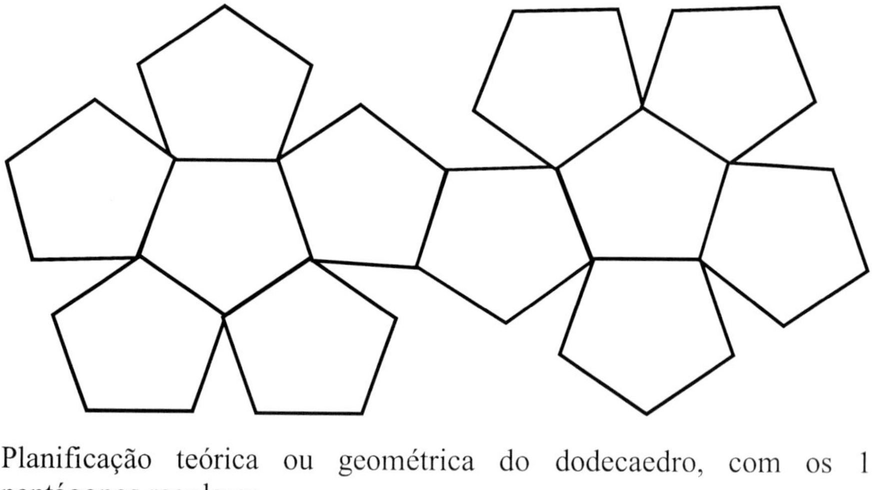

Planificação teórica ou geométrica do dodecaedro, com os 12 pentágonos regulares.

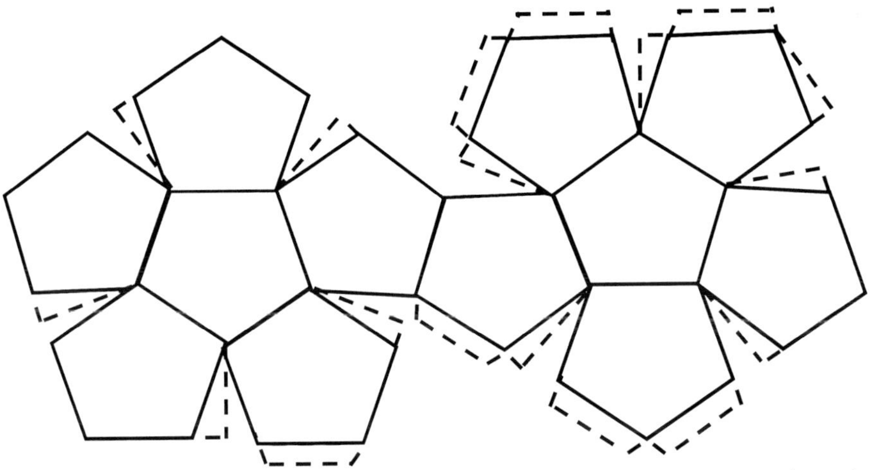

Planificação com as bordas, para dobrar e colar. Tanto o desenho, quanto o corte, a dobra e a colagem de um dodecaedro planificado, exigem muita atenção e paciência.

Icosaedro

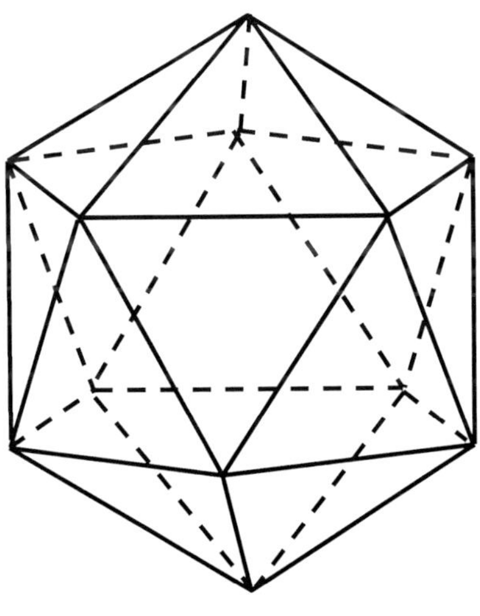

Imagem tridimensional do icosaedro

O icosaedro tem 20 faces com triângulos equiláteros.

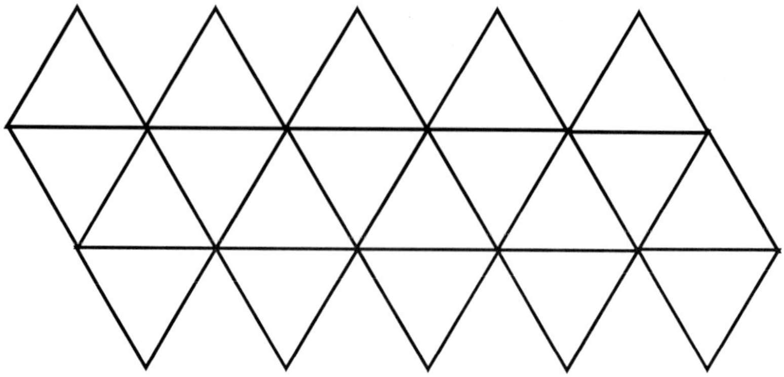

Planificação teórica ou geométrica do icosaedro.

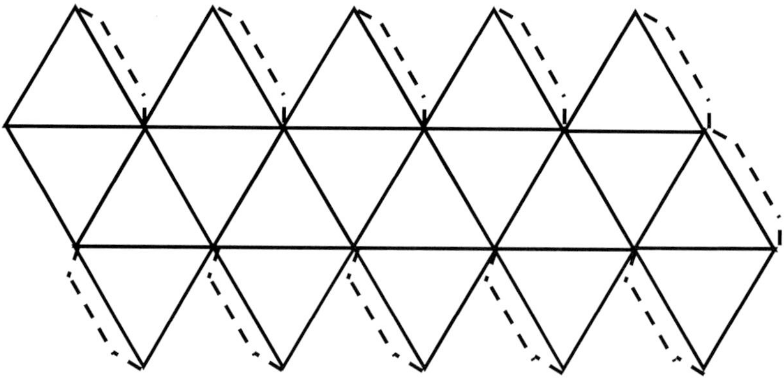

Planificação com as bordas, para dobrar e colar. Tanto o desenho, quanto o corte, a dobra e a colagem de um icosaedro planificado, exigem muita atenção e paciência

Exemplo de um poliedro irregular, usado como bola de futebol

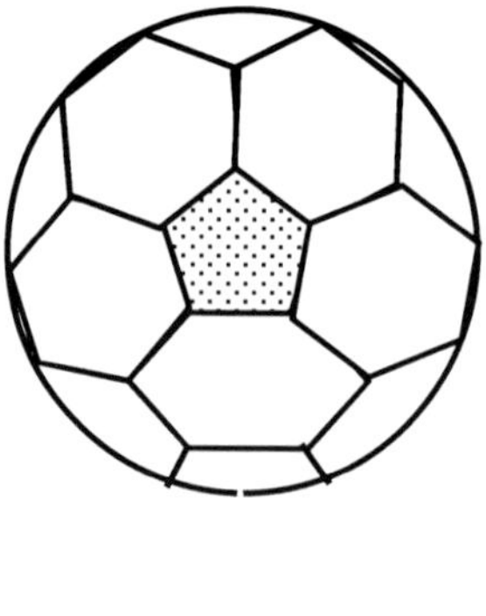

Existe um tipo de bola de futebol que é feita a partir da costura de gomos de couro, sendo 20 hexágonos regulares e 12 pentágonos regulares. Ao se colocar uma câmara de ar interna que, ao se inflar, torna-se uma esfera, empurrando os gomos para fora, assumindo o formato da bola esférica.

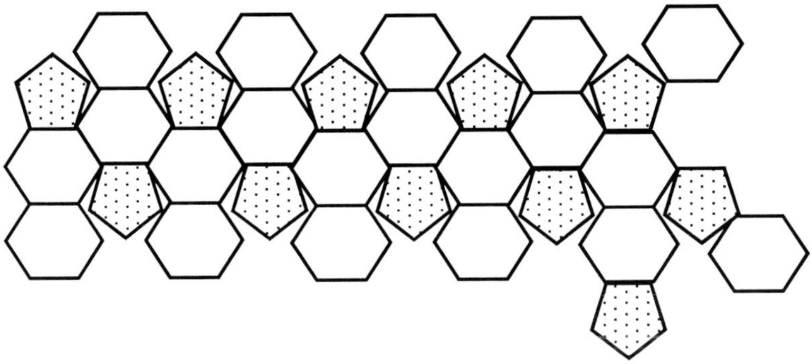

Essa é a planificação do poliedro irregular, que gera a bola de futebol, com 12 gomos pentagonais e 20 gomos hexagonais.

Planificações de prismas e pirâmides

A seguir são mostradas planificações dos principais prismas, ressaltando-se que, a planificação de um prisma tem duas finalidades: permitir que alunos desenhem (com instrumentos ou com *softwares*) a planificação e façam a sua montagem, ou seja, passem do bi para o tridimensional. Para esses casos, são necessárias deixar bordas para permitir a colagem e fechamento do sólido. A segunda é para uso como embalagens de papel e papelão, quando as bordas são em maior número para que, além de permitir a montagem, também dêem mais resistência à caixa, para evitar danos ao produto estocado.

Prisma de base triangular

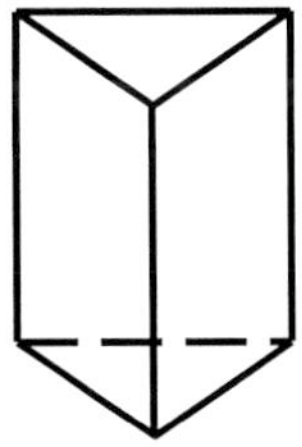

Imagem tridimensional

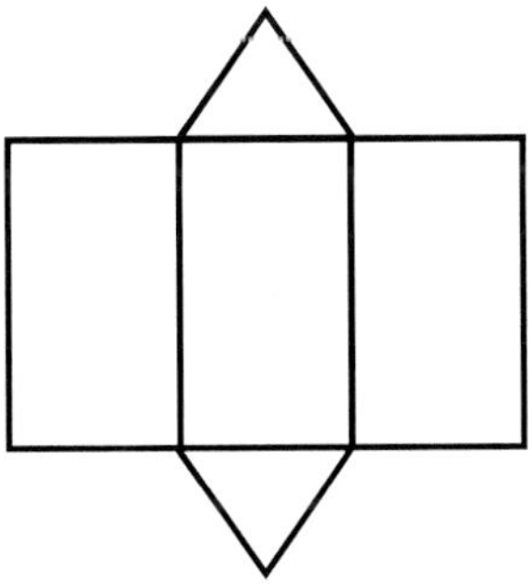

Planificação teórica ou geométrica

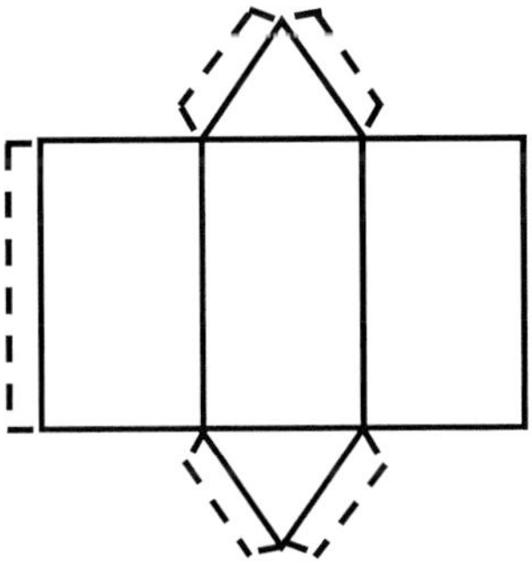

Planificação com bordas para colagem

Prisma reto de base hexagonal

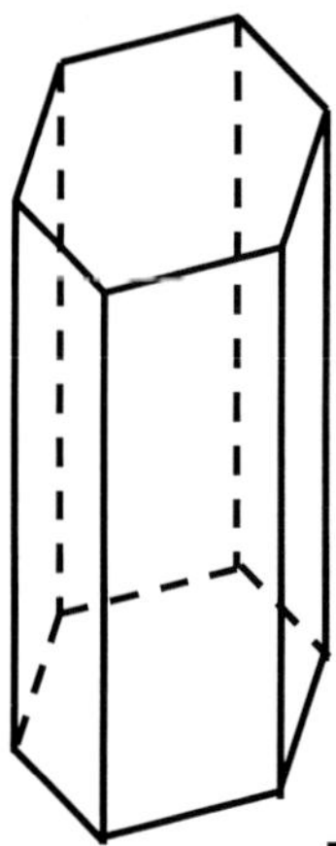

Imagem tridimensional do prisma

Planificação do prisma, com fundo e topo em hexágonos regulares e seis faces retangulares.

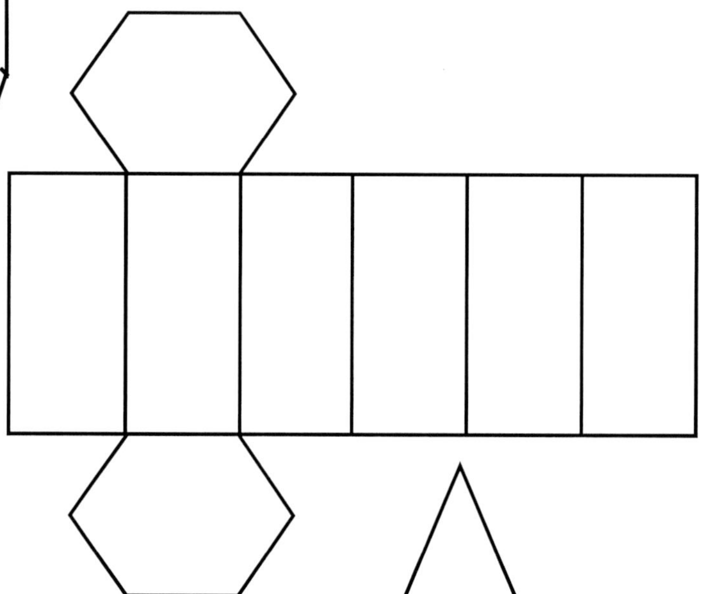

Pirâmide de base quadrada

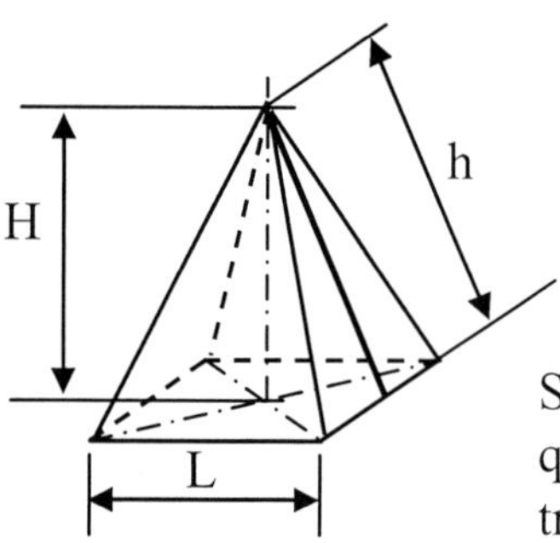

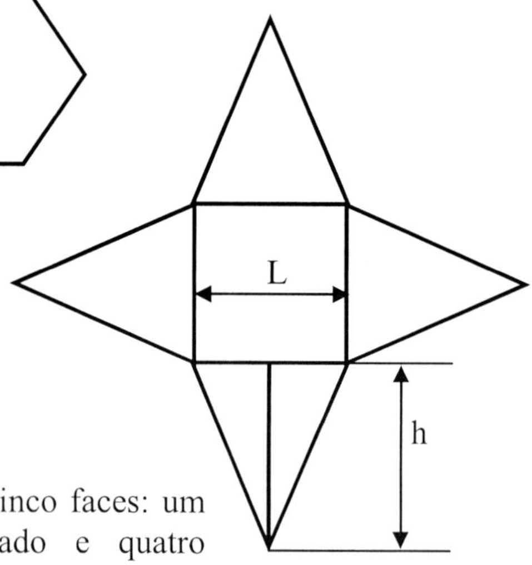

São cinco faces: um quadrado e quatro triângulos.

Planificação de cilindro aberto

Do ponto de vista de aplicações práticas, os cilindros podem ser fechados, como numa lata de óleo vegetal, abertos, como em tubulações ou com fundo e parte superior aberta, como numa lata de lixo circular. Cilindros abertos, por exemplo, tubos, são planificados a partir da retificação de uma circunferência.

Uma interpretação prática dessa planificação é que, caso se queira fabricar um cilindro aberto, com 80 cm de altura e diâmetro 50 cm, precisa-se de uma chapa plana com 157 cm de comprimento e 80 cm de largura.

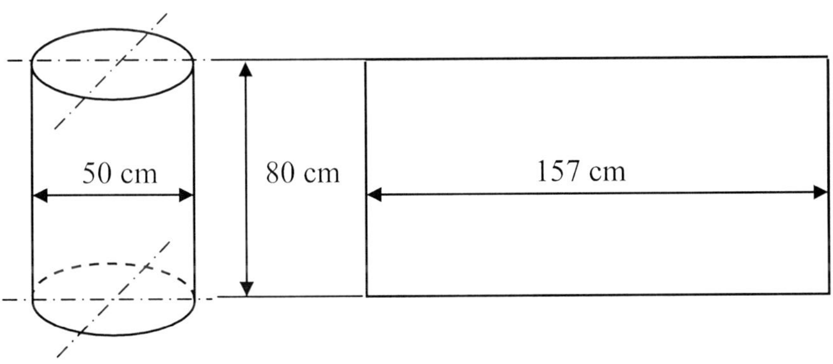

Planificação do cone fechado

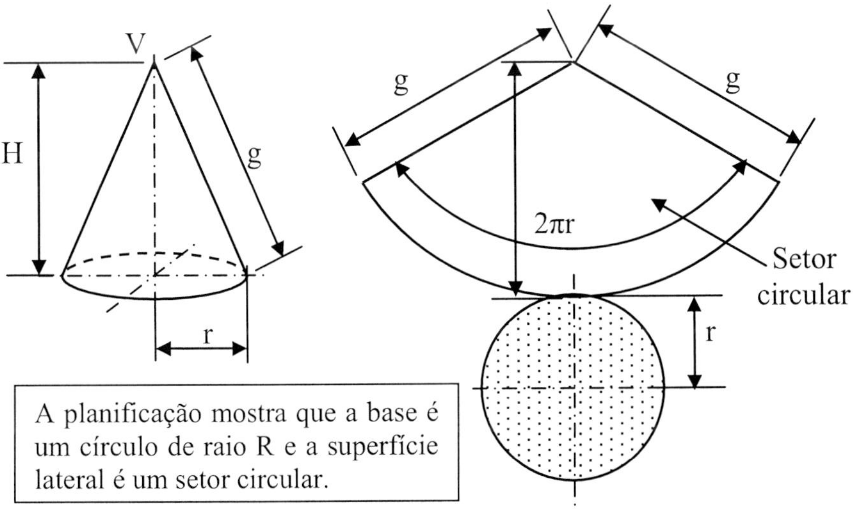

A planificação mostra que a base é um círculo de raio R e a superfície lateral é um setor circular.

Planificação de uma esfera

Existem diversas formas de se planificar uma esfera, especialmente quando a mesma será fabricada em aço, para ser usada como equipamento de armazenamento de gases sob pressão. O exemplo a seguir segue o "conceito" de quando, por exemplo se divide uma laranja em oito partes iguais.

Esses são os cortes vistos de cima

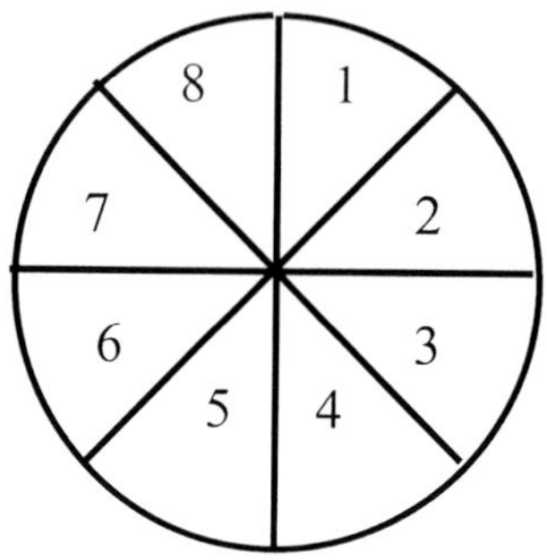

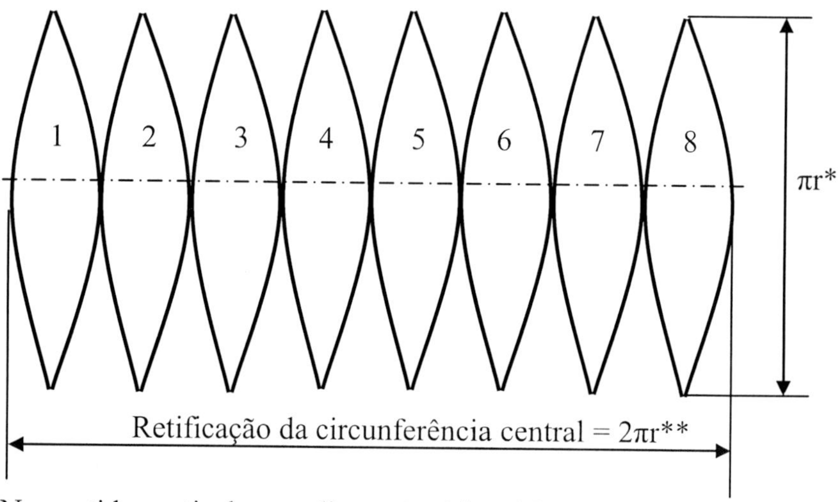

*No sentido vertical, essa dimensão é igual à metade da circunferência. Como a retificação de uma circunferência é igual a $2\pi r$, a metade é igual a πr.

**No sentido horizontal, tem-se a retificação de toda a circunferência, ou seja, $2\pi r$.

Exercícios resolvidos

1) Uma empresa que embala seus produtos em caixas de papelão, na forma de hexaedro regular, deseja que seu logotipo seja impresso nas duas faces opostas pintadas conforme a figura. A gráfica que fará as impressões dos logotipos apresentou cinco opções, para a caixa planificada. Qual opção, sugerida pela gráfica, atende ao pedido da empresa.

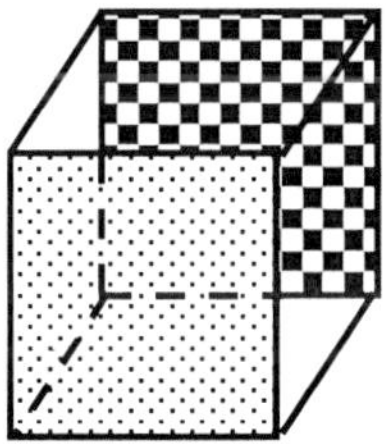

A)

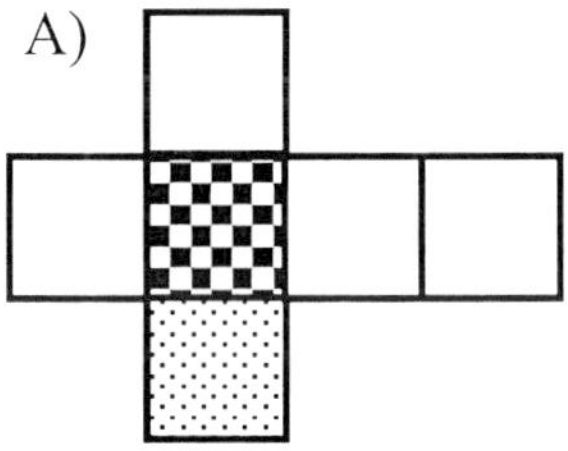

B)

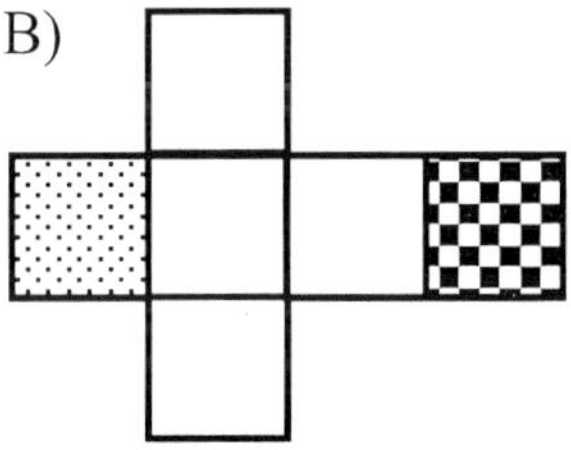

C)

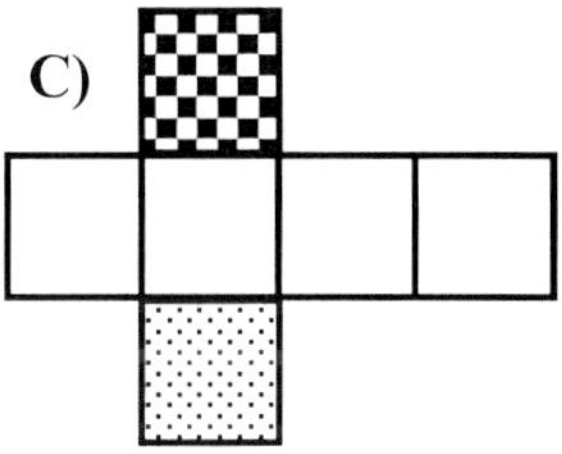

D)

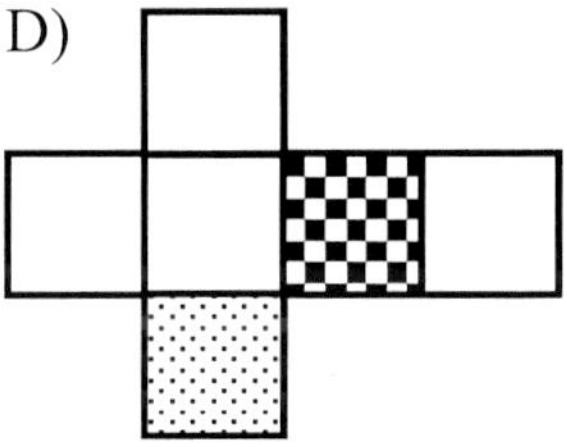

E)

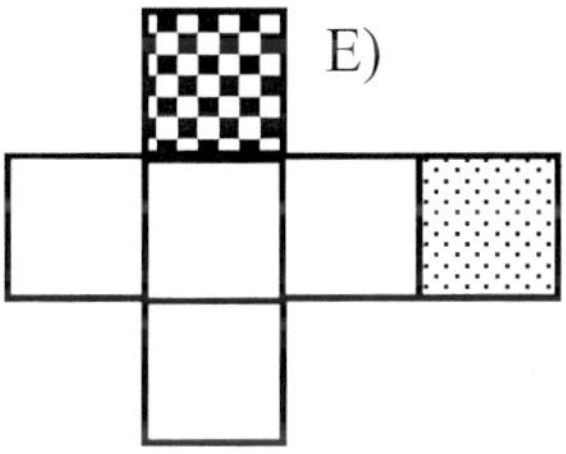

Raciocínio lógico espacial: como as faces pintadas têm que ser opostas, **a única opção que atende é a C**.

2) Uma lojista adquiriu novas embalagens para presentes que serão distribuídas aos seus clientes. As embalagens foram entregues para serem montadas e têm forma dada pela figura a seguir. Após montadas, as embalagens formarão um sólido com quantas arestas?

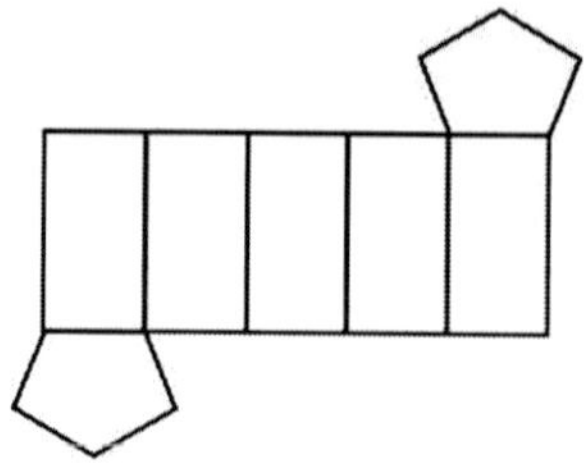

Raciocínio lógico espacial: como tem-se dois pentágonos e cinco retângulos, trata-se de um prisma reto de base pentagonal. Como arestas são formadas pela interseção de duas faces ou planos, para uma correta análise, faz-se o desenho tridimensional do prisma, para facilitar a análise.

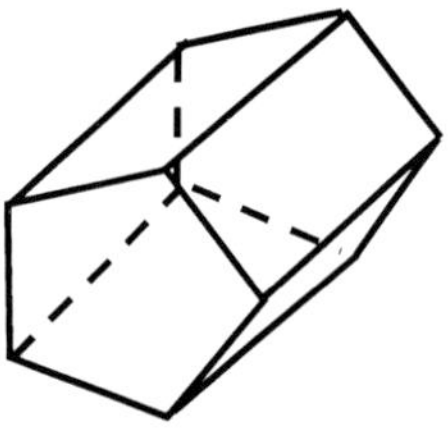

Os cinco retângulos geram 20 arestas, pois são 4 x 5 = 20, entretanto como os retângulos são unidos um ao outro, ou seja, têm arestas comuns e como isso ocorre nos cinco retângulos, **então tem-se 15 arestas no total**.

3) Um sinalizador de trânsito, para uso noturno, tem o formato de um cone circular reto, fabricado em plástico, devendo ser revestido externamente com um adesivo fluorescente, desde sua base até a metade de sua altura. O responsável pela colocação do adesivo precisa fazer o corte do material de maneira que a forma do adesivo corresponda exatamente à parte da superfície lateral a ser revestida. Das cinco opções a seguir, qual deverá ser a forma do adesivo?

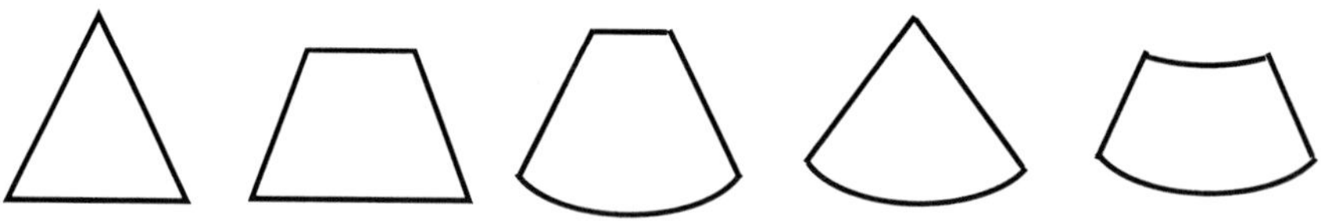

A) B) C) D) **E)**

Raciocínio lógico espacial: Se o adesivo fosse colocado no cone todo a resposta seria a opção D, mas como só vai até a metade, **a opção correta é a E**.

4) Um silo metálico para armazenar milho tem que ser fabricado em aço, com um corpo cilíndrico e um tampo cônico, como mostrado a seguir. Detalhar como será a planificação desse conjunto cilindro + tampo cônico.

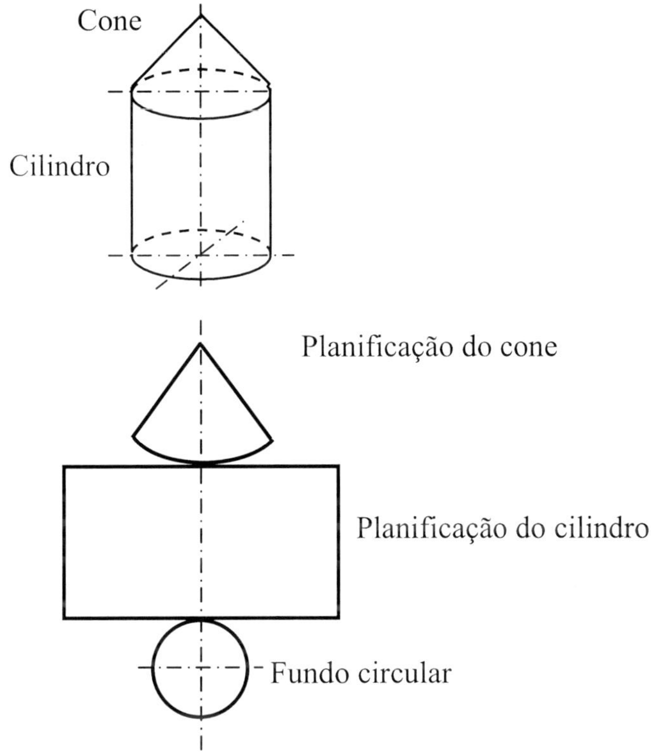

5) Desenhar a planificação da pirâmide a seguir.

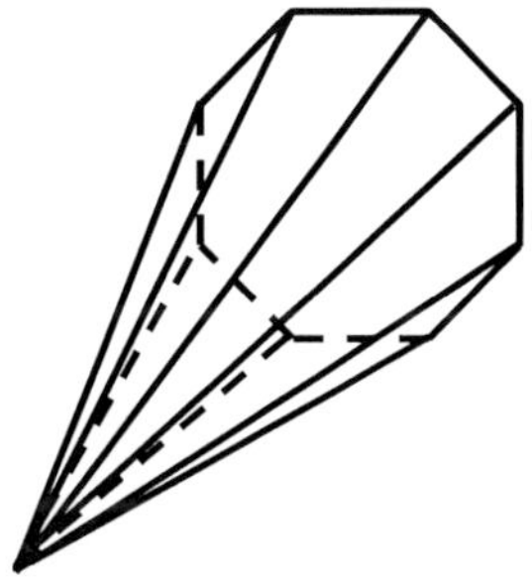

Raciocínio lógico espacial: trata-se de uma pirâmide de base octogonal, ou seja, com um octógono regular na base com oito lados e, por óbvio, oito triângulos isósceles. A planificação está desenvolvida a seguir.

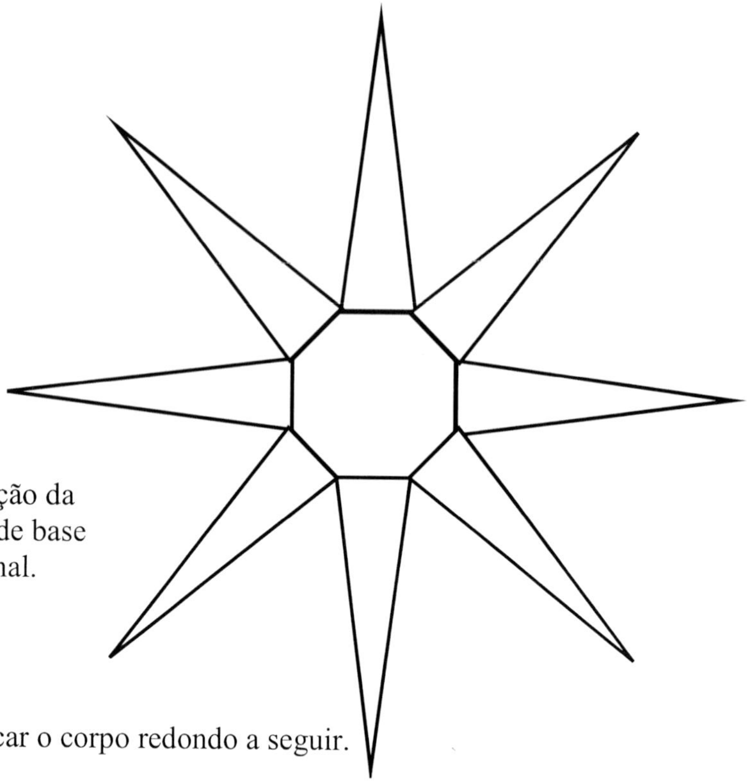

Planificação da pirâmide de base octogonal.

6) Planificar o corpo redondo a seguir.

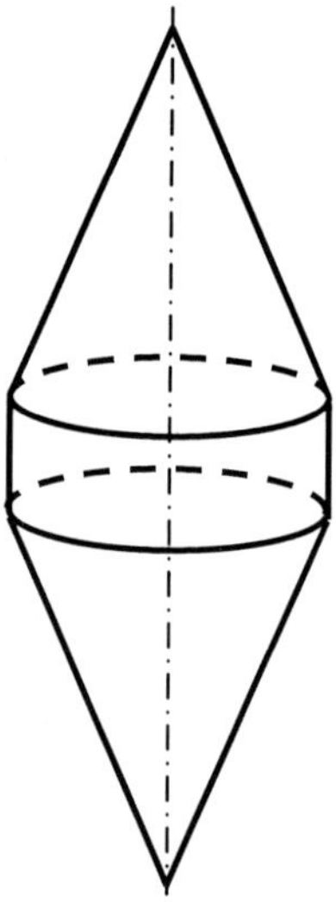

Raciocínio lógico espacial: trata-se da junção de dois cones invertidos e um trecho de cilindro.

Essa é a planificação

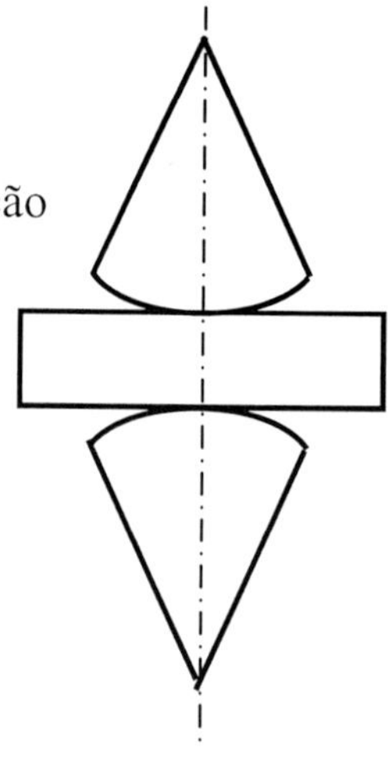

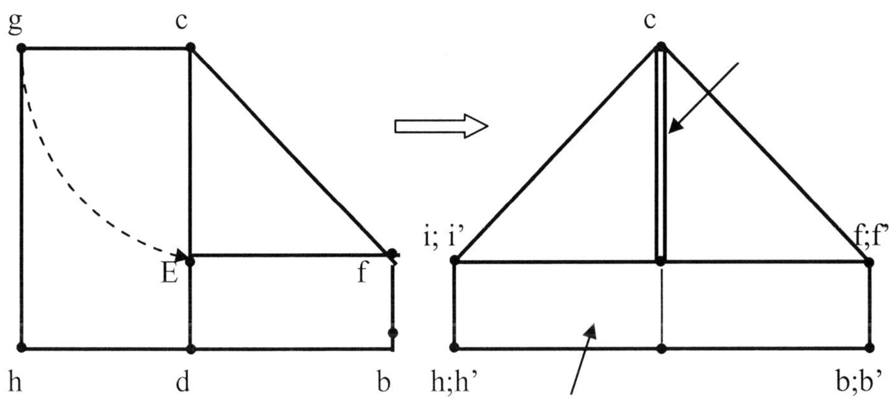

Em verdade existem dois grandes retângulos, um na frente e outro atrás. O retângulo ifbh está na frente e o i'f'b'h' está atrás.
Aqui já surgem três triângulos.

4º e 5º Passos: dobro o retângulo frontal ifbh para cima e o retângulo de trás i'f'b'h' também para cima. Com isso, chega-se ao formato final do chapéu.

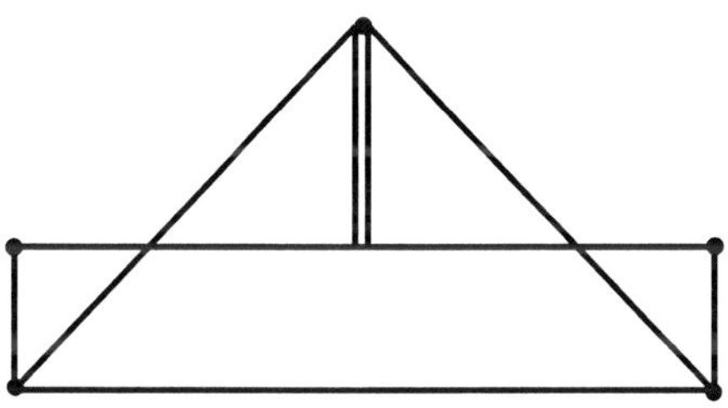

Aqui surgem diversos outros triângulos retângulos e um grande retângulo.

Observa-se que existem diversas outras dobras, para se obter um chapéu, chamado de soldado. Na internet tem-se acesso a muitos outros exemplos, inclusive com movimentos e explicações para cada passo.

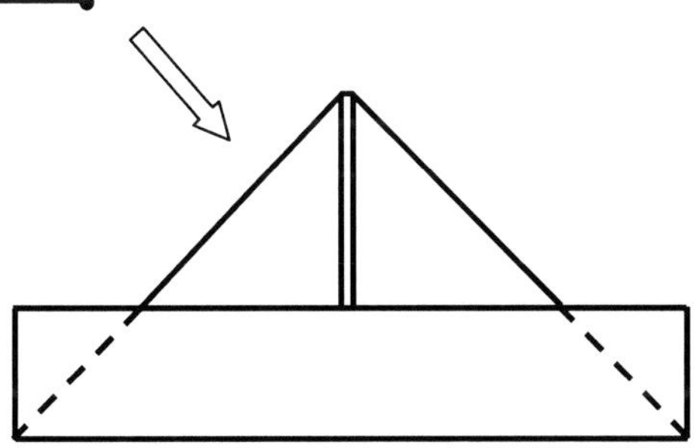

Esse é o chapéu finalizado

Dobrando um pássaro

O pássaro será dobrado a partir de uma folha com 15 cm de lado. As dimensões a seguir estão divididas por quatro, ou seja: 15 cm/4 = 3,75 cm.

1º Passo: dobro folha ao meio como indicado:

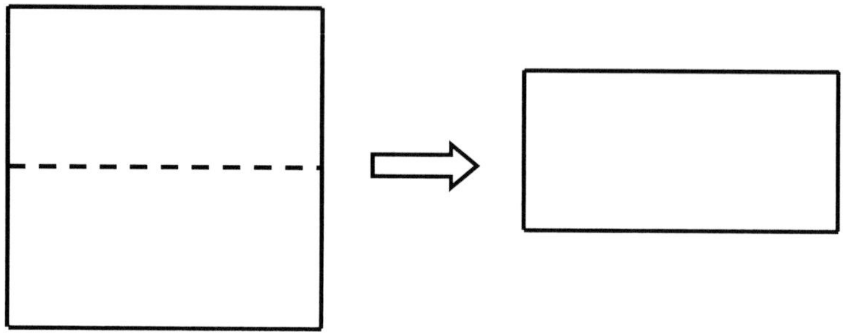

2º Passo: desdobro a folha e dobro, como indicado, surgindo dois triângulos retângulos.

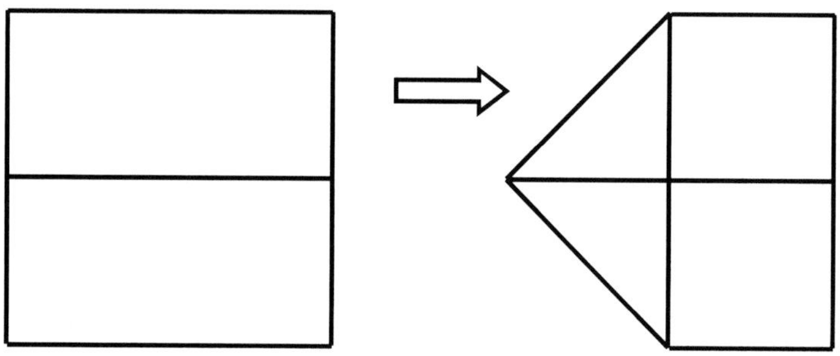

3º Passo: dobro a folha novamente, formando dois trapézios retângulos, deixando a parte aberta como indicada.

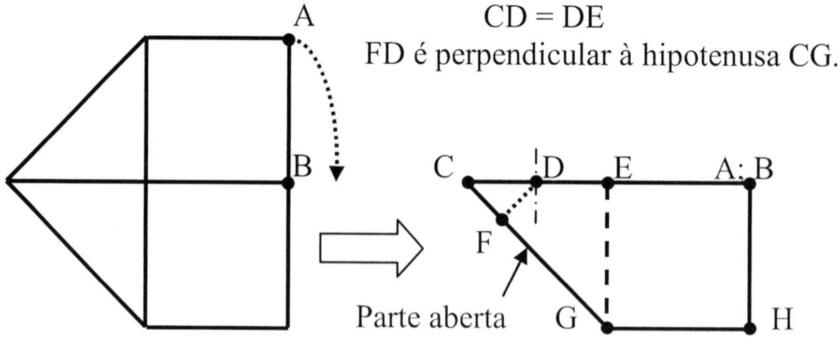

4º Passo: dobro o segmento FD para trás uma e para baixo, conforme mostrado.

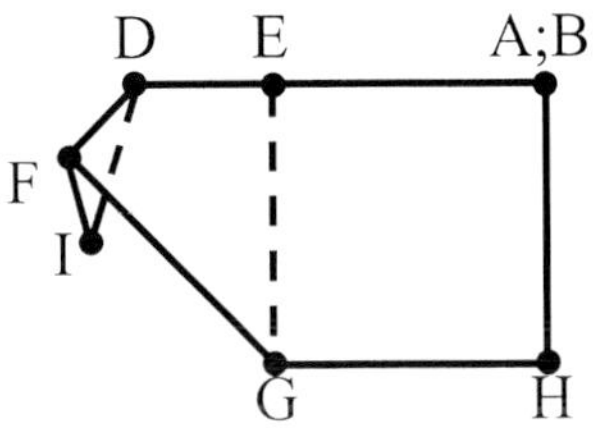

5º Passo: faço cortes, com tesoura, como indicado.

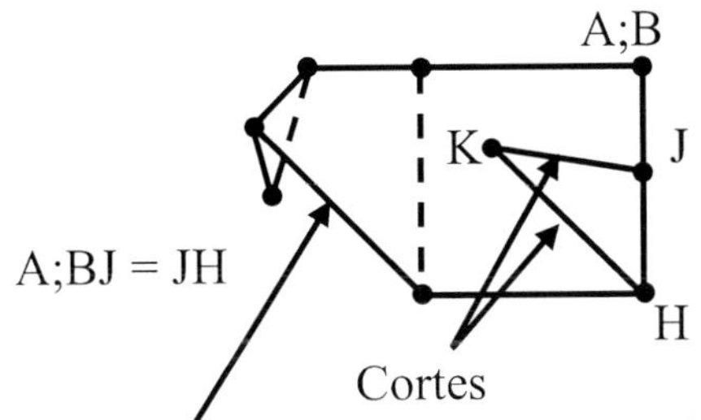

Observa-se que, como a folha está dobrada, existe o mesmo triângulo KJH atrás. (Temos ângulos retos e agudos).

6º passo: dobro os triângulos KJH da frente e de trás, como indicado, formando as asas para cima.

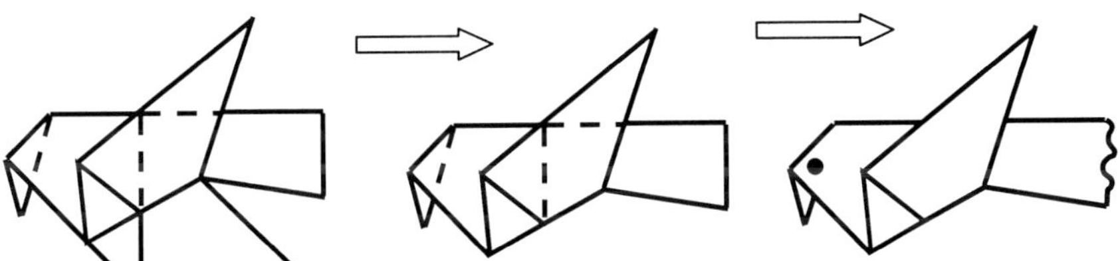

Triângulo frontal dobrado

Triângulo de trás dobrado com a parte geométrica finalizada

Para dar um aspecto mais real de um pássaro, pode-se rendilhar o rabo e colocar o olho

Dobradura de um octógono regular (polígono com oito lados), a partir de uma folha quadrada de lado 21 cm

1º Passo: dobrar ao meio, duas vezes, obtendo as diagonais, 2º Passo: dobrar o primeiro triângulo, 3º Passo: dobrar o segundo triângulo, 4º Passo: dobrar o terceiro triângulo, 5º Passo: Pegar a ponta ou vértice do ângulo reto, do triângulo "grosso", do 4º passo, e dobrar na direção e sobre a hipotenusa, obtendo-se dois triângulos (um isósceles e um escaleno) e 6º Passo: cortar exatamente no cateto menor do maior triângulo.

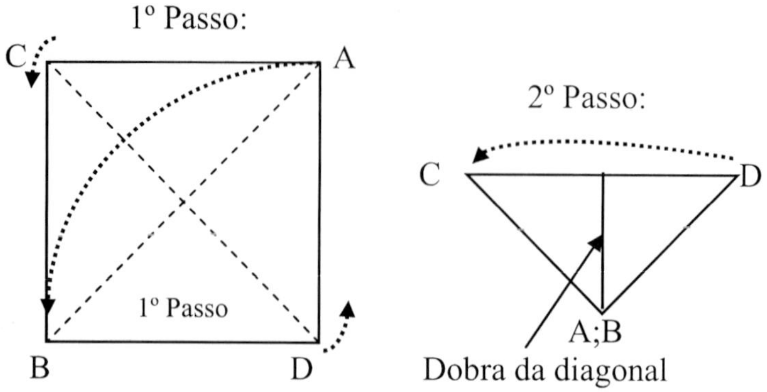

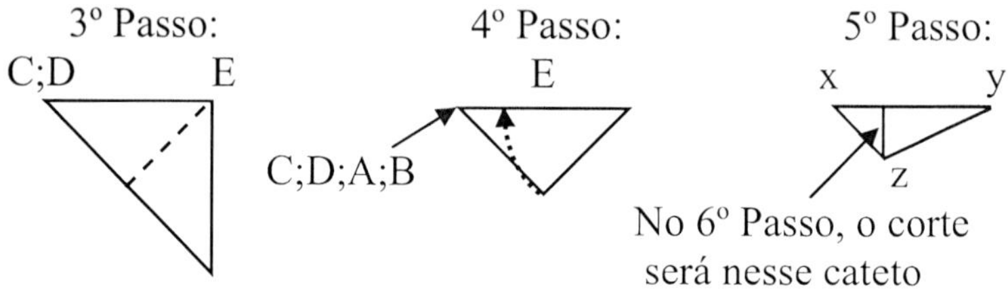

6º Passo: no triângulo xyz corto no cateto vertical z, obtendo um triângulo retângulo escaleno "grosso", ou seja, com muitas dobras.

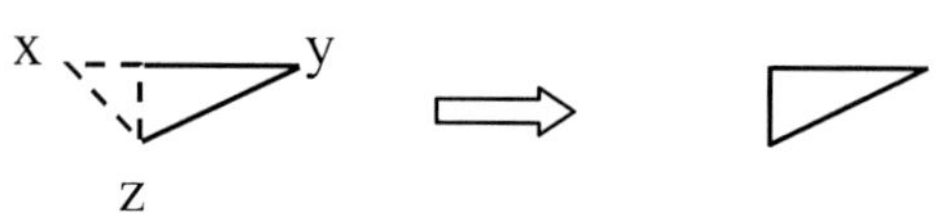

Finalização do octógono:

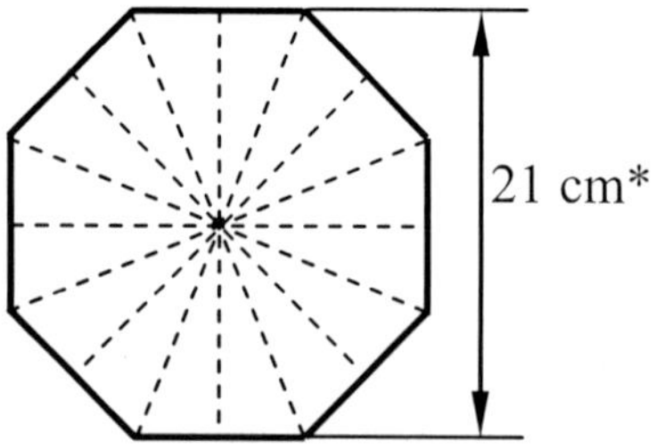

Ao desfazer as dobras, ou seja, abrindo o triângulo retângulo escaleno "grosso", surge o octógono com todas as diagonais e todas as bissetrizes dos ângulos internos.

*Essa é a dimensão do quadrado original.

Capítulo 9: Desenho de ângulos, elementos e figuras geométricas, utilizando o par de esquadros. A geometria dinâmica e o Word usado como *software* para o desenho de figuras e elementos geométricos

Na Unidade de Geometria, da Base Nacional Comum Curricular - BNCC, no 4º ano do Ensino Fundamental, a Habilidade EF04MA18 cita: "Reconhecer ângulos retos e não retos em figuras poligonais com o uso de dobraduras, esquadros ou *softwares* de geometria". Referências a tecnologias digitais e *softwares* de geometria, aparecem no 3º, 4º e 5º ano, nas Habilidades: EF03MA16, EF04MA18, EF04MA19, EF05MA17 e EF05MA18. Esse capítulo mostra em detalhes como utilizar os instrumentos analógicos de desenho, em especial o par de esquadros, para a execução dos mais variados desenhos, contemplando essas habilidades da BNCC.

Usando o par de esquadros para desenhar ângulos

Considerando que o par de esquadros tem ângulos de 30º, 45º, 60º e 90º, é possível traçar esses ângulos, bem como suas somas e subtrações. Observa-se que, para traçar um ângulo, primeiro se desenha uma linha base, pois o ângulo será em relação a essa base. É importante citar que, os dois esquadros têm que ser utilizados ao mesmo tempo, isso porque ao se separar um dos esquadros, eles saem de posição, causando erro no ângulo.

Ângulos de 30º

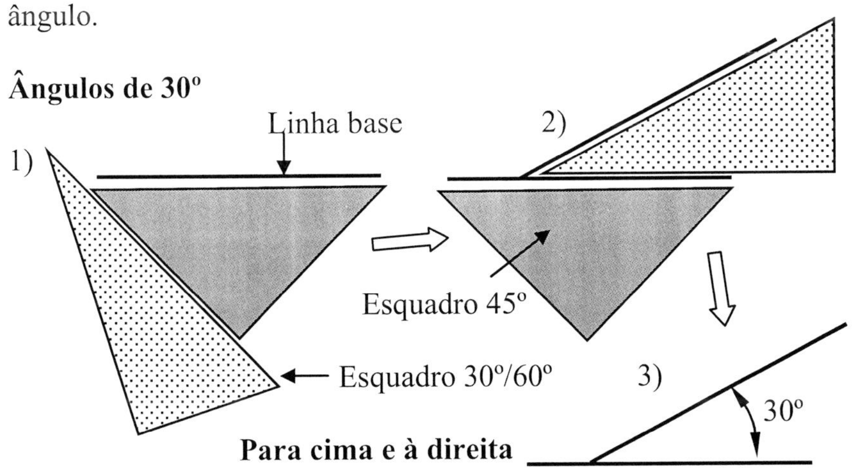

Para cima e à direita

Para cima e à esquerda

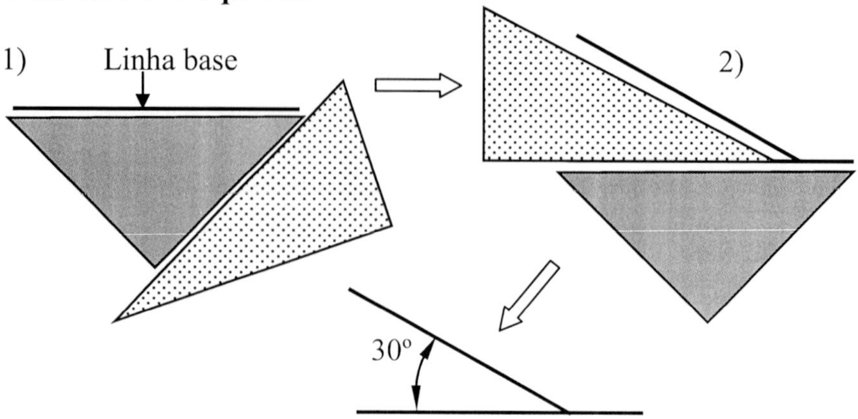

Para baixo e á direita

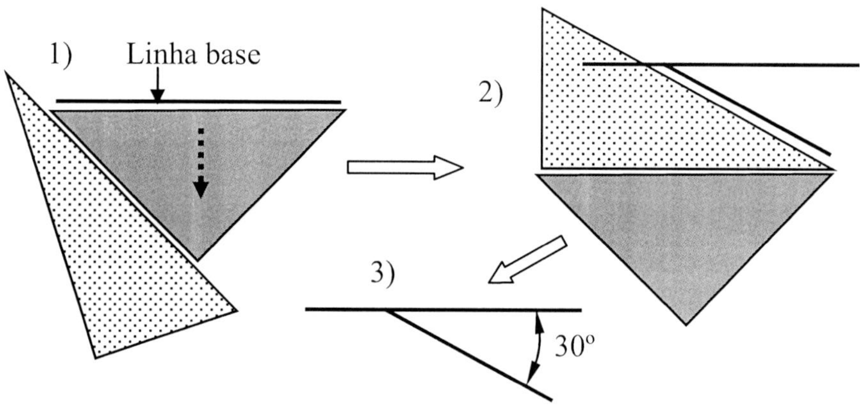

Para baixo e à esquerda

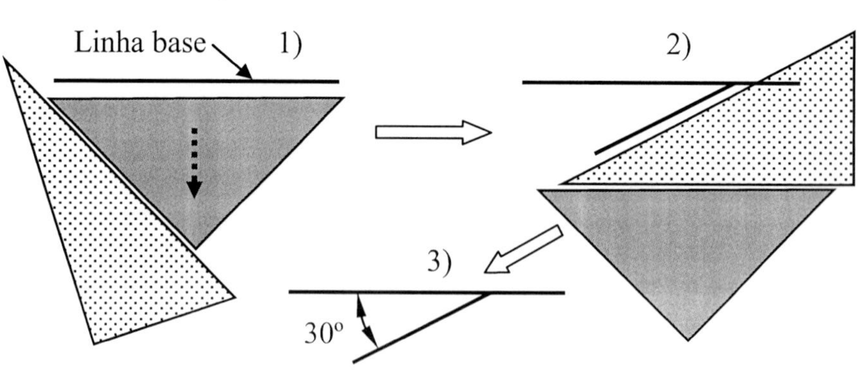

Ângulos de 45°

Para cima e à direita

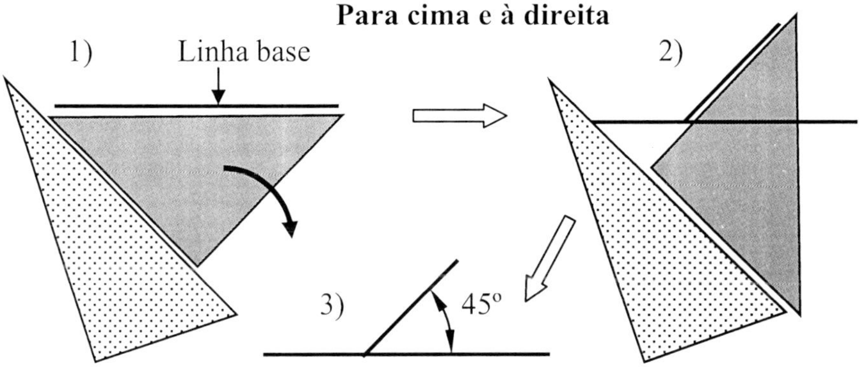

Para cima e à esquerda

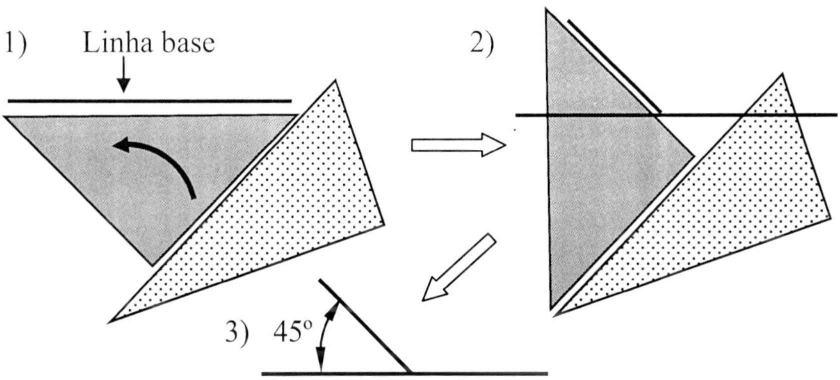

Para baixo e à direita

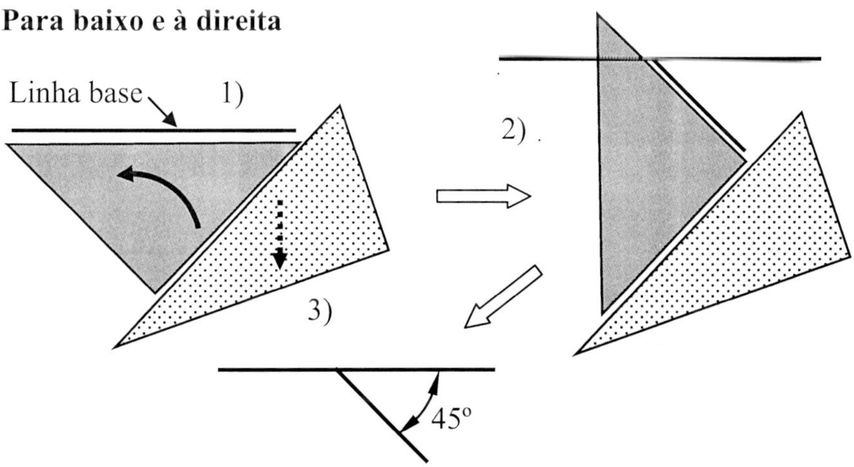

Para baixo e à esquerda

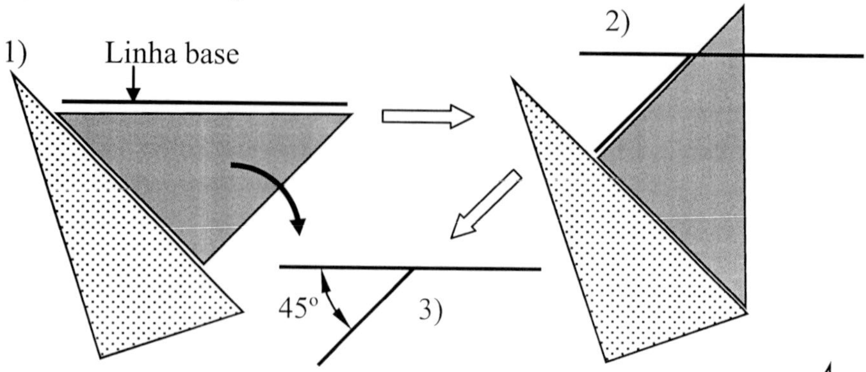

Ângulos de 60°

Para cima e à direita

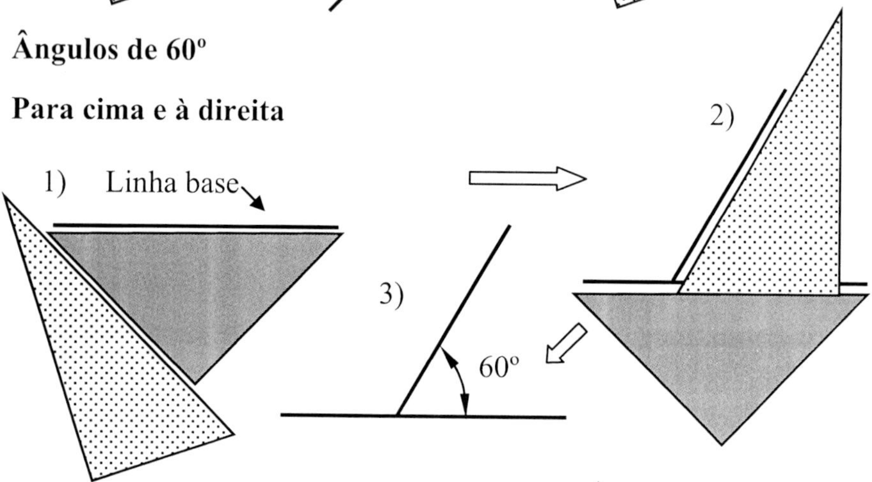

Para cima e à esquerda

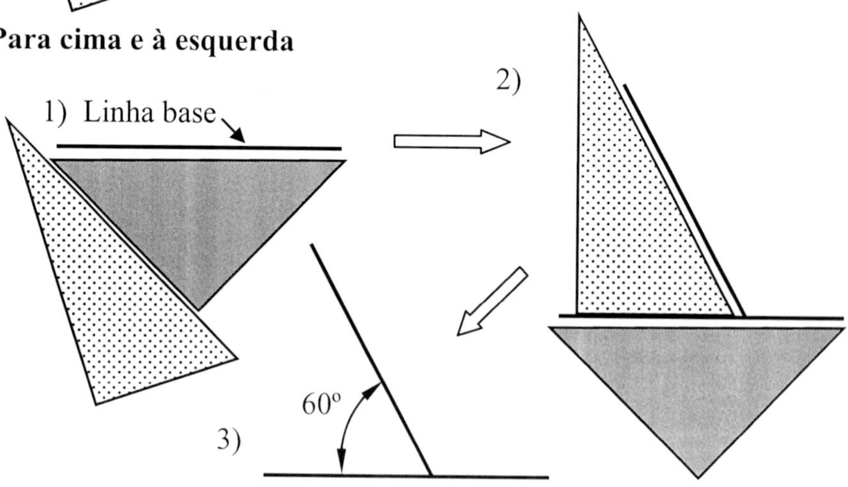

Para baixo e à direita

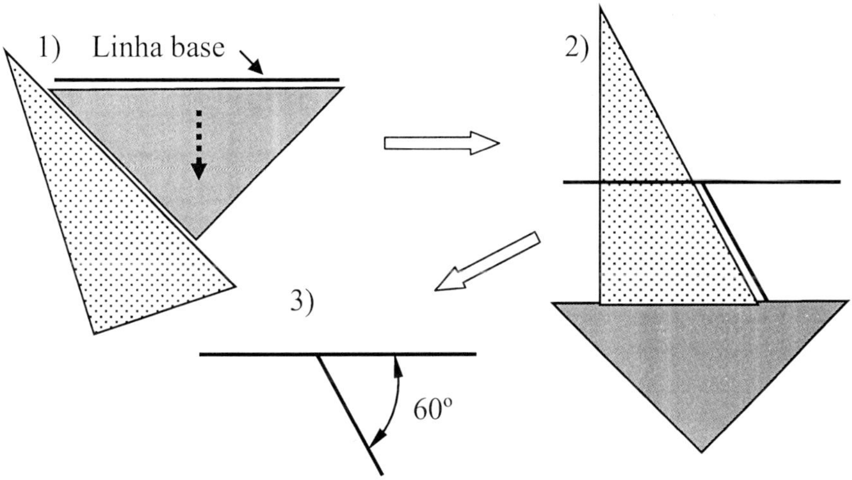

Para baixo e à esquerda

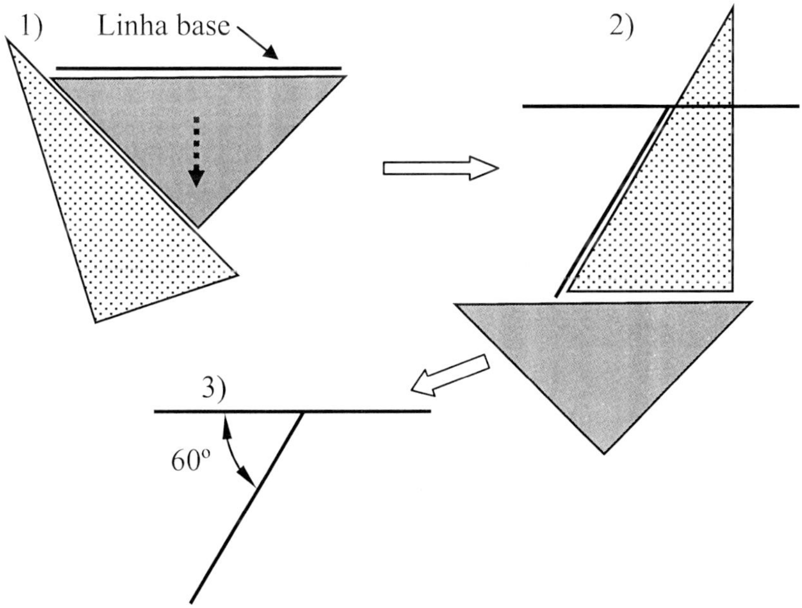

Soma e subtração de ângulos com o par de esquadros

Além de ser possível traçar os ângulos mostrados com o par de esquadros, também é possível somar e subtrair ângulos, como mostrado a seguir.

Soma: 30° + 45° = 75°

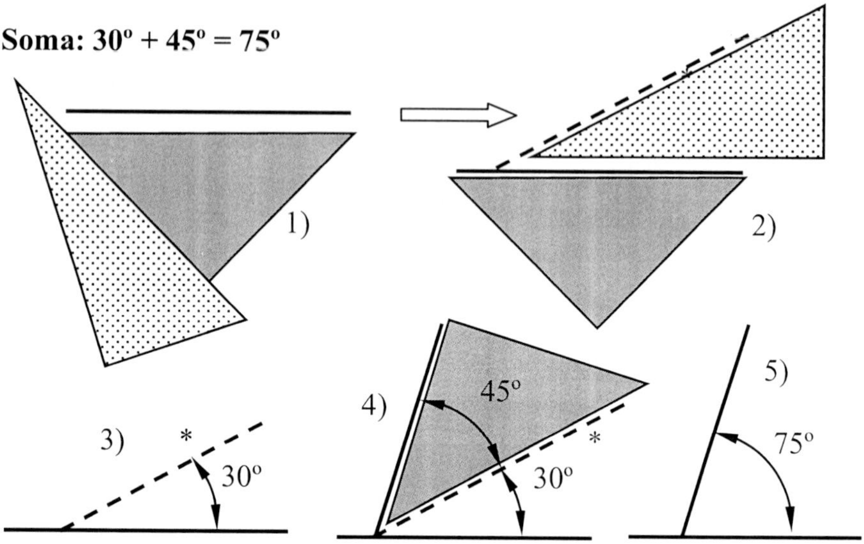

*A linha tracejada significa que apenas se posiciona o esquadro 30° x 60°, sem riscar a linha do ângulo de 30°. Na sequência, posiciona-se o esquadro de 45° como indicado para, então se riscar o ângulo de 75°.

Subtração: 45° - 30° = 15°

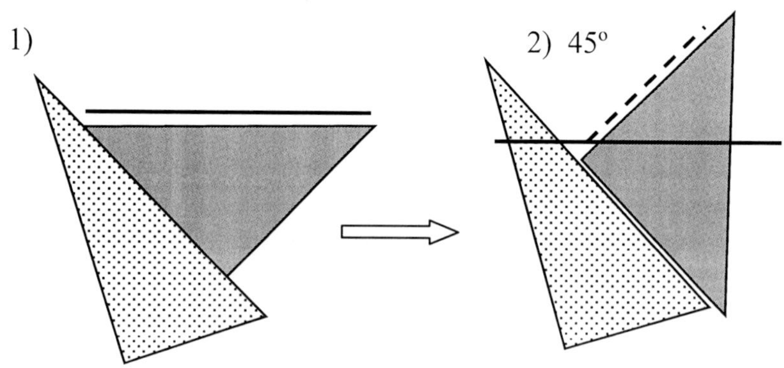

3) 45° - 30°

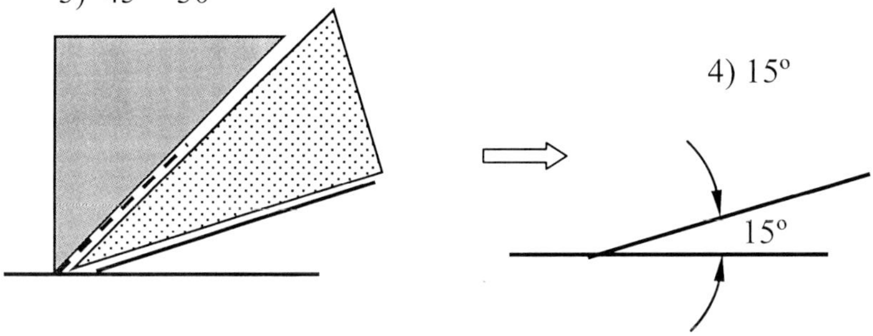

Soma 30° + 60° = 90°

Embora seja possível fazer essa soma, é muito mais prático traçar direto o ângulo de 90° como a seguir mostrado.

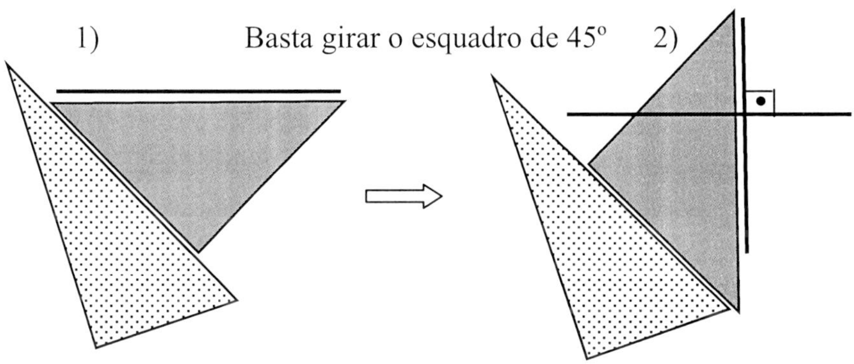

Exercícios resolvidos

1) Utilizando o par de esquadros, desenha-se o triângulo retângulo escaleno com lados ou catetos iguais a 3 cm e 4 cm e hipotenusa de 5 cm.

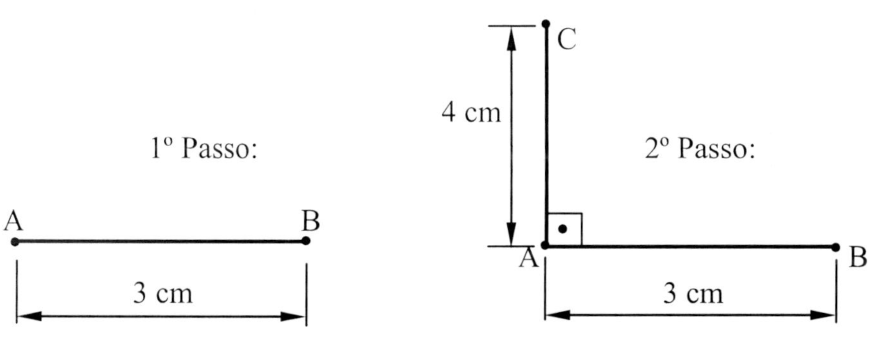

3º Passo: é só unir os vértices B e C.

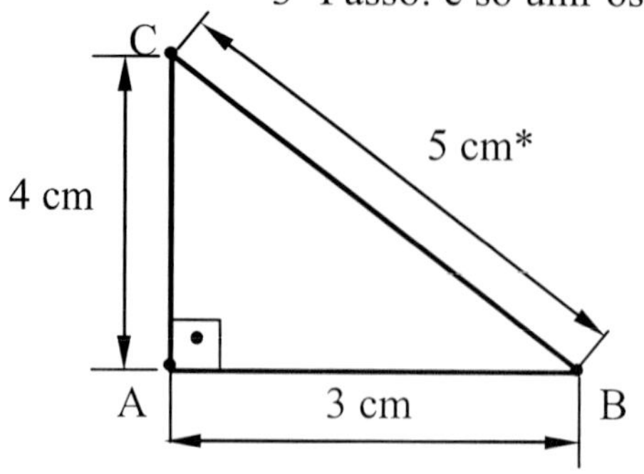

*Esse triângulo é chamado de pitagórico, sendo estudado, em geral, no 7º ano do Ensino Fundamental.

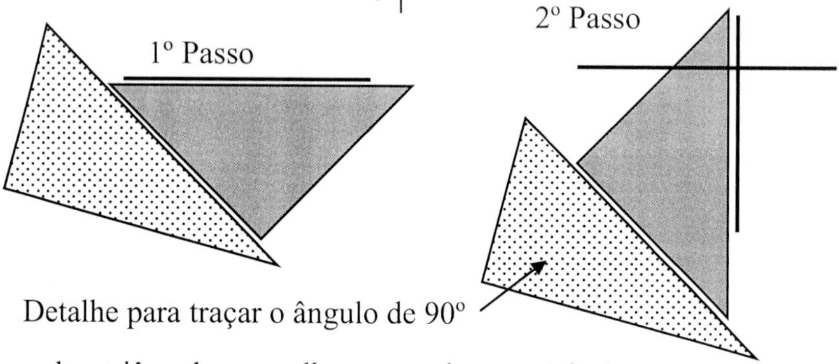

2) Desenhar triângulos semelhantes ao do exercício 1.

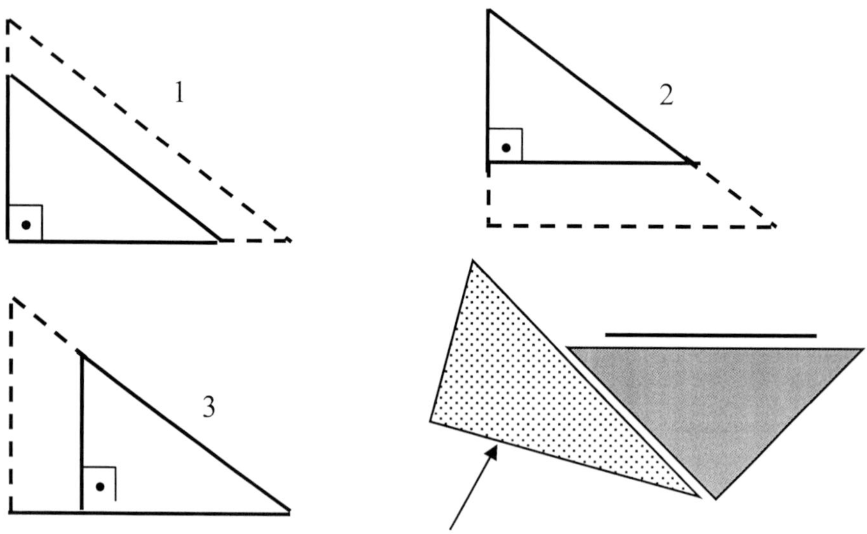

Basta traçar paralelas, como por exemplo, para o triângulo 2.

A geometria dinâmica e o Word usado como *software* para o desenho de figuras geométricas e símbolos

O termo "Geometria Dinâmica" é utilizado para definir programas interativos que possibilitam a criação e manipulação de figuras geométricas a partir de suas propriedades.

Na geometria dinâmica há diversos recursos disponíveis como, por exemplo, uso de cores nos desenhos, sistemas de coordenadas cartesianas e polares, calculadora interna, medição de ângulos, distâncias e áreas. Com programas de geometria dinâmica é possível clicar em um ponto do desenho construído e arrastá-lo pela tela, com o *mouse*, mudando sua configuração. É dessa possibilidade de movimentação que vem o termo geometria dinâmica.

A principal característica da geometria dinâmica é que as imagens podem ser arrastadas na tela do computador, utilizando o *mouse*, possibilitando a transformação de figuras geométricas em tempo real. Com isso, a tela fornece a impressão que o desenho se deforma com o processo de arrastar, enquanto mantém as relações especificadas como essenciais da construção original.

Outra característica da geometria dinâmica é permitir rapidez na execução dos desenhos, pois figuras que demorariam muito tempo para serem construídas no papel, com régua e compasso, são criadas no computador em segundos.

Dentre os principais programas de geometria dinâmica os seguintes se destacam: Tabulae, Geogebra, Régua e Compasso, Cabri Géomètre e Cabri 3D. Embora não sejam de geometria dinâmica, os programas AutoCad e Word podem ser utilizados para desenhos geométricos.

O Tabulae é um *software* de Geometria Dinâmica plana que foi desenvolvido no "Projeto Enibam" do Instituto de Matemática da Universidade Federal do Rio de Janeiro - IM/UFRJ. Esse programa é gratuito.

Geogebra: "Geometria + Álgebra", é um programa austríaco gratuito que reúne Geometria, Àlgebra e Cálculo. De forma geral, podem ser construídos pontos, segmentos de reta, polígonos, circunferências, vetores, gráficos de funções, curvas cônicas (circunferências, elipses, parábolas e hipérboles), que podem ser dinamicamente modificados com um simples movimento do *mouse*. Uma vantagem do Geogebra é a de apresentar duas representações diferentes de um mesmo objeto: a representação geométrica e a algébrica. Esse programa pode ser utilizado em vários idiomas, inclusive português.

Régua e Compasso (CaR) é um programa de Geometria Dinâmica que pode ser baixado gratuitamente. Esse programa possibilita construções dinâmicas e interativas. Após algumas construções, os objetos geométricos podem ser deslocados na tela sem modificação das relações geométricas.

O Cabri-Géomètre II é um *software* educativo específico para o aprendizado da geometria. Foi desenvolvido por Jean-Marie Laborde e Franck Bellemain, no Institut D'Informatique et Mathématiques Appliquées de Grenoble, França. O Cabri possui muitos recursos na construção das figuras geométricas possibilitando movê-las e deformá-las, Permite criar e explorar figuras geométricas de forma interativa através da construção de pontos, retas, triângulos, polígonos, círculos e outros objetos.
Cabri 3D é um *software* de matemática dinâmica tridimensional. Ele foi desenvolvido pela empresa francesa Cabrilog, permitindo a construção em três dimensões e, ao mesmo tempo, tem os benefícios da geometria interativa. Ele oferece uma interface lúdica e intuitiva com ferramentas de visualização 3D, que muito facilitam o ensino/aprendizado da geometria.

O Word usado como *software* para a prática do desenho geométrico

Embora não seja um programa de Geometria Dinâmica, o Word possibilita de forma fácil e prática, a construção de muitos desenhos geométricos. Uma comprovação dessa afirmativa é que: "todos os desenhos contidos nesse livro foram feitos usando o Word".
Embora não pareça e não seja muito difundido, com relação à geometria, o Word possuí diversos recursos para desenhar. Nas próximas páginas são citadas e mostradas várias maneiras para a prática do desenho geométrico, com o Word.

Desenhando formas geométricas

Quando se abre o Word, logo na parte superior aparece na área azul as seguintes opções: Início; Inserir, Layout da página; Referências; Correspondências; Revisão e Exibição.
Ao clicar na opção "Inserir" e depois no ícone "Formas", dentre outras, aparecem as seguintes opções: Linhas, Formas básicas, Setas largas, Fluxograma, Textos explicativos e Estrelas e faixas. Ou seja, existem várias opções.

Clicando em Formas básicas surgem várias figuras geométricas, que podem ser alteradas em tamanho, bem como giradas e deslocadas, como por exemplo:

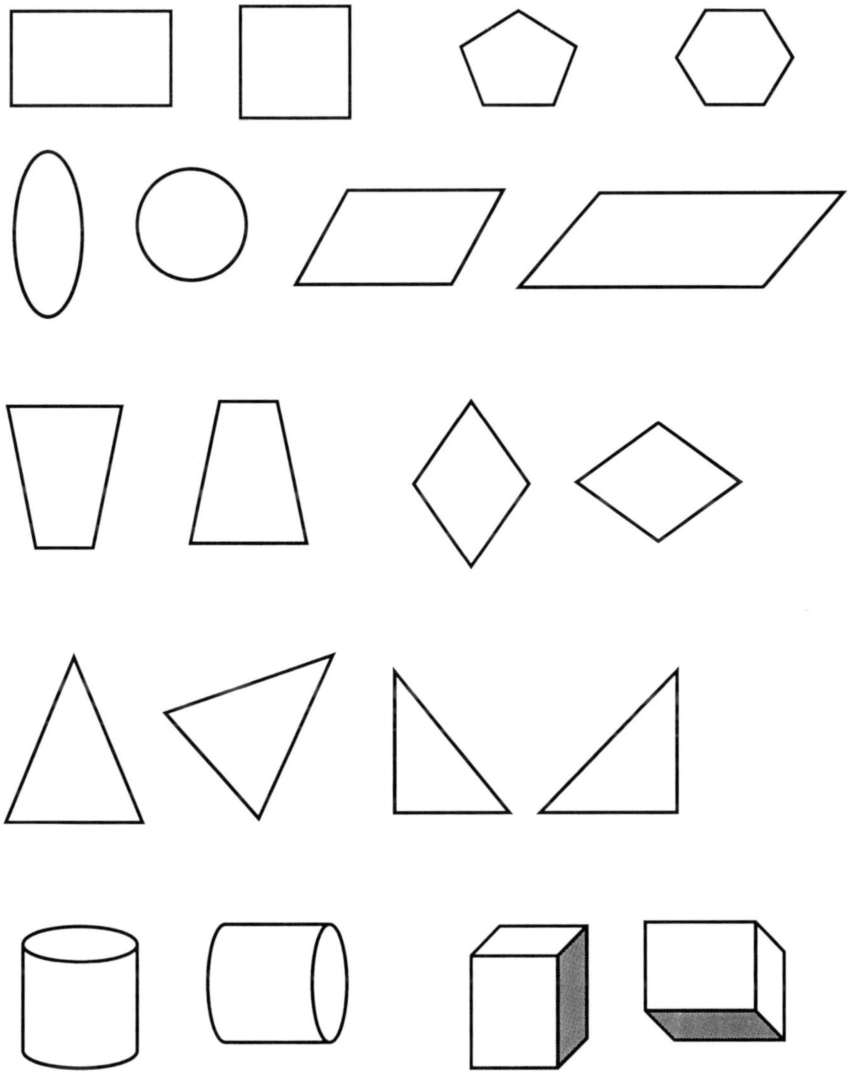

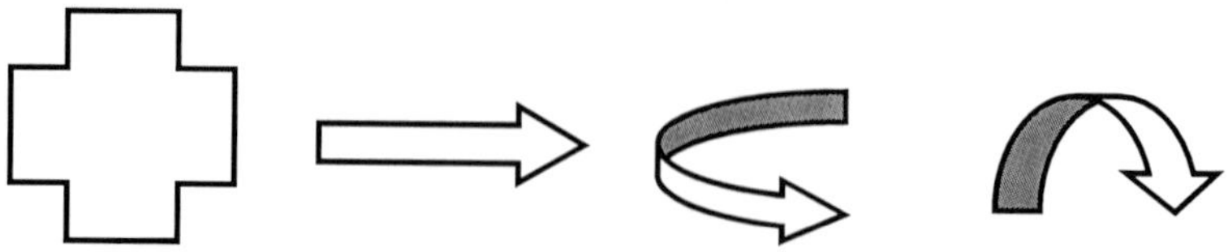

O Word possibilita o preenchimento colorido ou cinza de figuras, como a seguir mostradas, bastando clicar na figura e depois no ícone "Formatar", surgindo várias opções e principalmente: "Preenchimento da forma" e "Contorno da forma", com dezenas de opções, inclusive tipos e espessuras de linhas.

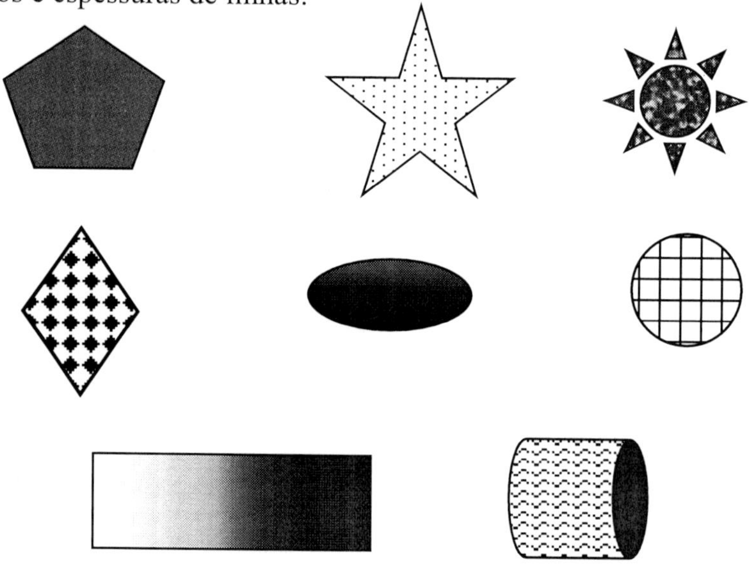

Exemplos de linhas e setas do Word

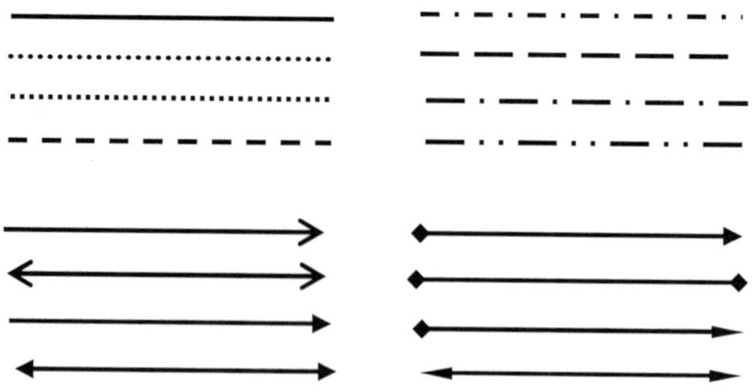

Exercício resolvido: utilizando os recursos do Word, desenhar um triângulo equilátero de lado igual a 3 cm.
A seguir, é detalhado o passo a passo, para resolver o exercício.

1º Passo: Na barra superior horizontal em azul do Word, clico em "Inserir"; na barra logo abaixo, clico em "Formas", quando aparecem várias opções, dentre as quais "Linhas". Quando clico na primeira linha à esquerda (que aparece inclinada para baixo), o mouse passa a marcar uma cruz, que já permite traçar uma linha em qualquer parte da folha, vista em tela.

A reta está um pouco inclinada e deve ser acertada, como a seguir.

2º Passo: para confirmar que a linha traçada é uma reta horizontal (e não inclinada), clico com o mouse sobre a reta e então aparecem duas pequenas circunferências em verde. Ao mesmo tempo, surge na barra superior horizontal (por onde foi iniciado), na última parte à direita a opção "Formatar" e, uma vez clicado em Formatar aparece no canto superior direito um ícone "Tamanho", permitindo que se trace uma reta no tamanho desejado, no caso de 3 cm e perfeitamente na horizontal. O comprimento da reta aparece na parte de baixo e a inclinação na parte de cima. No caso a inclinação tem que ser 0 cm, para uma reta horizontal.

3º Passo: Como descrito acima, marca o comprimento horizontal de 3 cm, indicando ser o lado AB do triângulo.

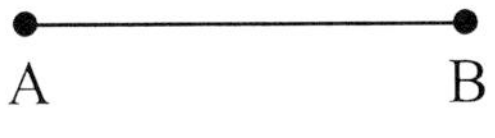

4º Passo: marco o lado AB com o mouse, surgindo duas pequenas circunferências em verde. Com o lado marcado, clico “Control C; Control V” e se tem uma cópia do lado AB de 3 cm.

Cópia após “Control C; Control V”

5º Passo: como num triângulo equilátero, os ângulos internos são iguais a 60º, marco a cópia da reta e, de novo, aparece na barra horizontal o ícone “Formatar”, que uma vez clicado, surge na penúltima janela da direita a opção “Girar” que, quando clicada, mostra várias opções de girar ou inclinar a reta. Clico em “Mais opções de rotação”, surgindo uma pequena janela com a opção “rotação” seguida de 0º (zero grau). Se marcar os graus de forma positiva 60º, a inclinação fica à esquerda, como abaixo. Marco o lado inclinado e levo para o vértice B, e marco o vértice C.

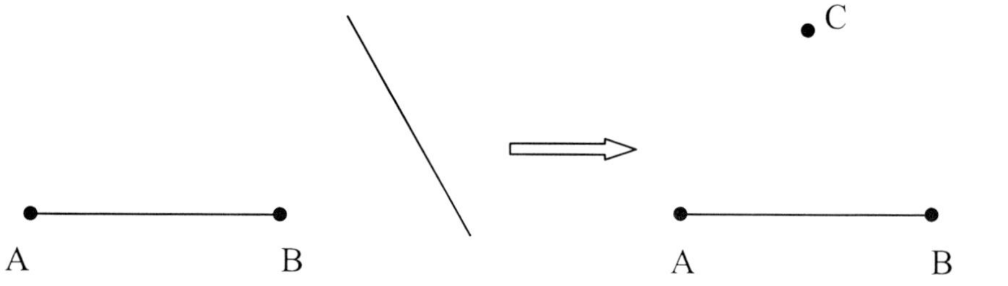

6º Passo: copio lado horizontal AB, como acima e clico a rotação como -60º (menos sessenta graus) e, então surge o lado para a direita. Quando levo para os vértices AC, fecho o triângulo.

Triângulo finalizado

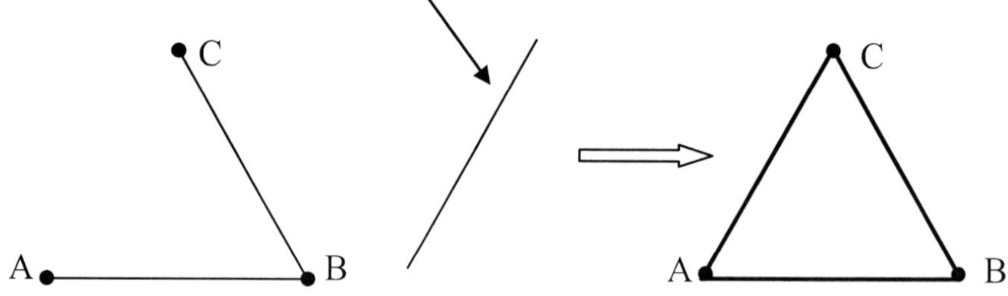

Capítulo 10: Malhas quadriculadas e planta baixa. Coordenadas cartesianas no 1º quadrante

Na Unidade "Geometria", da Base Nacional Comum Curricular - BNCC, no 4º ano do Ensino Fundamental, a Habilidade EF04MA16 cita: "Descrever deslocamentos e localização de pessoas e de objetos no espaço, por meio de malhas quadriculadas e representações como desenhos, mapas, planta baixa e croquis, empregando termos como direita e esquerda, mudanças de direção e sentido, interseção, transversais, paralelas e perpendiculares". Já no 5º ano do Ensino Fundamental, a Habilidade EF05MA15 cita: "Interpretar, descrever e representar a localização ou movimentação de objetos no plano cartesiano (1º quadrante), utilizando coordenadas cartesianas, indicando mudanças de direção, de sentido e giros". Esse capítulo aborda esses conteúdos.

Malhas quadriculadas

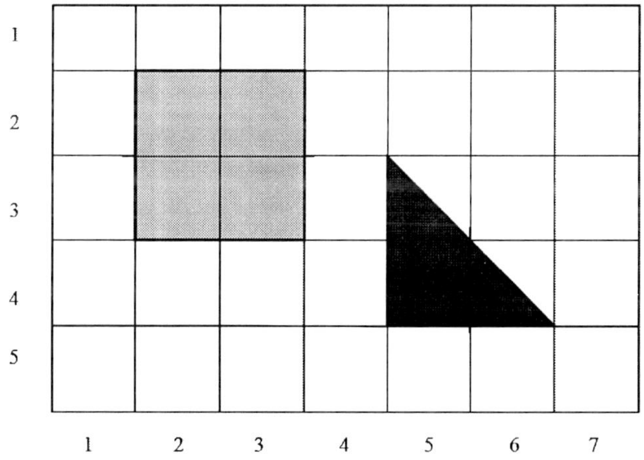

Na malha quadriculada acima, cada célula ou quadrado tem 1,5 cm de lado. Com isso, o quadrado sombreado tem uma área de 3 cm x 3 cm = 9 cm^2.

O triângulo retângulo sombreado tem 3 cm de "base" e 3 cm de "altura", com isso ele tem uma área de $\frac{3\ \text{cm} \times 3\ \text{cm}}{2} = 4{,}5\ \text{cm}^2$.

Na malha quadriculada a seguir, de mesma dimensão da anterior, determine a área do trapézio mostrado.

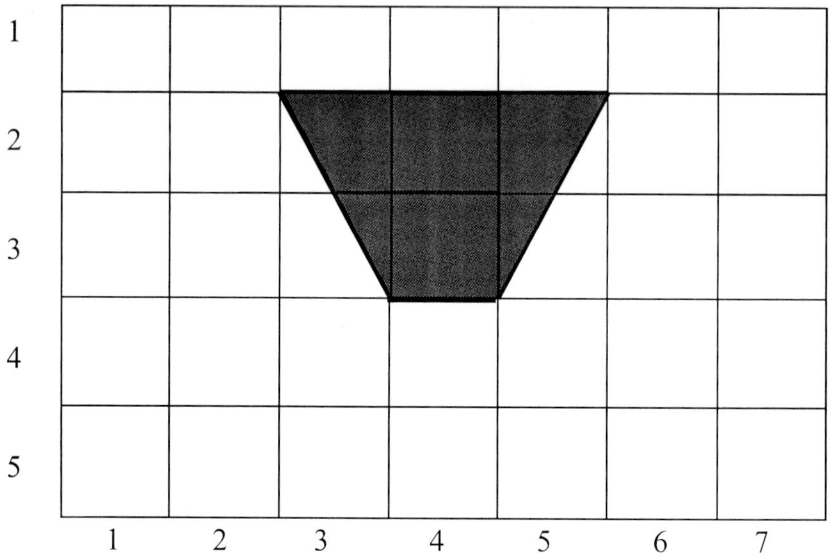

Raciocínio lógico espacial: a base maior do trapézio é igual a 4,5 cm, pois são três quadrados de 1,5 cm cada. A base menor é igual a 1,5 cm, pois é apenas um quadrado de 1,5 cm. A altura é igual a 3 cm, pois são dois quadrados de 1,5 cm cada.

Cálculos matemáticos: como visto no capítulo 6, a área de um trapézio é igual a: $\frac{(\text{Base maior} + \text{Base menor}) \times \text{Altura}}{2}$. Ou seja:

$$\text{Área do trapézio} = \frac{(4{,}5\ \text{cm} + 1{,}5\ \text{cm}) \times 3\ \text{cm}}{2} = \frac{18\ \text{cm}^2}{2} = 9\ \text{cm}^2.$$

A área do trapézio é igual a 9 cm^2.

Sabendo que cada quadradinho da malha abaixo tem 1 cm de lado, calcular a área da figura mostrada.

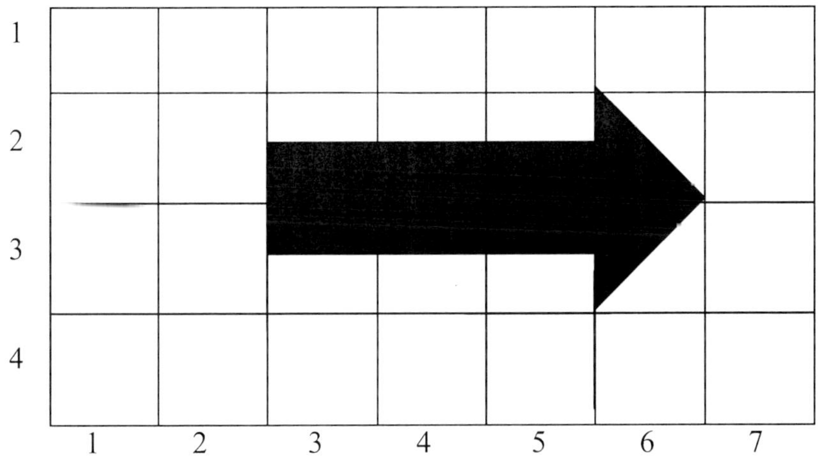

Raciocínio lógico espacial: fazendo uma translação da figura (que é uma seta), um pouco para baixo, observa-se que o retângulo ocupa o equivalente a três quadradinhos, enquanto a ponta da seta são dois triângulos retângulos, equivalentes à metade da área de cada quadradinho, portanto equivalente a área de um quadradinho.

Conclusão: a área da figura mostrada é igual à de quatro quadradinhos, ou seja, 4 cm^2, pois cada quadradinho tem 1 cm^2.

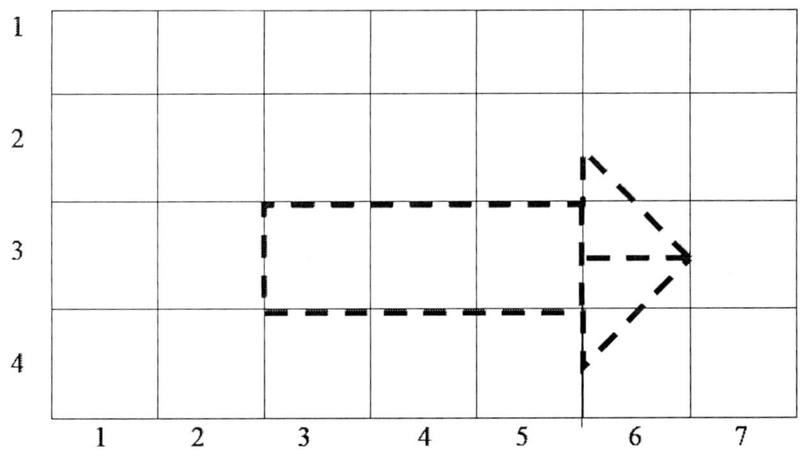

Planta baixa

Inicialmente, cabe destacar que, quando a BNCC foi promulgada como Lei, em 2017, as normas de Arquitetura e Engenharia Civil, usavam o termo Planta Baixa, posteriormente, o Conselho Regional de Engenharia e Agronomia – CREA, mudou para apenas Planta.
Planta é um desenho técnico que representa um corte horizontal de uma estrutura, geralmente a uma altura de 1,5 m do chão, mostrando a disposição dos espaços internos, como paredes, portas, janelas e outros elementos, visto de cima. É como se estivéssemos olhando para a construção de cima, sem o telhado ou laje.
O desenho a seguir, mostra um exemplo de uma planta de uma casa com um quarto, uma sala, um escritório, uma cozinha e um banheiro, com vários detalhes de como se representam: paredes, portas e janelas.

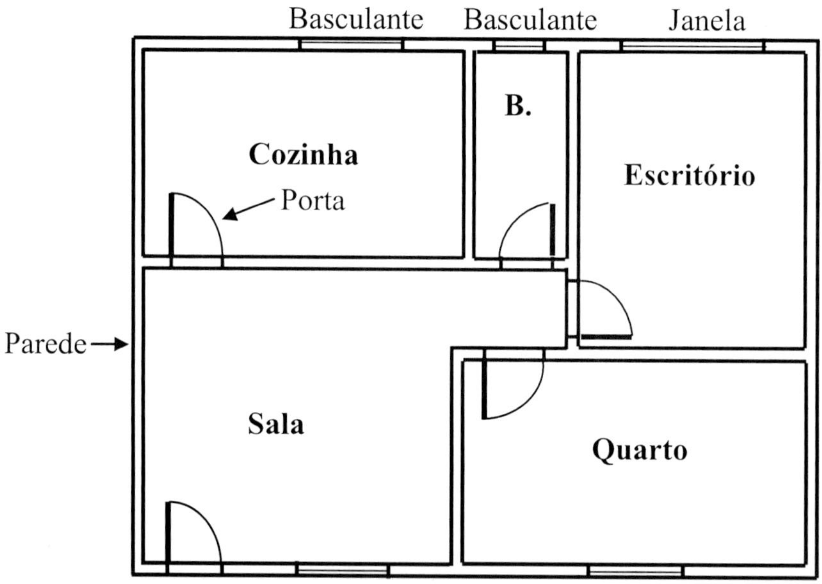

Nas plantas são indicadas todas as dimensões, em metros, bem como a área de cada cômodo.
Observa-se que as plantas são desenhadas em escala, ou melhor, de forma proporcional, já que não se consegue mostrar, por exemplo, um comprimento de 10 metros em uma folha de papel A4.

Considerando a planta a seguir, com as medidas indicadas, calcular a área de cada cômodo, e a área total interna, observando que todas as medidas estão em metros e cada parede tem uma espessura de 0,15 metros. .

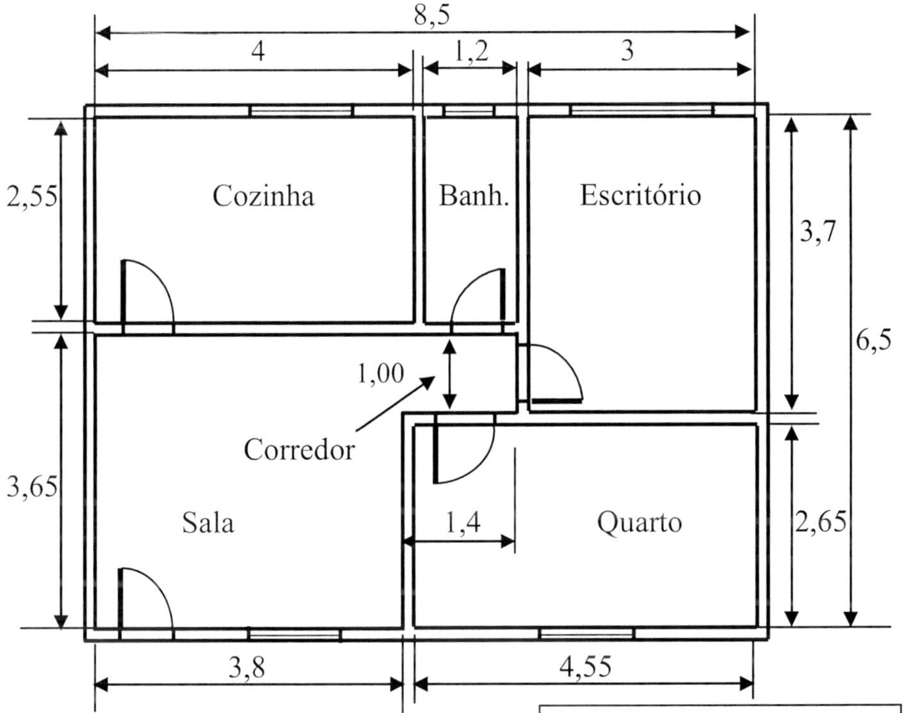

Cálculos matemáticos das áreas:

11 1

Cozinha: 4,00 m x 2,55 m = 10,20 m^2.
Banheiro: 1,20 m x 2,55 m = 3,06 m^2.
Escritório: 3,00 m x 3,70 m = 11,10 m^2.
Sala: 3,65 m x 3,80 m = 13,87 m^2.
Corredor: 1,00 m x 1,40 m = 1,40 m^2.
Quarto: 4,55 m x 2,65 m = <u>12,06 m^2</u>.
Área total: 51,69 m^2.

```
  2 2        1 1        2
  2,55       2,55       3,70
x 4,00     x 1,20     x 3,00
 10, 20      510       11,10
             255
             3,06

  5 4          2 2
  3,65         4,55
x 3,80       x 2,65
  2920         2275
 1095          2730
 13,87         910
               12,0575
```

A área total é igual a 51,69 m^2.

O desenho a seguir, que é um tipo de planta, mostra o desenho de um arranjo ou *layout* de uma sala de aula, com capacidade para 15 alunos.

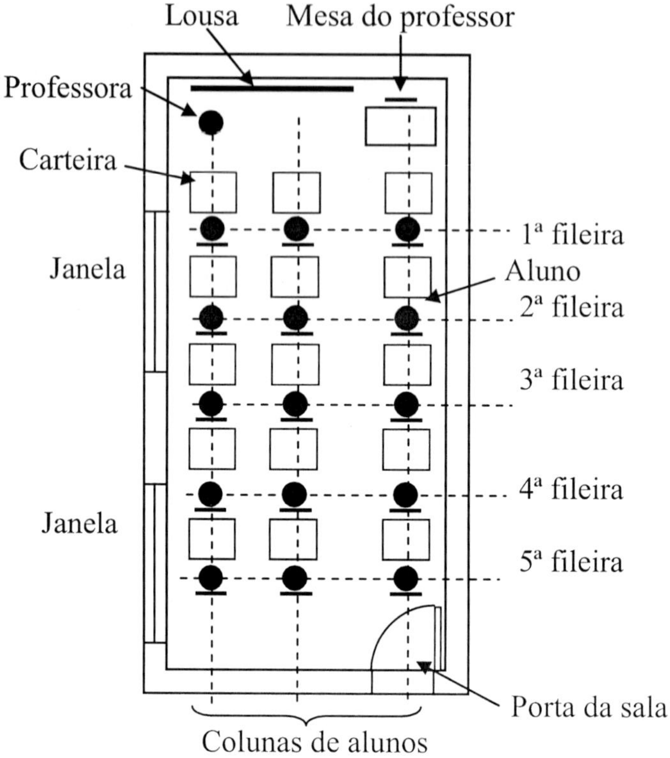

O conceito de planta e de vista frontal de prismas, poliedros e cones

A pirâmide à direita tem uma base hexagonal. Essa imagem mostra a pirâmide apoiada em um plano horizontal e um observador que a olha de frente, gerando o desenho geométrico, mostrado na segunda imagem.
E quando se olha a pirâmide de cima ou em planta?

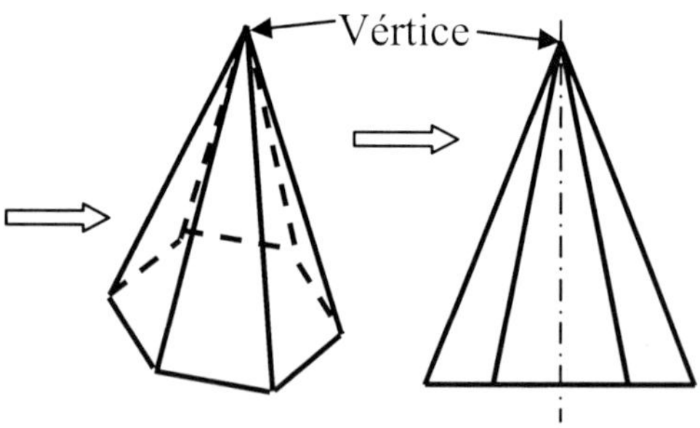

Imagem tridimensional da pirâmide

imagem, quando olhada de frente

Quando olhada de cima ou em planta, o desenho da pirâmide fica como mostrado abaixo.

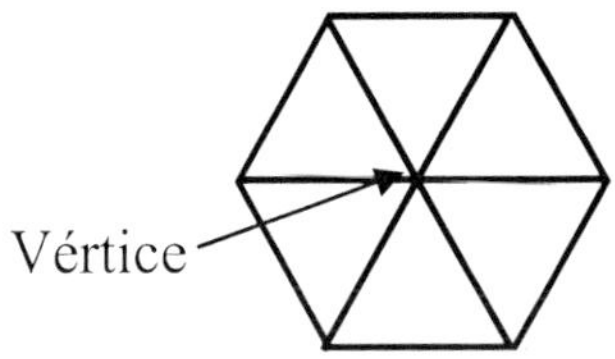

Vista frontal

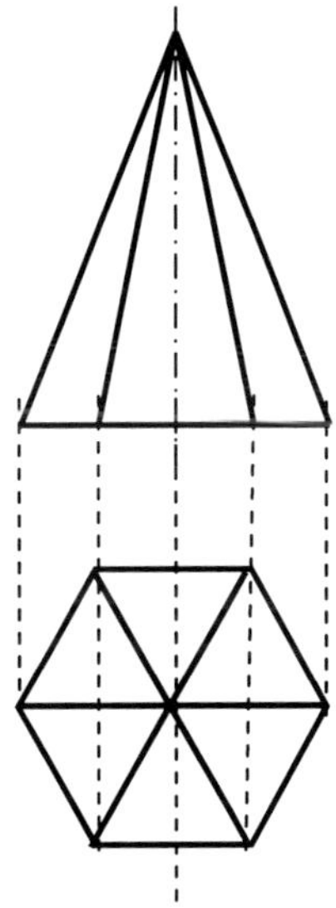

Vista de cima
ou planta

> Do ponto de vista geométrico, as vistas de frente e a planta de uma pirâmide reta de base hexagonal, são representadas da seguinte forma:

Exemplos de vistas frontais e plantas de cone, cilindro e prisma

O cone

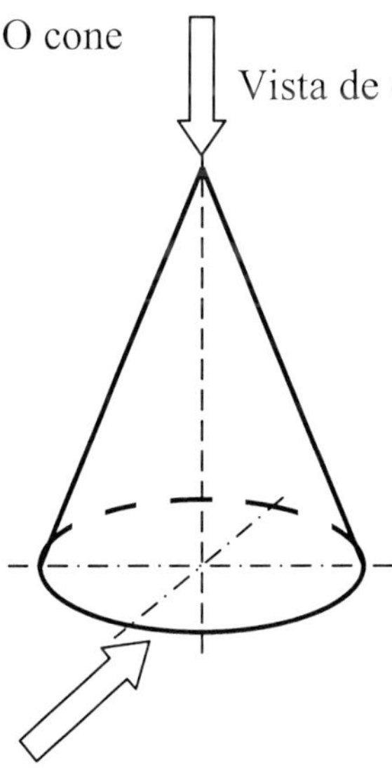

Vista de cima

Vista frontal

Vista frontal
(Um triângulo)

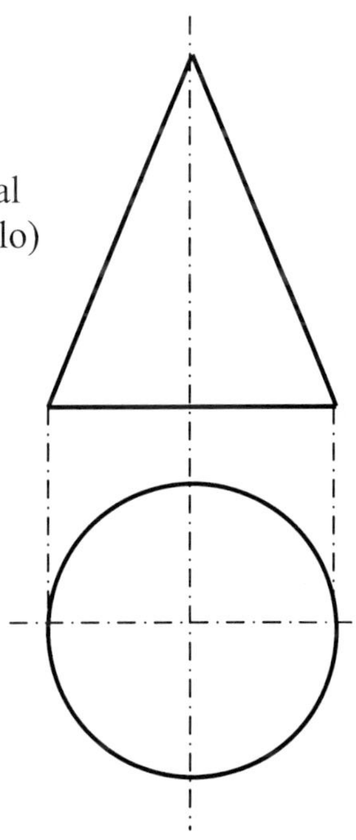

Vista de cima
ou planta
(Um círculo)

O cilindro

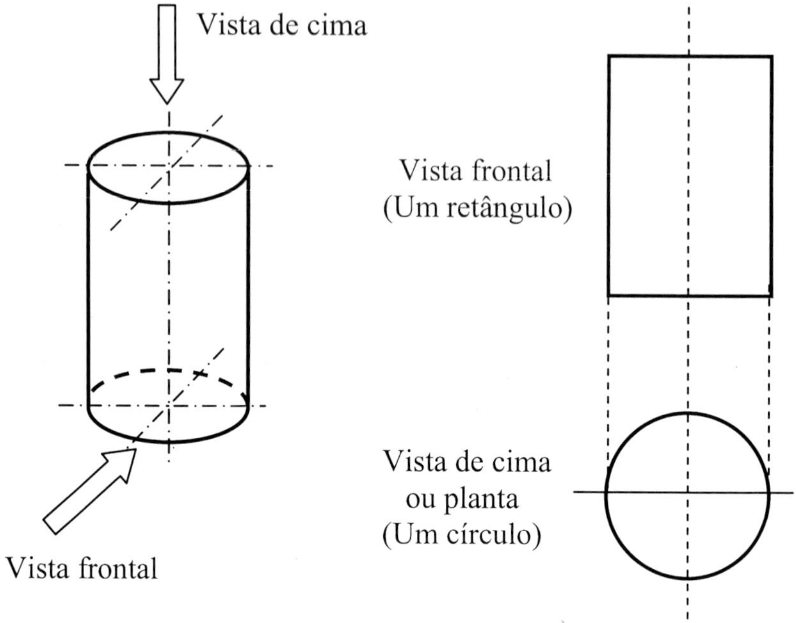

Prisma reto de base hexagonal

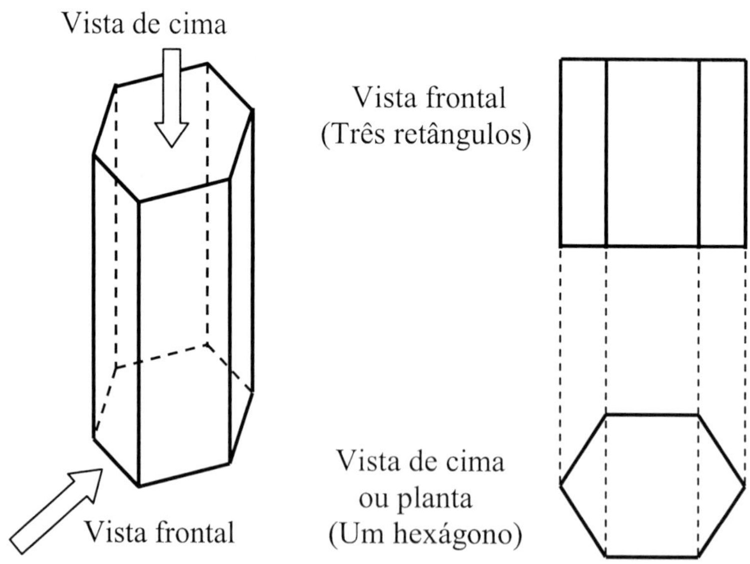

Coordenadas cartesianas no 1º quadrante

Observações sobre a malha quadriculada, a seguir mostrada, com 35 quadrados de lado 1,5 cm.

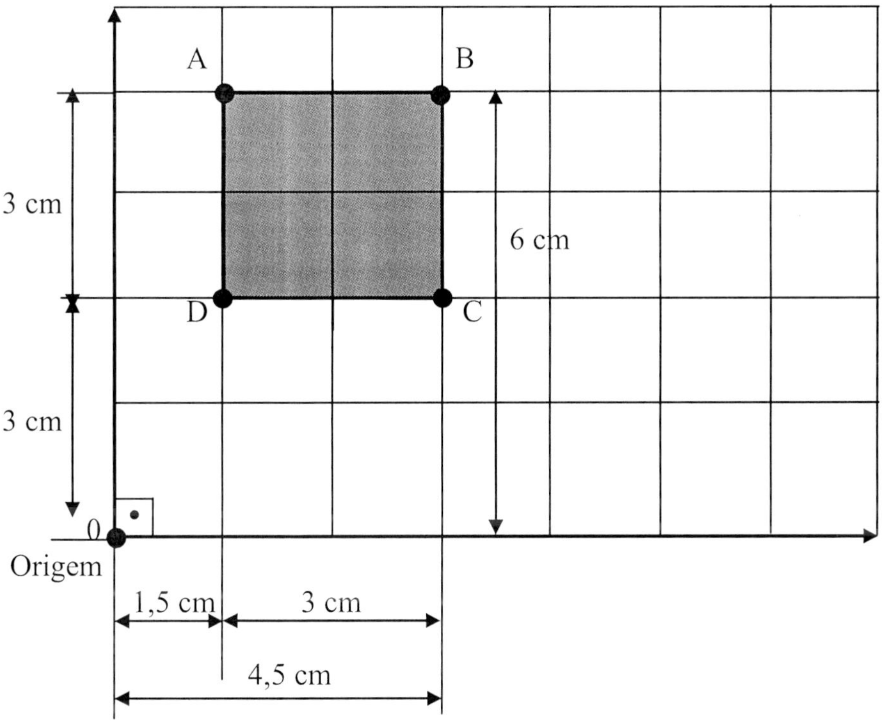

Em relação ao ponto 0 (zero), e considerando as linhas horizontal e vertical com setas, podemos dizer que os quatro vértices do quadrado estão nas seguintes distâncias:
Ponto A: a 6 cm da linha horizontal e 1,5 cm da linha vertical.
Ponto B: a 6 cm da linha horizontal e 4,5 cm da linha vertical.
Ponto C: a 3 cm da linha horizontal e 4,5 cm da linha vertical.
Ponto D: a 3 cm da linha horizontal e 1,5 cm da linha vertical.

Em 1637, René Descartes (1596 - 1650), um filósofo e matemático francês, criou as coordenadas cartesianas, também conhecidas como plano cartesiano, facilitando a localização de pontos e figuras num plano bidimensional, ou seja, com duas dimensões e considerando as linhas horizontal (eixo X) e vertical (eixo Y). Com essas coordenadas ou dimensões, não há necessidade de se ficar citando "em relação à linha horizontal e em relação à linha vertical". A seguir é descrito o sistema de coordenadas cartesianas, como René Descartes propôs.

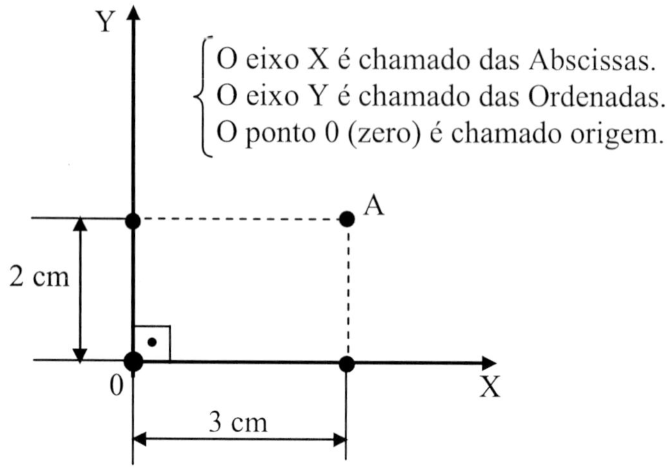

Para facilitar, ainda mais a localização de um ponto no espaço bidimensional ou horizontal e vertical, ou melhor sentidos X e Y, foi criada a seguinte convenção: A(3; 2), onde os números entre parênteses significam que o ponto A tem Abscissa 3 cm e Ordenada 2 cm. Os valores de Abscissa e Ordenada são separadas por um ponto e vírgula ou simplesmente uma vírgula.

Exercício resolvido: plotar os pontos B, C e D, que têm as seguintes coordenadas cartesianas, em centímetros: B(2; 3), C(2; 4) e D(5; 3). Unir os pontos, concluindo se os pontos configuram uma figura geométrica e, caso surja uma figura, calcular sua área.

Raciocínio lógico espacial: o ponto B tem Abscissa de 2 cm e Ordenada de 3 cm. O ponto C tem Abscissa de 2 cm e Ordenada de 4 cm. O ponto D tem Abscissa de 5 cm e Ordenada de 3 cm.

A seguir é feito o desenho com os dados acima.

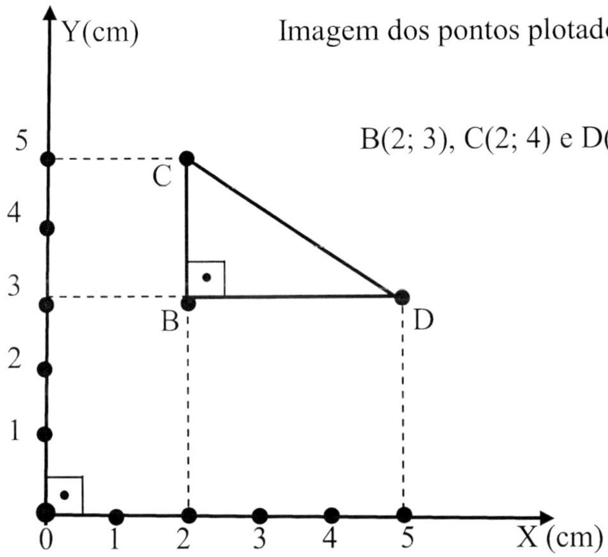

Raciocínio lógico espacial: unindo os três pontos, constata-se que se tem um triângulo retângulo com as seguintes características: lado BC = 2 cm (5 - 3 = 2) e lado BD = 3 cm (5 - 2 = 3).

Cálculo matemático: Área S do triângulo = $\frac{BD \times BC}{2}$ ou $\frac{BC \times BD}{2}$.

$$S = \frac{3\ cm \times 2\ cm}{2} = \frac{6\ cm^2}{2} = 3\ cm^2.$$

Observação sobre quadrantes

Como os eixos X e Y são retas numeradas, também têm as partes negativas, para a esquerda (-X) e para Baixo (-Y). Para os objetivos da BNCC, aplicada ao 5º ano do Ensino Fundamental, só se utiliza o 1º quadrante: +X e +Y. À direita são mostrados os quatro quadrantes, que são numerados no sentido anti-horário.

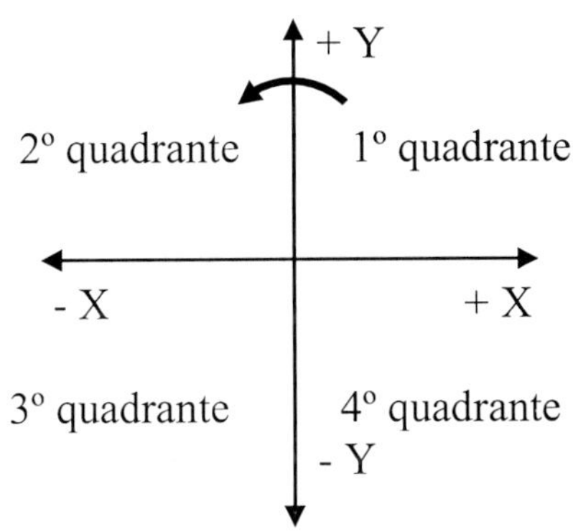

Exercício resolvido: considerando os pontos; A(4,5; 0), B(6,0; 3,0), C(4,5; 6,0) e D(3,0; 3,0), fazer um gráfico cartesiano dos mesmos, definindo se formam uma figura geométrica e caso sim, calcular sua área. Unidade de medida é o centímetro (cm).

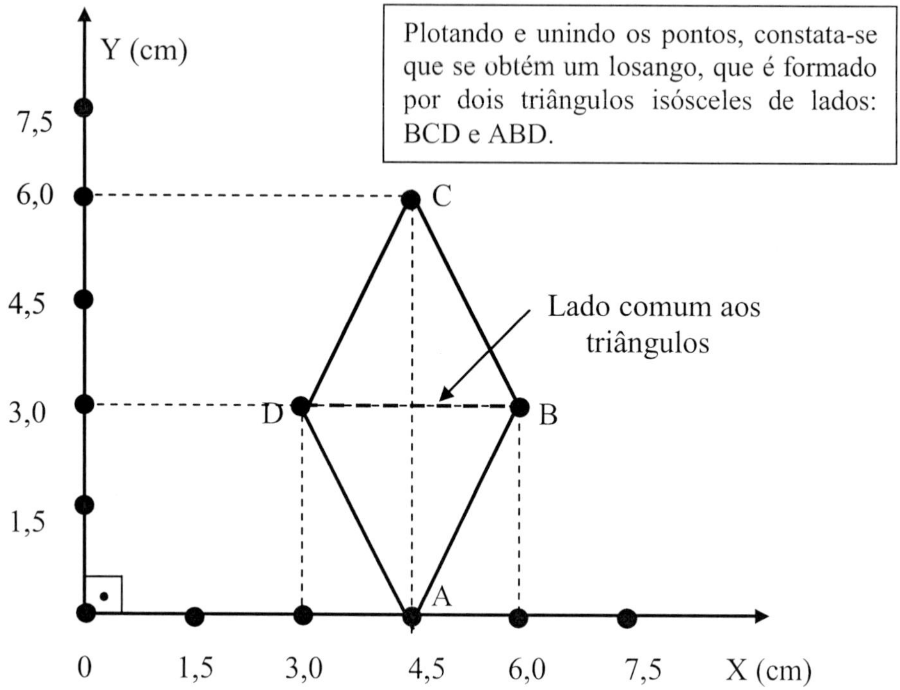

Raciocínio lógico espacial: cada triângulo tem um lado "base" BD igual a 3 cm (6,0 - 3,0 = 3,0) e uma altura de 3 cm (3 - 0 = 3). A área do losango pode ser calculada, tanto como um losango ou como a soma das áreas de dois triângulos iguais.

Cálculo matemático:

Área S de cada triângulo $= \frac{BD \times 3\text{ cm}}{2} = \frac{3\text{ cm} \times 3\text{ cm}}{2} =$

$= \frac{9\text{ cm}^2}{2} = 4{,}5\text{ cm}^2$. Como são dois triângulos iguais:

Área do losango igual a 9 cm^2.

Exercícios propostos (Veja respostas no Apêndice A)

1) Considerando a planta baixa a seguir, aponte erros graves, quanto à distribuição dos cômodos e partes essenciais, como portas e janelas.

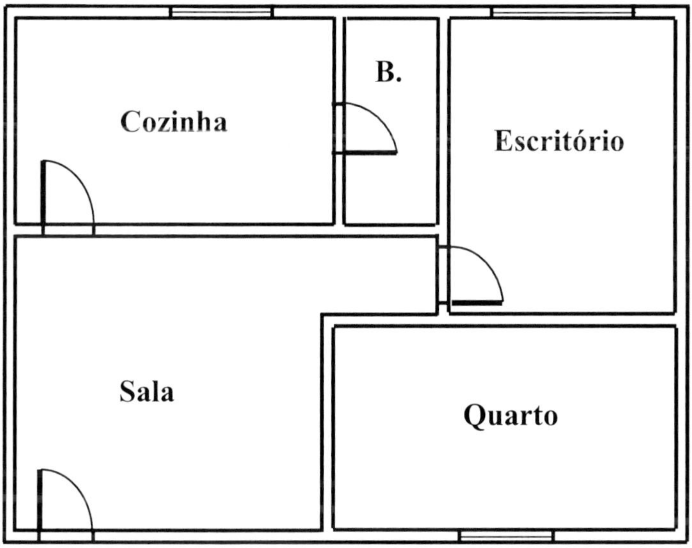

2) Determinar a área da figura a seguir, considerando o centímetro (cm) como unidade de medida.

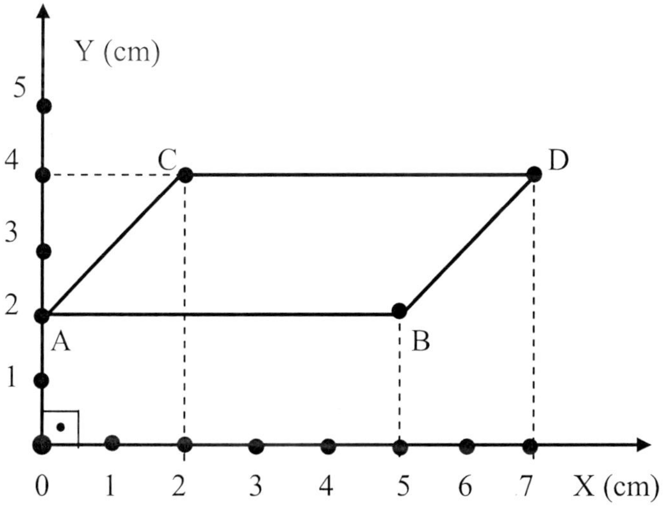

3) Dada a figura tridimensional a seguir, desenhar suas vista de cima e frontal.
(Faça as medidas proporcionais ao desenho).

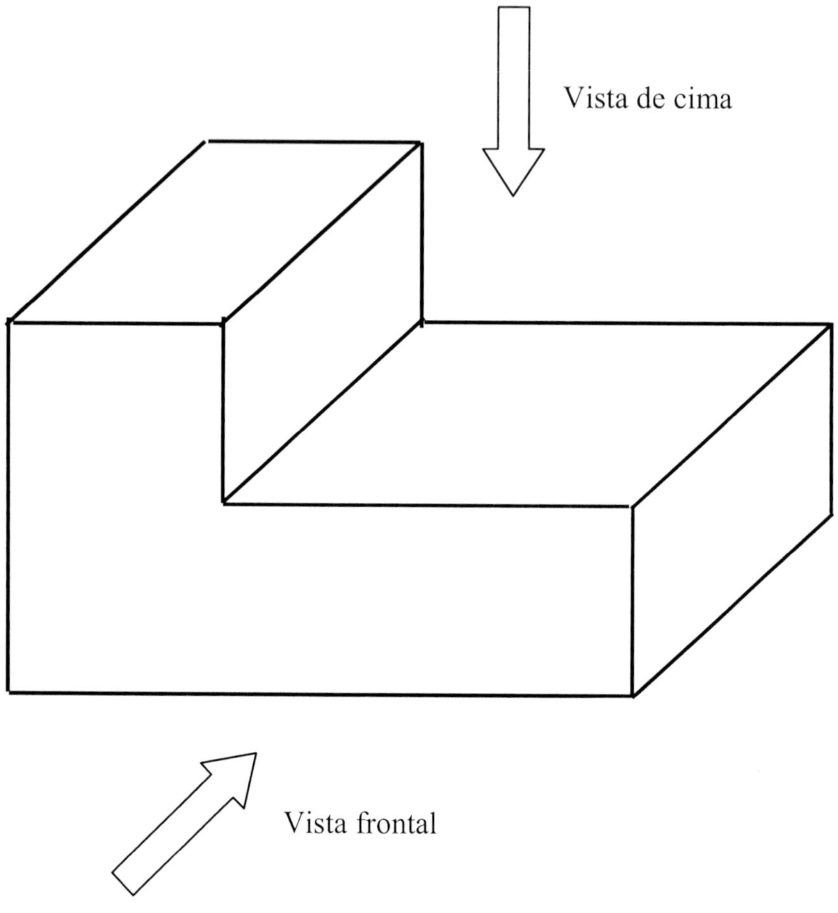

Unidade IV:
Grandezas e Medidas

Capítulo 11: medidas de comprimento e área

A Base Nacional Comum Curricular - BNCC, para o 1º ano do Ensino Fundamental, na Habilidade EF01MA15 cita: "Comparar comprimentos, capacidades ou massas, utilizando termos como mais alto, mais baixo, mais comprido, mais curto, mais grosso, mais fino, mais largo, mais pesado, mais leve, cabe mais, cabe menos, entre outros, para ordenar objetos de uso cotidiano". Ao longo dos 2º, 3º, 4º e até o 5º ano a BNCC cita várias habilidades relacionadas a comprimentos, áreas e volumes, tanto de figuras geométricas planas, quanto de sólidos, bem como cita medidas de tempo e temperaturas. Ao longo desse e dos capítulos 12 e 13, esses conteúdos são desenvolvidos, com vários exercícios resolvidos, nos mesmos modelos e padrões de provas de Matemática, das instituições objeto desse livro.

Unidades de medidas de comprimento. O sistema métrico: o metro ou "m"

O sistema métrico é um sistema de medição internacional decimalizado, que surgiu na França, durante a Revolução Francesa (1789-1799), em virtude da dificuldade de funcionamento do comércio e da indústria, devido à existência de diversos padrões de medida. Desde os anos 1960 o Sistema Internacional de Unidades foi reconhecido internacionalmente como sistema métrico padrão. Unidades métricas são universalmente utilizadas em trabalhos científicos, e amplamente utilizadas em todo o mundo para fins pessoais e comerciais. Um conjunto padrão de prefixos em potências de dez podem ser usados para derivar as unidades maiores e menores das unidades de base. O metro apresenta múltiplos e submúltiplos, utilizados em função das necessidades práticas.

Unidades de comprimento ou perímetro (o metro)

Os múltiplos do metro:
- Quilômetro (km): um quilômetro = 1.000 metros.
- Hectômetro (hm): um hectômetro = 100 metros.
- Decâmetro (dam): um decâmetro = 10 metros.

Os submúltiplos do metro:
- Decímetro (dm): um decímetro = 0,1 metro.
- Centímetro (cm): um centímetro = 0,01 metro.
- Milímetro (mm): um milímetro = 0,001 metro.

Decímetro (dm): um decímetro equivale dividir o metro em 10 partes.
Ou seja: $\frac{1 \text{ metro}}{10} = 0{,}1 \text{ m} = 1 \text{ dm}$.

Centímetro (cm): um centímetro equivale dividir o metro em 100 partes.
Ou seja: $\frac{1 \text{ metro}}{100} = 0{,}01 \text{ m} = 1 \text{ cm}$.

Milímetro (mm): um milímetro equivale dividir o metro em 1.000 partes.
Ou seja: $\frac{1 \text{ metro}}{1.000} = 0{,}001 \text{ m} = 1 \text{ mm}$.

Em geral, na Educação Básica, em especial na Geometria, são usadas as medidas em metros e em centímetros, embora nada impeça que sejam usadas outras, até para treinar o raciocínio lógico. A seguir é mostrada uma tabela onde visualmente se pode confirmar as equivalências e transformações. Essa tabela é muito útil, especialmente para os alunos do Ensino Fundamental.
Observa-se que existem mais submúltiplos do metro, usados para medidas de "coisas" pequenas. Existem o décimo de milímetro, o centésimo de milímetro e o milésimo de milímetro, nominado como mícron e símbolo µm. Ou seja, enquanto um milímetro é igual a um milésimo do metro, ou seja, um metro dividido por mil, o mícron é igual a um milionésimo do metro (um micrômetro), ou seja, um metro dividido por um milhão. Ainda existe o nano metro (nanômetro), símbolo nm, que equivale a dividir um metro por um bilhão. 1 metro/1.000.000.000 = 1 nm.
Apenas como curiosidade, cita-se que o cabelo humano, geralmente, tem de 60 a 120 micrômetros (120 µm). 120 µm = 0,120 mm. A literatura cita que, a maioria dos vírus tem diâmetro entre 20 e 300 nanômetros (20 nm = 20 dividido por um bilhão. Ou seja, pegar 20 metros e dividir por um bilhão).
A seguir é mostrada uma régua de 10 cm ou um decímetro dm, com suas subdivisões em milímetros ou mm.

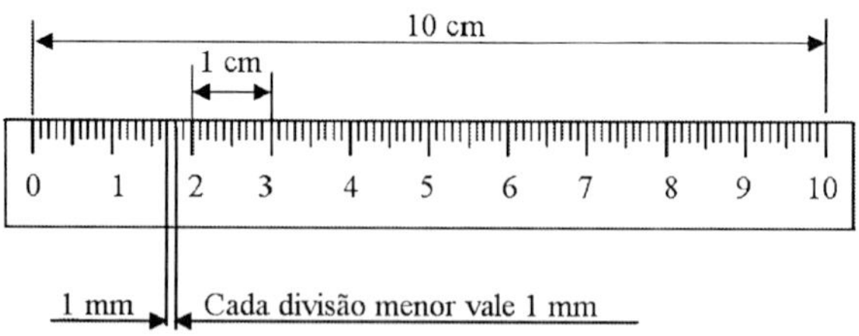

A tabela a seguir facilita a transformação de unidades de comprimento, tendo sete (7) colunas, com o metro no centro, à esquerda os múltiplos e à direita os submúltiplos.

km	hm	dam	m	dm	cm	mm	
6	0	0	0	0	0	0	← 1)
0	5	0	0	0	0		← 2)
3	5	7	0	0	0	0	← 3)
957	5	0					← 4)
	2	7	3	0	5	0	← 5)
		0	0	2	5	4	← 6)
		0	0	0	3	7	← 7)

1) 6 km = 60 hm = 6.000 m = 600.000 cm.
2) 0,5 km = 50 dam = 50.000 cm.
3) 3,57 km = 35,7 hm = 357 dam = 3.570 m = 357.000 cm = 3.570.000 mm.
4) 957,5 km = 95.750 dam.
5) 273,05 m = 27.305 cm = 273.050 mm.
6) 2,54 cm = 0,254 dm = 0,0254 m.
7) 3,7 cm = 37 mm = 0,0037 mm.

Exercícios resolvidos

1) Sabendo que o triângulo a seguir é isósceles, que o lado AB mede 4,7 cm e que o seu perímetro total é igual a 18 cm, determinar os valores dos lados AC e BC.

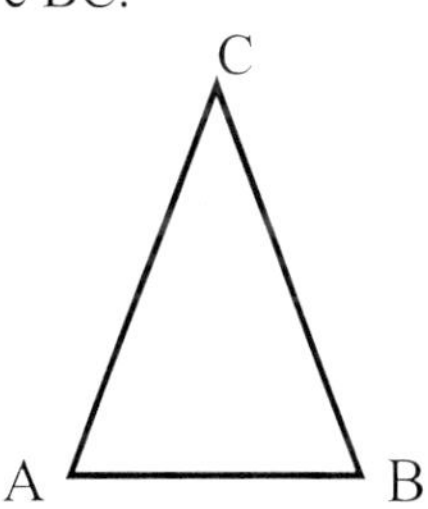

Raciocínio lógico: como o triângulo é isósceles, os lados AC e BC são iguais. Como o perímetro, ou seja, a soma dos três lados é igual a 18 cm, para determinar o valor dos lados AC e BC, basta subtrair 4,7 cm de 18 cm e, ao dividir essa subtração por dois (2), tem-se o valor de cada lado.

Cálculos matemáticos: 18 cm - 4,7 cm = $\frac{13,3 \text{ cm}}{2}$ = 6,65 cm.

18,0
- 4,7
13,3

133 | 20
-120 | 6,65
130
-120
100
-100
000

(6 x 20 = 120) (5 x 20 = 100).

Resposta: os lados AC e BC valem, cada um, 6,65 cm.

2) Um fazendeiro precisa comprar arame farpado para cercar o seu terreno que tem o formato de um trapézio isósceles, como a seguir mostrado. Ele pediu ao seu filho, que está no 5º ano do Ensino Fundamental, de uma Escola Municipal, que fizesse o desenho do terreno e medisse cada lado, para ir à loja e comprar o total de arame, para cercar todo o terreno, colocando três linhas de arame, em três alturas diferentes. O filho fez as medidas e o desenho e entregou ao pai, que quando entregou ao atendente da loja ficou surpreso, pois o filho apresentou o desenho a seguir, sem fazer o cálculo da metragem final necessária. Com esses dados, calcular o total de arame farpado que o pai terá que comprar.

x = 40 metros.

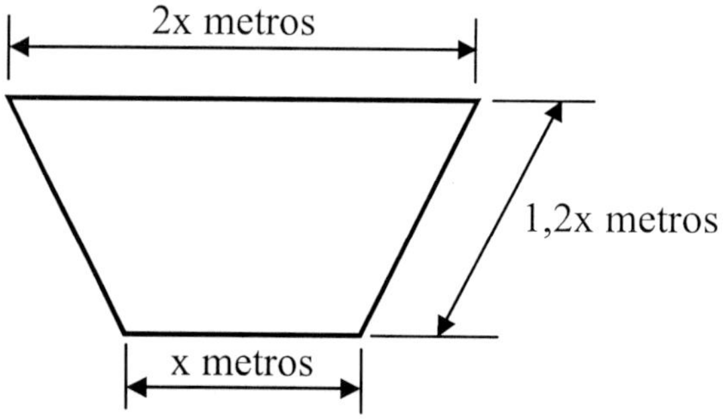

Raciocínio lógico: inicialmente calculam-se os valores de cada lado do trapézio, considerando x igual a 40 metros. Com os valores de cada lado, calcula-se o perímetro do trapézio, somando os quatro lados. Finalmente, multiplica-se o perímetro por três, pois são três linhas de arame, em alturas diferentes.

Cálculos matemáticos: 2x m = 2 x 40 m = 80 m.1,2x m = 1,2 x 40 m = 48 m. são dois lados de 48 m, pois o trapézio é isósceles.
Perímetro P do trapézio: P = 80 m + 40 m + 2(48 m) = 120 m + 96 m = 216 m. Como são três níveis, então: 3 x 216 m = 648 m, que é a metragem final a ser comprada.

		1	1	1
40	1,2	48	120	216
x 2	x 40	x 2	+ 96	x 3
80	48,0	96	216	648

Resposta: terão que ser comprados 648 metros de arame farpado.

3) Em relação ao exercício anterior, transformar 648 metros em a) quilômetros e b) centímetros. (Observa-se que todas as letras são minúsculas).

Raciocínio lógico matemático:

a) Como 648 metros tem 8 unidades 4 dezenas e 6 centenas, na tabela a seguir coloca-se a unidade 8 na célula de m (metro), as 4 dezenas à esquerda, ou seja, na célula de dam (decâmetro) e as seis centenas na célula de hm (hectômetro). Como pede em quilômetro (km), essa célula fica com zero (0). **Para ter sentido de grandeza, o resultado é que: 648 metros é igual a 0,648 quilômetros ou 648 m = 0,648 km**.

b) Repito o raciocínio anterior, colocando as unidades, dezenas e centenas nas mesmas células e acrescento zeros até o centímetro. **Ou seja: 648 metros é igual a 64.800 centímetros ou 648 m = 64.800 cm**.

km	hm	dam	m	dm	cm	mm
0	6	4	8			
	6	4	8	0	0	

Aqui coloca-se a vírgula

4) Considerando que uma tubulação de água, quando vista de cima (ou planta), tem o trajeto como o desenho a seguir, calcular o comprimento total de tubo, em centímetros. (Considerar o valor de $\pi = 3,14$).

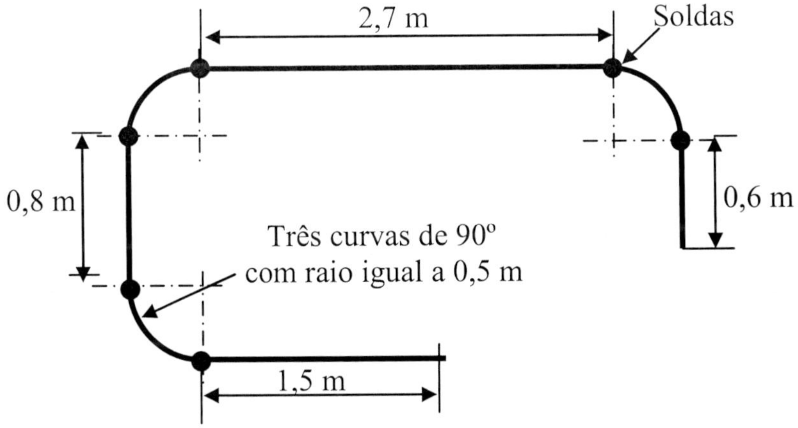

Raciocínio lógico: o comprimento total é dado pela soma das partes retas, mais a soma da retificação das três curvas de 90º e raio 0,5 metros. A retificação de uma curva de 90º é igual a um quarto da circunferência fechada de raio 0,5 metro.

Cálculos matemáticos:

Comprimento da parte reta = 1,5 m + 0,8 m + 2,7 m + 0,6 m = 5,6 m.
Retificação de uma curva de 90º = $2\pi r = \dfrac{2 \times 3{,}14 \times 0{,}5\ \text{m}}{4}$ = 0,785 m.
Retificação de três curvas de 90º = 3 x 0,785 m = 2,355 m.
Comprimento total = 5,6 m + 2,355 m = 7,955 m = 795,5 cm.

```
  2
  1,5     3,14     3,14 ÷ 4 = 314 ÷ 400.    314    | 400
  0,8    x   2                              3140   | 0,785
+ 2,7     6,28                             -2800
  0,6    x 0,5                               3400
 5, 6    3,140                              -3200
                                              2000
                                             -2000
                                              0000
```

(7 x 400 = 2800) (8 x 400 = 3200)
(5 x 400 = 2000)

km	hm	dam	m	dm	cm	mm
			7	9	5	5
			7,	9	5,	5

7,955 m = 795,5 cm.

5) Calcular o comprimento total das arestas do prisma reto de base retangular, a seguir mostrado. Medidas em centímetros.

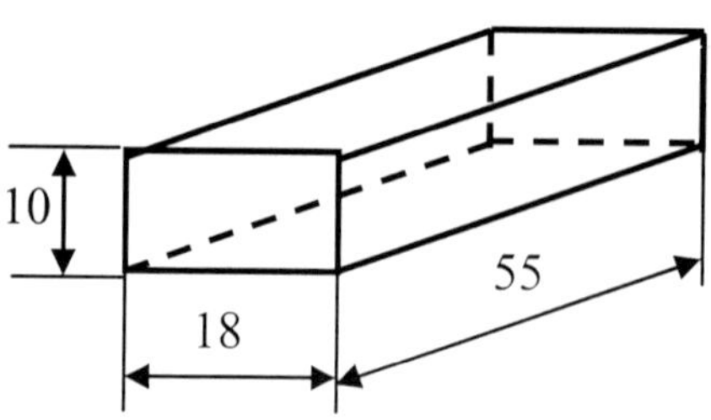

Raciocínio lógico espacial:

Esse prisma tem quatro arestas de 55 cm cada, quatro arestas de 18 cm cada e quatro arestas de 10 cm cada.

Cálculos matemáticos:

$$
\begin{array}{lr}
 & {}^{1} \\
\text{Comprimento das quatro arestas de 55 cm cada} = 4 \times 55 \text{ cm} = & 220 \text{ cm.} \\
\text{Comprimento das quatro arestas de 18 cm cada} = 4 \times 18 \text{ cm} = & 72 \text{ cm.} + \\
\text{Comprimento das quatro arestas de 10 cm cada} = 4 \times 10 = & \underline{40 \text{ cm.}} \\
 & 332 \text{ cm.}
\end{array}
$$

Resposta: o prisma tem 332 cm de comprimento total de arestas, que é igual a 3,32 m.

6) Calcular o comprimento total das arestas da pirâmide de base quadrada com 43 cm de lado e faces de triângulos equiláteros, a seguir mostrado.

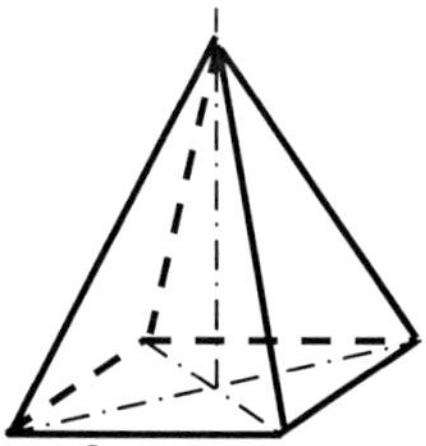

Raciocínio lógico espacial matemático:

Como os lados dos triângulos são iguais ao lado do quadrado, as oito arestas existentes, ou seja, quatro da base e quatro das faces triangulares, medem 43 cm cada uma. Portanto, o comprimento total das arestas é dado por 8 x 43 cm = 344 cm.

$$
\begin{array}{r}
{}^{2} \\
43 \\
\underline{\times 8} \\
344
\end{array}
$$

Resposta: o comprimento total das arestas é igual a 344 cm.

7) Calcular o comprimento total das arestas do octaedro regular, com todos os oito triângulos equiláteros de lado 8 cm cada, a seguir mostrado.

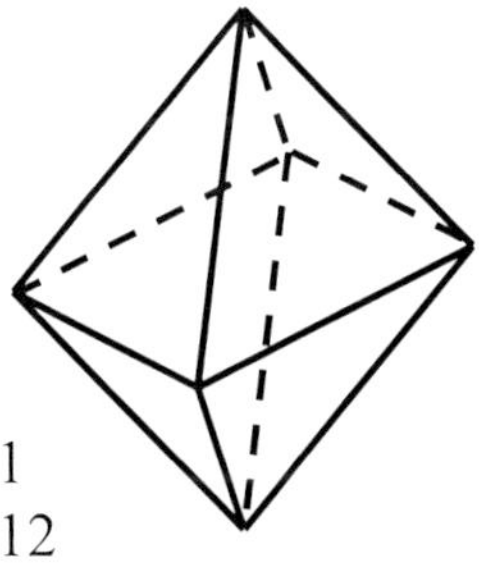

Raciocínio lógico espacial matemático:

Observa-se que as partes superior e inferior desse octaedro são idênticas à pirâmide do exercício anterior e no total esse octaedro tem 12 arestas com 8 cm e, portanto, o comprimento total das arestas desse octaedro é: 12 x 8 cm = 96 cm.

$$
\begin{array}{r}
{}^{1} \\
12 \\
\underline{\times 8} \\
96
\end{array}
$$

Resposta: o comprimento total das arestas é 96 cm.

Unidades de medida de área. O metro quadrado ou m^2

Uma área ocorre, por exemplo, quando se multiplica os lados de um retângulo. Sendo um retângulo com 13 cm de comprimento e 10 cm de largura, sua área é igual a: 13 cm x 10 cm = 130 cm^2. Ou seja: cento e trinta centímetros quadrados. Como produto de comprimentos, as unidades de área também têm múltiplos e submúltiplos.

Observa-se que, enquanto na unidade de comprimento "caminha-se" casa a casa decimal, na unidade de área "caminha-se" casas a casas centesimais. Ou seja, cada célula são dois números. A exemplo da tabela de unidades de comprimento, existe a tabela de equivalências de unidades de área, a seguir mostrada.

km^2	hm^2	dam^2	m^2	dm^2	cm^2	mm^2	
06	00	00	00	00	00	00	← 1)
00	50	40	00	00	00		← 2)
300	50	70	00				← 3)
			12	40	00	00	← 4)
		19	73	00	00		← 5)
				02	54	00	← 6)
					03	70	← 7)

1) 6 km^2 = 600 hm^2 = 6.000.000 m^2 = 600.000.000 dm^2.
2) 0,504 km^2 = 5040 dam^2 = 504.000 m^2 = 50.400.000 dm^2.
3) 300,507 km^2 = 300.507.000 m^2.
4) 12,4 m^2 = 124.000 cm^2.
5) 19,73 dam^2 = 19.730.000 cm^2.
6) 2,54 dm^2 = 254 cm^2 = 25.400 mm^2.
7) 3,7 cm^2 = 370 mm^2.

Em termos práticos, especialmente no nível da Educação Básica, não tem sentido utilizar áreas com unidades menores que milímetros quadrados (mm^2).

Exercícios resolvidos

1) Determinar a área da figura geométrica a seguir, informando o resultado em cm^2.

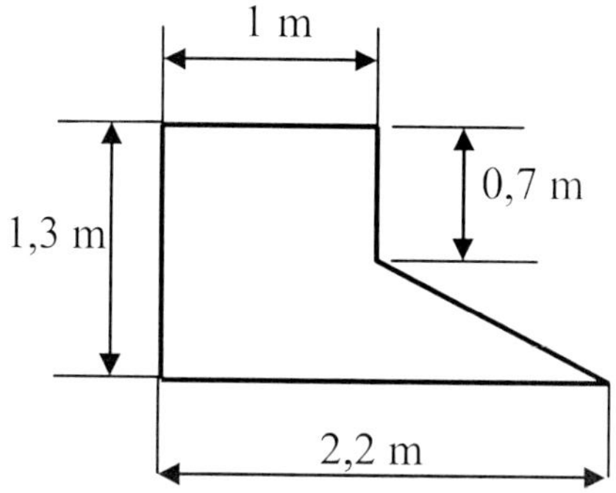

Raciocínio lógico espacial:

Essa figura pode ser desmembrada em duas outras, sendo um retângulo de 1 m de largura e 1,3 m de altura. A outra figura é um triângulo retângulo de lado 1,2 m (2,2 m - 1,0 m = 1,2 m) e altura 0,6 m (1,3 m - 0,7 m = 0,6 m.)

```
 2,2    1,3
-1,0   -0,7
 1,2    0,6
    1
    1,2
  x 0,6
   0,72
```

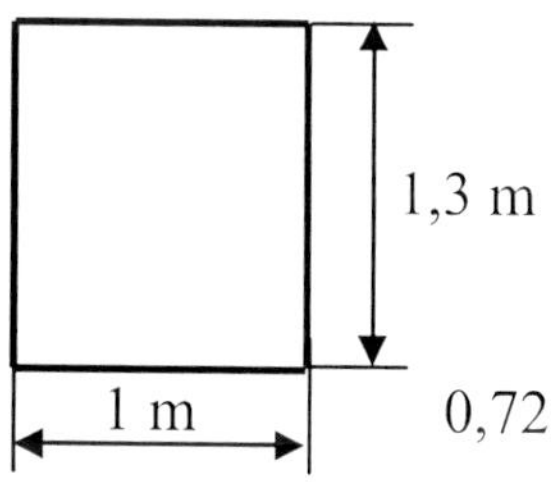

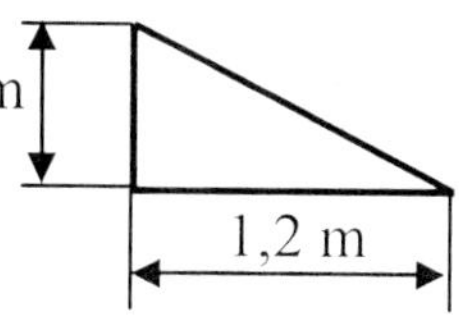

0,72 ÷ 2 = 72 ÷ 200.

Cálculos matemáticos:

Área do retângulo = 1 m x 1,3 m = 1,30 m^2

Área do triângulo = $\frac{1,2 \text{ m} \times 0,6 \text{ m}}{2}$ = 0,36 m^2 +

1,66 m^2.

(3 x 200 = 600) (6 x 200 = 1.200).

```
  720  | 200
 -600  | 0,36
 1200  |
-1200  |
 0000  |
```

Resposta: a área da figura é: 1,66 m^2, que é igual a 16.600 cm^2.

km^2	hm^2	dam^2	m^2	dm^2	cm^2	mm^2
			01,	66	00	

2) Considerando a piscina a seguir desenhada pede-se: a) Calcular a área interna das paredes, incluindo o fundo e b) Quantos azulejos serão necessários para revestir todas as paredes internas, sabendo que cada azulejo é um quadrado de lado 25 cm.

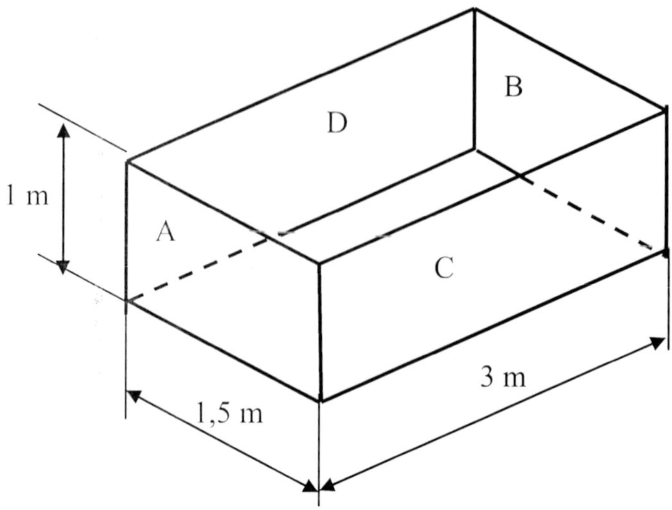

Raciocínio lógico espacial: são cinco paredes a serem azulejadas, pois a parte superior é aberta. Tem-se que calcular a área de cada um dos cinco retângulos que são as paredes a serem revestidas. Calcula-se a área de cada azulejo e, finalmente, divide-se a área total das cinco paredes pela área de cada azulejo, obtendo-se a quantidade de azulejos necessária.

Cálculos matemáticos:

São duas paredes, A e B, de 1m x 1,5 m; são duas paredes, C e D, de 3 m x 1 m e uma parede, o fundo, de 3 m x 1,5 m.
Área das paredes A e B: 2(1 m x 1,5 m) = 2(1,5 m^2) = 3,0 m^2.
Área das paredes C e D: 2(3 m x 1 m) = 2(3 m^2) = 6,0 m^2 +
Área do fundo: 1,5 m x 3 m = 4,5 m^2.
Área das cinco paredes: 13,5 m^2.
Área de um azulejo: 25 cm x 25 cm = 625 cm^2.

Observa-se que a área total das cinco paredes está em metros quadrados, enquanto a área de cada azulejo está em centímetros quadrados. Para poder fazer a divisão e saber quantos azulejos serão necessários, tem-se que ter as duas áreas com a mesma unidade.
Para isso ou se transforma a área de cada azulejo em metros quadrados ou a área total das paredes em centímetros quadrados. Veja tabela a seguir.

km²	hm²	dam²	m²	dm²	cm²	mm²
			13	5		
			13,	50	00	

$13{,}5\ m^2 = 135.000\ cm^2$.

km²	hm²	dam²	m²	dm²	cm²	mm²
				06	25	
			0,0	06	25	

$625\ cm^2 = 0{,}00625\ m^2$.

Observa-se que, é mais fácil dividir $135.000\ cm^2$ Por $625\ cm^2$, do que $13{,}5\ m^2$ por $0{,}00625\ m^2$. Portanto:

```
1350'0'0'| 625        (2 x 625 = 1250) (1 x 625 = 625)
-1250    | 216        (6 x 625 = 3750).
  1000   |              1 3
  -625   |              625
  3750   |              x 6
 -3750   |             3750
  0000   |
```

Resposta: serão necessários 216 azulejos para revestir as quatro paredes internas, mais o fundo da piscina.

Área lateral de poliedros: prismas retos, tetraedros e pirâmides

O conceito básico, ou melhor, o raciocínio lógico espacial matemático para o cálculo das áreas laterais de poliedros, em especial prismas e pirâmides, advém de se entender a planificação do poliedro, uma vez que sua área lateral é igual à soma das áreas das suas faces. Ou seja, para calcular a área lateral de um poliedro primeiro se desenvolve a sua planificação. Prismas e pirâmides com bases poligonais, a partir dos pentágonos, bem como dos corpos redondos, só são estudados a partir do 7º ano do Ensino Fundamental.

Área lateral de prismas de bases: quadrada e triangular

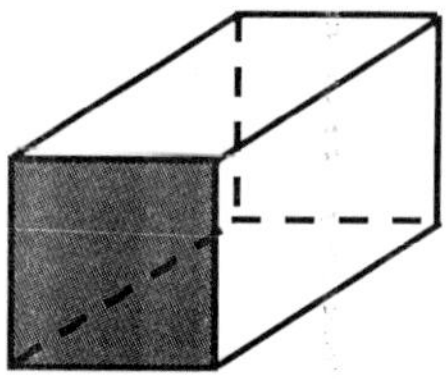

A área desse prisma, de base quadrada, é igual à soma das áreas de dois quadrados e quatro retângulos.

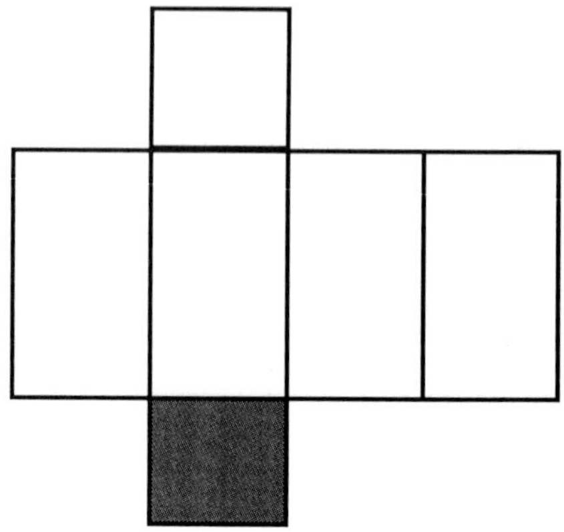

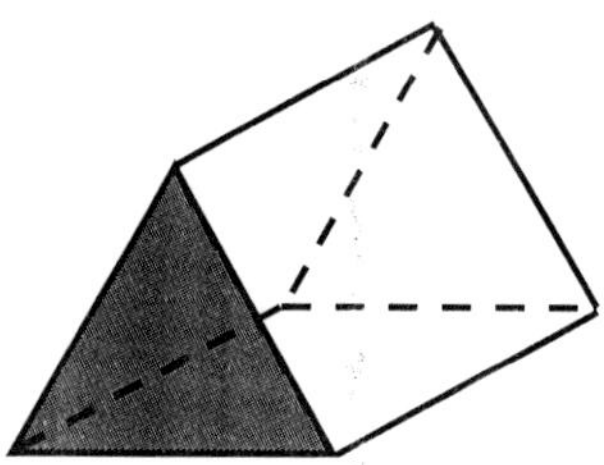

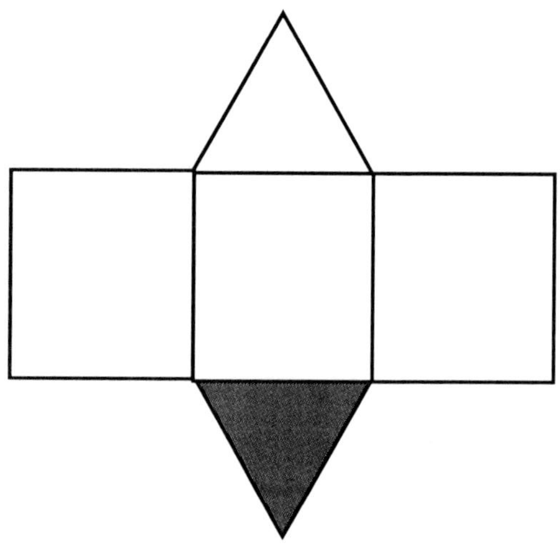

A área de um prisma reto de base triangular é igual à soma das áreas de dois triângulos e três retângulos.

Em geral, embalagens de produtos alimentícios, bem como caixas de papelão, para acondicionar produtos em geral, são planejadas a partir do conceito de prismas retos, tetraedros e pirâmides.

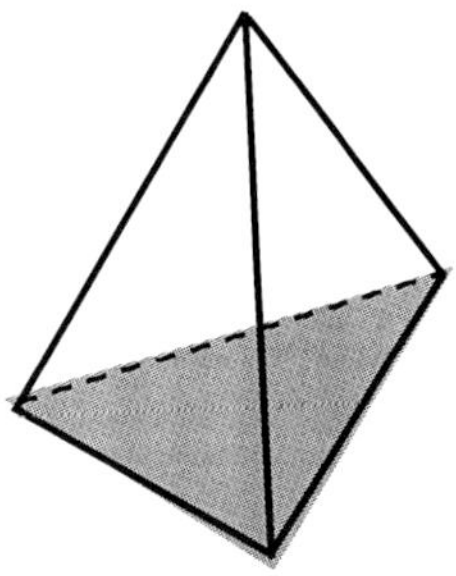

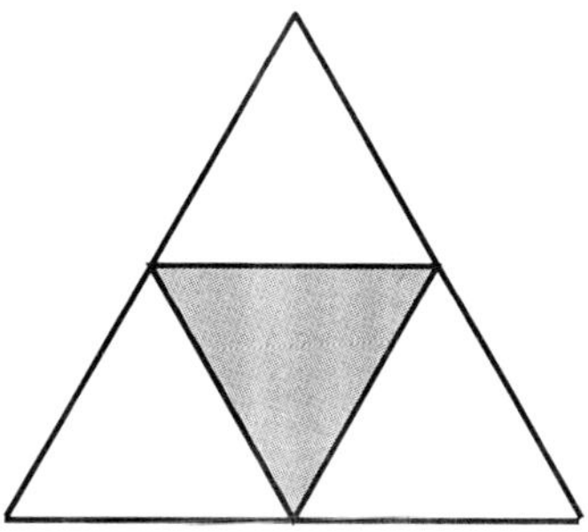

A área lateral total de um tetraedro regular (um dos tetraedros de Platão), que é uma pirâmide de base triangular, é igual à soma da área de quatro triângulos equiláteros.

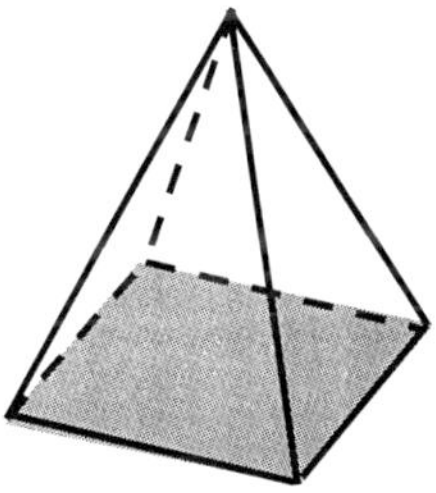

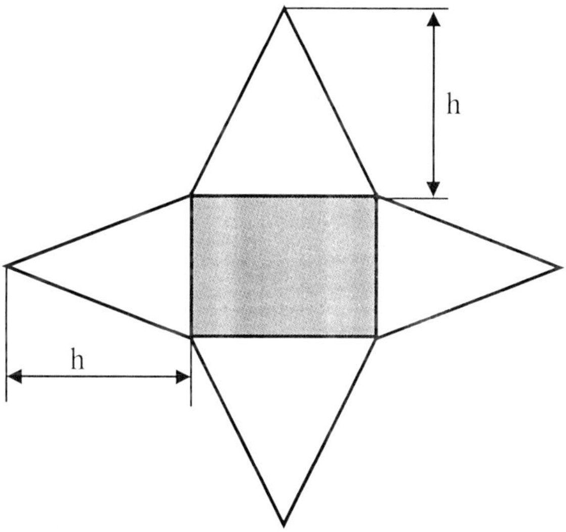

A área lateral de uma pirâmide de base retangular é igual à soma da área de um retângulo mais as áreas de quatro triângulos

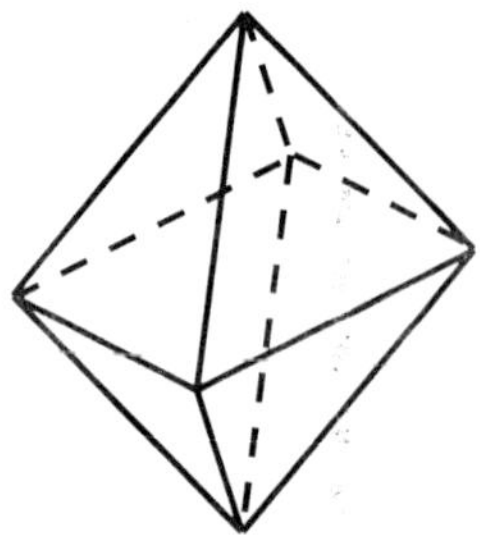

A área lateral de um octaedro regular é igual á soma da área de oito triângulos equiláteros.

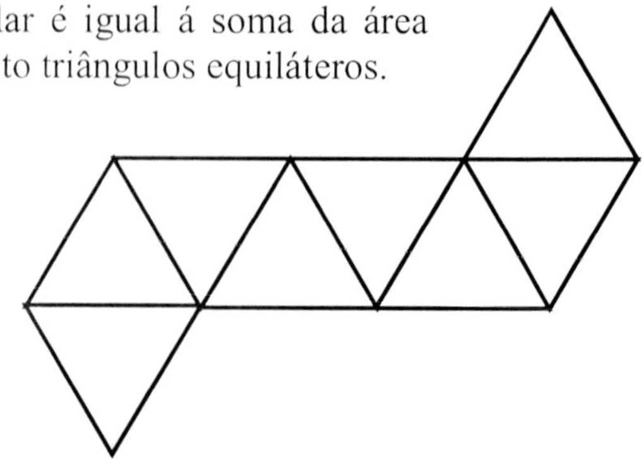

Exercício de raciocínio lógico espacial resolvido: detalhar o raciocínio lógico espacial para o cálculo da área lateral total do poliedro irregular oco a seguir, composto de duas pirâmides retas de base quadrada, interligadas por um cubo.

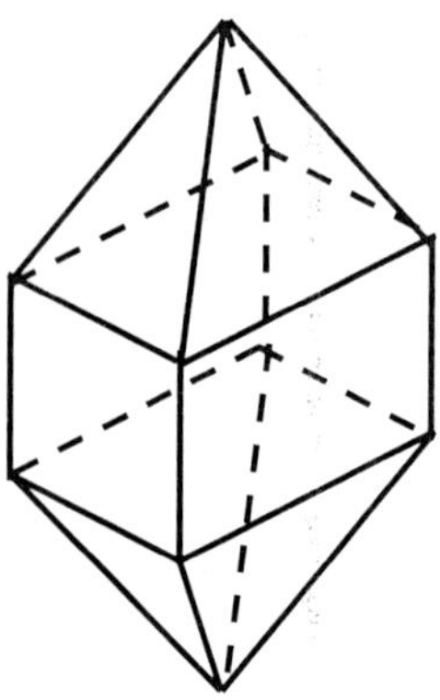

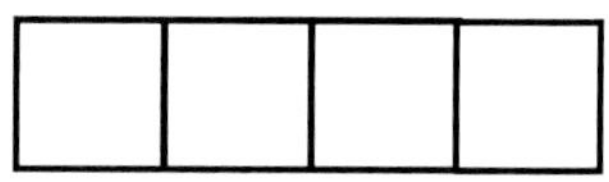

A planificação da parte cúbica envolve a área lateral de apenas quatro quadrados, pois esse "cubo", não tem tampa nem

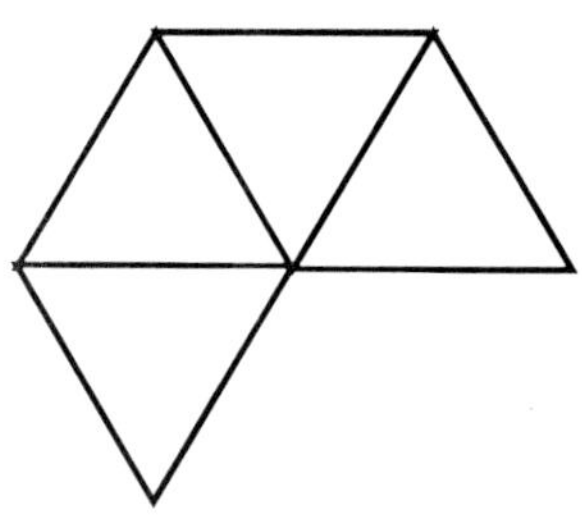

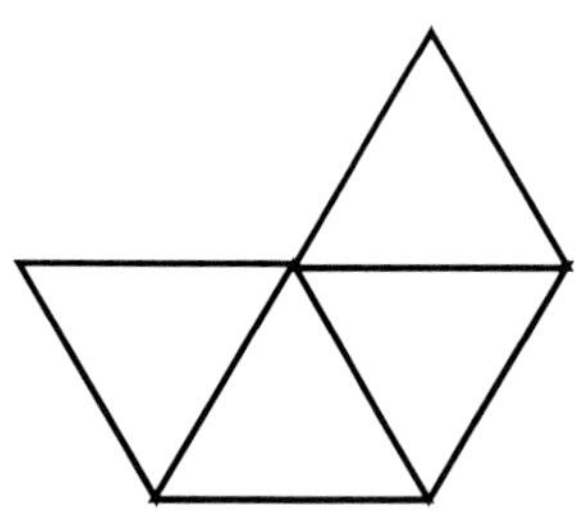

A planificação das duas partes piramidais compreende, cada uma, ou seja, parte superior e inferior, quatro triângulos equiláteros, pois essas "pirâmides" não têm fundo, pois são apoiadas nas bordas do "cubo".

Capítulo 12: medidas de massa (g) e de volume (m^3)

O que é mais pesado: um quilo de chumbo ou um quilo de algodão? Essa é uma brincadeira antiga que se faz com crianças pequenas que ainda não dominam os conceitos de massa e volume. É óbvio que um quilo pode ser de qualquer coisa. A pergunta interessante é: quem tem um maior volume, um quilo de chumbo ou um quilo de algodão?
O volume de um quilo de chumbo é igual a 0,09 litro ou 0,09 dm^3 ou 90 cm^3.
O volume de um quilo de algodão é igual a 4,3 litros ou 4,3 dm^3 ou 4.300 cm^3. Imaginando um quilo de chumbo, no formato de um cubo, tem-se o mesmo com lado igual a 4,481 cm ou 44,81 mm, já um quilo de algodão, no formato de um cubo, tem lado igual a 16,261 cm ou 162,61 mm. As figuras a seguir dão uma ideia das diferenças de volume entre o algodão e o chumbo.

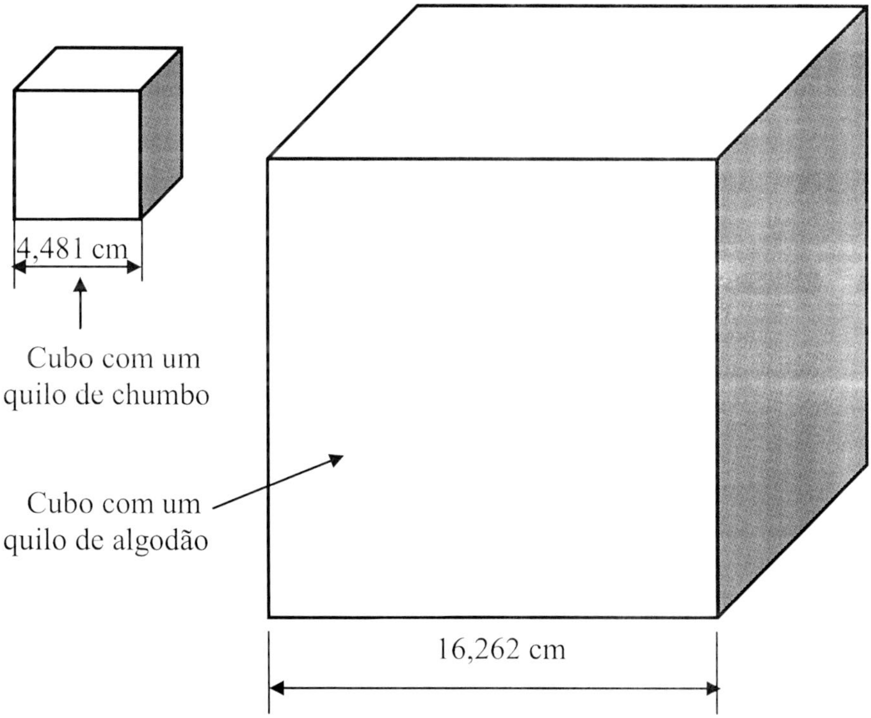

A partir de uma simples brincadeira, introduz-se o conceito de peso e volume.

Diferença entre peso e massa

A massa de um objeto representa a quantidade de matéria que ele contém, enquanto o peso é a força gravitacional que atua sobre essa massa, dependendo da gravidade do local. Em resumo, a massa é uma medida inerente ao objeto, enquanto o peso é uma medida que depende da gravidade do local onde o objeto se encontra.
A força gravitacional é uma força atrativa que surge entre todos os corpos com massa. O planeta Terra, por exemplo, é capaz de atrair os corpos ao seu redor em direção ao seu centro por causa de seu campo gravitacional.
Massa está relacionada a volume, enquanto peso está relacionado a uma força. A constante gravitacional da Terra é igual a 9,8 m/s^2 e na Lua é de 1,6 m/s^2. Dessa forma, um quilo de qualquer coisa na Terra equivale a 10 Newtons ou 10 N, enquanto na Lua esse mesmo quilo equivale a 1,6 Newtons ou 1,6 N.
As balanças medem a massa de um objeto, ou seja, a quantidade de matéria que ele contém. Elas não medem o peso diretamente, mas sim a força normal que o objeto exerce sobre a superfície da balança, a qual é proporcional à massa do objeto. A unidade de massa no Sistema Internacional de Unidades é o grama cujo símbolo é g, existindo também os múltiplos e submúltiplos, como a seguir mostrado.

kg	hg	dag	g	dg	cg	mg
1	0	0	0			
	1	0	0			
		1	0			
			1	0	0	0
				1	0	0
					1	0

Letras

↓

kg = quilograma, que é igual a mil gramas: 1 kg = 1.000 g.
hg = hectograma, que é igual a cem gramas: 1 hg = 100 g.
dag = decagrama, que é igual a dez gramas: 1 dag = 10 g.
g = grama, por exemplo: 1 g = 0,001 kg = 1.000 mg.
dg = decigrama: 1 dg = 0,1 g = 10 cg = 100 mg.
cg = centigrama: 1 cg = 0,01 g = 10 mg.
mg = miligrama: 1 mg = 0,001 g = 0,000001 kg.

Em geral, no dia a dia, especialmente no comércio de alimentos, usa-se o quilo como medida de peso como, por exemplo, 1 kg de carne, meio quilo de tomate, um quilo e meio (1,5 kg) de batata, 100 gramas (100 g) de tempero, etc.
No entanto existem coisas extremamente pesadas que são expressas em toneladas, que equivalem a mil quilos ou 1.000 kg, como por exemplo, o peso de um caminhão carregado com grãos de soja: 18,5 toneladas ou simbolicamente 18,5 t (com t minúsculo).

Exercícios resolvidos

1) No Brasil, em 2025, cerca de metade ou 50% dos alimentos produzidos eram desperdiçados, desde a produção no campo até a lata de lixo dos consumidores. Determinado município brasileiro, diariamente desperdiça 25 toneladas de frutas e legumes, ao mesmo tempo, que tem 30 mil pessoas em estado de insegurança alimentar, que poderiam consumir o que é desperdiçado. Caso ao invés de desperdiçar essas 25 toneladas de frutas e legumes, houvesse uma distribuição entre as 30 mil pessoas, quanto cada pessoa receberia de alimento por dia?

Raciocínio lógico: aqui trata-se literalmente de dividir 25 toneladas de alimento, por 30 mil pessoas.

Cálculo matemático: $25\ t = \frac{25.000\ kg}{30.000\ pessoas} = \frac{0,833\ kg}{pessoa} = 833\ g/pessoa.$

Resposta: cada pessoa receberia 833 gramas de frutas e legumes por dia.

2) Um gerente de um pequeno mercado fez um pedido de 50 kg de tomate cereja, que será vendido em bandejas com 250 g de tomate. Sabendo que cada tomate cereja pesa, em média, 20 g, determinar quantos tomates em média irão em cada bandeja.

Raciocínio lógico: basta dividir 250 g por 20 g.

Cálculo matemático: 250 g ÷ 20 g = 12,5 tomates.

Como não é possível colocar na bandeja 12 tomates e meio, e como não se pode, por Lei, indicar na embalagem 250 g e só ter 240 g, pois meio tomate pesa 10 g, serão colocados 13 tomates cereja em cada bandeja.
Observação: 10 g a mais em 250 g é equivalente a (10 g/250 g+ x 100%, ou seja, 4%, que é o que será colocado a mais, em média em cada bandeja.

Resposta: serão colocados 13 tomates cerejas em cada bandeja.

3) Sabendo que um remédio possuí 350 mg do seu princípio ativo*, a quantas gramas equivale esse peso?
*O princípio ativo de um medicamento é a substância química que causa o efeito terapêutico, ou seja, a substância que tem a ação desejada para tratar uma condição. É a parte do medicamento que interage com o organismo para produzir um efeito fisiológico ou bioquímico, como a redução de dor ou da febre ou da pressão arterial, etc.

Raciocínio lógico matemático: basta fazer uma tabela de equivalência, para saber quantas gramas valem 350 mg.

kg	hg	dag	g	dg	cg	mg
			0	3	5	0

Resposta: 350 mg é igual a 0,350 g.

Observações sobre unidades de massa:

Além da grama, com múltiplos e submúltiplos e da tonelada, existem outras duas unidades de massa, que têm usos específicos: a arroba e o quilate.
A arroba é usada para especificar peso de gado bovino e, no Brasil, uma arroba vale 15 kg, sendo o valor real igual a 14,688 kg. Então quando se diz que um boi tem 40 arrobas, em verdade ele tem 600 kg (ou 587,52 kg).
O quilate se refere a unidade padrão de peso de pedras. O símbolo é "ct", e continua sendo utilizado até hoje para pesar pedras lapidadas e diamantes. Um quilate é igual a 200 mg ou 0,2 g.

A palavra grama, quando se refere a peso ou massa é masculina, portanto o correto é falar "um grama" do que "uma grama".

Medida de volume ou capacidade: o metro cúbico ou m^3 e o litro

A unidade de volume é a unidade básica de comprimento (metro) elevada ao cubo, ou melhor, multiplicada três vezes por si. Por exemplo, um hexaedro (ou cubo), com uma aresta de comprimento 2 metros, tem um volume de 8 metros cúbicos ou 8 m^3, pois: 2 m x 2 m x 2m = 8 m^3.

Tal e qual comprimentos e áreas, as unidades de volume também têm múltiplos e submúltiplos.

Enquanto na unidade de comprimento "caminha-se" casa a casa com um número e na unidade de área "caminha-se" com dois números, na unidade de volume "caminha-se" com três números em cada casa ou célula. Por exemplo: enquanto um metro é igual a 10 dm (1 m = 10 dm) e um metro quadrado é igual a 100 dm^2 (1 m^2 = 100 dm^2), um metro cúbico (ou 1 m^3) é igual a 1.000 dm^3. A exemplo das tabelas de unidades de comprimentos e áreas, existe a tabela de equivalências de unidades de volume, a seguir mostrada.

km^3 = quilômetro cúbico.
hm^3 = hectômetro cúbico.
dam^3 = decâmetro cúbico.
m^3 = metro cúbico.
dm^3 = decímetro cúbico.
cm^3 = centímetro cúbico.
mm^3 = milímetro cúbico.

km^3	hm^3	dam^3	m^3	dm^3	cm^3	mm^3	
006	000	000	000				← 1)
000	504	000	000				← 2)
300	050	070	000				← 3)
			000	006	495		← 4)
		019	730	000			← 5)
				002	540	000	← 6)
					003	700	← 7)

1) 6 km^3 = 6.000 hm^3 = 6.000.000.000 m^3.
2) 0,504 km^3 = 504.000 dam^3 = 504.000.000 m^3.
3) 300,0507 km^3 = 300.050.070.000 m^3.
4) 6.495 cm^3 = 0,006495 m^3.
5) 19,730 dam^3 = 19.730.000 dm^3.

6) 2,540 dm^3 = 2.540 cm^3 = 2.540.000 mm^3.
7) 3,700 cm^3 = 3.700 mm^3.

Em termos práticos, a unidade muito utilizada para expressar volume é o litro, sendo que um litro é equivalente a 1 dm^3 (um litro é igual a um decímetro cúbico). Além desse, também se utilizam o centímetro cúbico ou cm^3 e o milímetro cúbico ou mm^3.
A seguir mostram-se as unidades de volume em litros, com múltiplos e submúltiplos.
kl = quilolitro.
hl = hectolitro.
dal = decalitro.
l = litro.
dl = decilitro.
cl = centilitro.
ml = mililitro.

kl	hl	dal	l	dl	cl	ml	
076	000	000	000				← 1)
000	594	000	000				← 2)
000	000	070	000	000			← 3)
			000	006	495	000	← 4)
		019	730	000	000		← 5)
				002	540	000	← 6)
					003	700	← 7)

1) 76 kl = 76.000.000 l. (Setenta e seis bilhões de litros).
2) 594 hl = 594.000.000 l (Quinhentos e noventa e quatro milhões de litros).
3) 70 dal = 70.000.000 l (Setenta milhões de litros).
4) 6,495 cl = 6.495.000 l (Seis milhões, quatrocentos e noventa e cinco mil litros).
5) 19,730 l = 19.730.000.000 (Dezenove bilhões, setecentos e trinta milhões de centilitros).
6) 2,54 dl = 2.540 cl (Dois mil, quinhentos e quarenta centilitros).
7) 3,7 cl = 3.700 ml (Três mil e setecentos mililitros).

Volume de cubos e de prismas de base quadrada e retangular

O volume de um cubo é determinado pelo cubo do valor do lado, ou melhor, multiplicando-se três vezes seguidas o valor do seu lado. O volume de um cubo também pode ser entendido como o produto da área da base (um quadrado) pela altura (que é igual ao valor do lado). De forma similar e conceitual, pode-se deduzir que o volume de um prisma reto de base retangular é igual ao produto da área de sua base (um retângulo) pela sua altura.

Exercícios resolvidos

1) Calcular o volume em metros cúbicos e em litros da piscina mostrada a seguir.

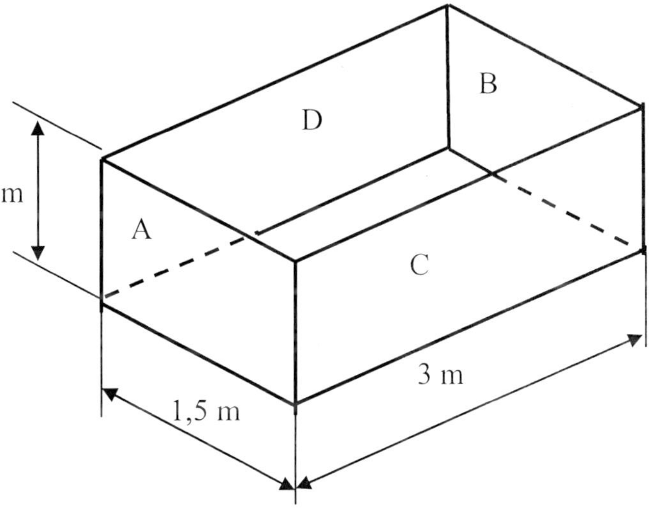

Raciocínio lógico espacial: essa piscina tem o formato de um prisma reto de base retangular, de medidas 1,5 m por 3 m e altura 1 m.

Cálculos matemáticos e conversão de unidades:

$$\begin{array}{r} 1{,}5 \\ \times\ 3 \\ \hline 4{,}5 \end{array}$$

Área da base retangular = 1,5 m x 3 m = 4,5 m^2.
Volume da piscina = 1 m x 4,5 m^2 = 4,5 m^3.
Sabendo que um litro (1 l) é igual a um decímetro cúbico (dm^3), montamos uma tabela para transformar 4,5 m^3 em dm^3 que é igual a litros.

km^3	hm^3	dam^3	m^3	dm^3	cm^3	mm^3
			004	500		

Ou seja: 4,5 m^3 = 4.500 dm^3 = 4.500 litros.

Resposta: a piscina tem um volume ou capacidade de 4.500 litros.

2) Sabendo que um litro de água (1 l) pesa um quilo (1 kg), determinar qual será o peso da água da piscina do exercício anterior, em quilos e em toneladas..

Raciocínio lógico matemático: como 1 l = 1kg e como são 4.500 l, basta multiplicar 4.500 l por 1 kg/l, da seguinte forma:

$4.500\,\text{l} \times \dfrac{1\ \text{kg}}{\text{l}} = 4.500\ \text{kg}.$

O conceito é que: litro dividido por litro não tem unidade, sobrando, portanto, o kg.
Como uma tonelada (t) é igual a 1.000 kg, portanto 4.500 kg = 4,5 t.

Resposta: o peso da água da piscina é igual a 4.500 kg ou 4,5 t.

3) Compare o volume em cm^3 dos poliedros a seguir, concluindo qual dos dois tem maior volume.

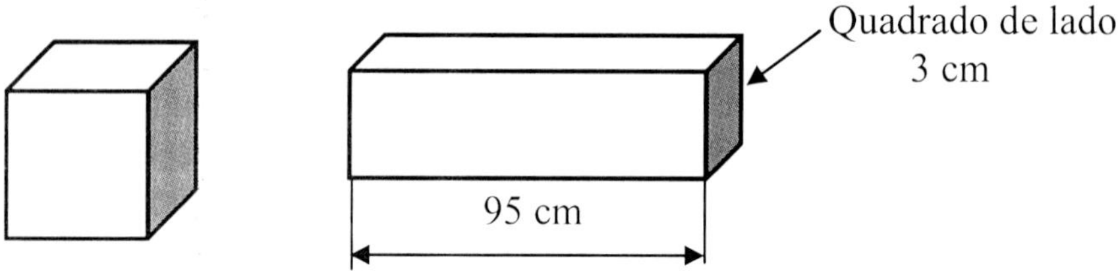

Cubo de lado 10 cm

Raciocínio lógico matemático: basta calcular o volume de cada e comparar.

Volume do cubo = 10 cm x 10 cm x 10 cm = 1.000 cm^3 = 1 dm^3 = 1 litro.
Volume do prisma = 3 cm x 3 xm x 95 cm = 855 cm^3.

Conclusão: o cubo tem maior volume, apesar do prisma de base quadrada parecer "maior"! O cubo tem capacidade de um litro e o prisma de 0,855 litro.

Capítulo 13: medidas de tempo e temperatura

O dia solar utiliza o Sol como referência para a determinação do tempo. Nele os dias são divididos em 24 horas tomando-se como base, por exemplo, o momento em que o Sol atinge a posição máxima em relação a uma linha vertical, definindo esse momento como meio dia. No dia solar as horas são subdivididas em 60 minutos e os minutos são subdivididos sem 60 segundos, sendo a referência dos relógios, que podem admitir frações de segundo. O dia na Terra dura 1440 minutos e 86.400 segundos.

Desde 1582, o calendário gregoriano é o sistema adotado mundialmente. Ele é classificado como solar, pois se baseia no movimento da Terra ao redor do Sol e tem a duração de 365 dias, 5 horas, 48 minutos e 46 segundos.

A necessidade de um calendário acompanha a humanidade desde os primórdios, pois ele permite organizar atividades diárias e contar longos períodos de tempo, como séculos e milênios. Mas o que exatamente é um calendário? Em termos simples, é uma ferramenta para medir e organizar o tempo. Contudo, sua criação e adaptação ao longo dos séculos envolvem complexidades significativas, especialmente considerando as variações naturais do planeta.

Embora o calendário gregoriano seja o mais comum, outros sistemas ainda são utilizados em diferentes partes do mundo: judaico, islâmico, indiano, chinês e juliano, sendo este último ainda utilizado por igrejas ortodoxas.

Um ano bissexto é um ano que possui 366 dias, em vez dos 365 dias de um ano comum. Ele ocorre a cada quatro anos para ajustar o calendário civil ao ano solar, que é o tempo que a Terra leva para dar uma volta completa em torno do Sol (aproximadamente 365 dias e 6 horas). Depois de 2024, os próximos anos bissextos serão 2028, 2032, 2036, 2040, 2044, 2048 e 2052.

O termômetro é um dispositivo que permite verificar a temperatura ambiente. Existem quatro principais escalas de temperaturas: a Kelvin (K), a Rankine (Ra), a Celsius (C) e a Fahrenheit (F). As escalas Kelvin e Rankine são mais utilizadas no meio científico. A escala Fahrenheit é usada nos EUA e em Belize. A escala Celsius é a mais utilizada em todo o mundo, incluindo o Brasil.

Medidas de tempo e suas operações

Como um dia tem 24 horas, cada hora tem 60 minutos e cada minuto tem 60 segundos, cada hora tem 3.600 segundos (60 x 60 = 3.600) e cada dia ou 24 horas tem 86.400 segundos (24 x 3.600 = 86.400).
Um ano tem 12 meses, sendo que os meses de janeiro, março, maio, julho, agosto, outubro e dezembro têm 31 dias, enquanto abril, junho, setembro e novembro têm 30 dias. O mês de fevereiro tem 28 dias, exceto nos anos bissextos, quando tem 29 dias.
No Brasil, os dias úteis são contados de segunda-feira a sábado, que também é considerado dia útil. A regra também está na Constituição Federal, assinada em 1988, e na Instrução Normativa nº 02/2021 do Ministério do Trabalho e Emprego. Todas apontam que o sábado é um dia útil, seja trabalhado ou não. No Brasil, oficialmente, apenas domingos e feriados não são dias úteis. O termo "dia útil" está relacionado a "dia de trabalho".
Horas, segundos e minutos podem ser abreviados de duas formas: horas com h, minutos com min e segundos com s. Veja exemplos:
8h30 significa oito horas e 30 minutos. Nesse caso não é colocado min.
8h30min18, significa oito horas, 30 minutos e 18 segundos. Nesse caso não é colocado s. Observa-se que entre os números e abreviaturas não existem espaços.
Horas, minutos e segundos podem ser adicionados, subtraídos, multiplicados e divididos, seguindo-se determinadas regras e condições.

Exercícios resolvidos

1) Quanto dá: 3h40min18 + 2h00min3

Raciocínio lógico: essa conta significa somar três horas, 40 minutos e 18 segundos a duas horas e três segundos. Somam-se horas com horas, minutos com minutos e segundos com segundos, como a seguir mostrado.

$$
\begin{array}{rrrr}
 & & & 1 \\
 & 03 & 40 & 18 \\
+ & 02 & 00 & 03 \\
\hline
 & 5 & 40 & 21
\end{array}
$$

Resposta: 3h40min18 + 2h00min3 = 5h40min21. (Cinco horas, 40 minutos e 21 segundos).

2) Calcular: 7h39min52 + 5h41min17.

	1	1	
	07	39	52
+	05	41	17
	12	80	69

> **Raciocínio lógico**: como o resultado indica: 12 horas, 80 minutos e 69 segundos. Como os minutos e segundos ultrapassam 60, faz-se o ajuste começando pelos segundos, depois pelos minutos e finalmente pelas horas.

12h80min69 é igual a 12h81min9, que é igual a 13h21min9.

69 segundos é igual a um minuto e nove segundos. Portanto, acrescenta-se um minuto aos 80, que passa para

81 minutos é igual a uma hora e 21 minutos. Portanto, acrescenta-se uma hora às 12, que passa para 13 horas.

Conclusão: 7h39min52 + 5h41min17 = 13h21min9.

3) Calcular: 6h12min18 - 4h08min27.

	06	08*	18*
-	04	12	27

Não é possível

> **Raciocínio lógico matemático**: *como não é possível subtrair 27 segundos de 18 segundos, bem como subtrair oito minutos de 12 minutos, têm que ser feitos os ajustes a seguir descritos.

6h12min18 = 5h72min18, que é igual a: 5h71min78. Então tem-se:

6h12min18 - 4h08min27 = **5h71min78 - 4h08min27**, que é possível.

	05	71	78
-	04	08	27
	01	63	51

63 minutos é igual a uma hora e três minutos.

ou seja: 1h63min51, que acertado fica: 2h03min51.

Conclusão: 6h12min18 - 4h08min27 = 2h03min51.

4) Em uma prova de maratona, o 1º colocado obteve o tempo de 2h13min14. Sabendo que uma maratona tem um percurso de 42,195 km, determinar o tempo médio corrido em quilômetros por minuto (km/min).

Raciocínio lógico matemático: o tempo médio, ou seja, é obtido dividindo-se os 42,195 km pelo tempo de 2h13min14. (Observa-se que, caso fossem 42 km corridos em duas horas, a média seria de 21 km/h ou 21.000 m/60min, que é igual a 350 m/min).

Cálculos matemáticos:

Para possibilitar a divisão, será feita a conversão da distância corrida para metros e o tempo em segundos.
42,195 km = 42.195 m.
2h13min14 = 120minutos + 13 minutos + 14 segundos. (2h = 120 minutos).
Para converter em segundos: (120 x 60) + (13 x 60) + 14 = 7.200 + 780 + 14 =
= 7.994 segundos.
Ou seja, o 1º colocado correu 42.195 metros em 7.994 segundos.
42.195 metros ÷ 7.994 segundos = 5,278 metros por segundo.
5,278 metros por segundo é igual a 316,68 metros por minuto.

```
   1        1               42195 |7994      (5 x 7994 = 39970).
 120       13      7200    -39970 |5,278     (2 x 7994 = 15988).
x 60     x 60     + 780    022250 |          (7 x 7994 = 55958).
7200      780        14    -15988 |          (8 x 7994 = 63952).
                   7994     62620 |         1 44
                           -55958 |         5,278
                            66620 |       x    60
                           -63952 |        316,68
                             2668 |(5,278 x 60 = 52,78 x 6 = 316,68).
```

316,68 m/min = 0,31668 km/min

km	hm	dam	m	dm	cm	mm
0	3	1	6	6	8	

Resposta: o tempo médio corrido foi de 0,317 km/min

5) João Pedro comprou uma televisão na segunda-feira, dia 30 de agosto de 2021 e lhe foi dito que a entrega seria, a partir do dia seguinte à compra, no 5º dia útil após a compra, não se contando o sábado como dia útil. Em qual dia João Pedro receberá a televisão e quantos dias após a compra?

Raciocínio lógico matemático: o dia seguinte à compra será na terça feira, dia 31 de agosto. A contagem do 5º dia útil é: 1º dia útil quarta-feira, 1º de setembro; 2º dia útil quinta-feira, 2 de setembro; 3º dia útil sexta-feira, 3 de setembro; 4º dia útil segunda-feira, 6 de setembro e 5º dia útil quarta feira, 8 de setembro. (O sábado, 4 de setembro, o domingo, 5 de setembro e a terça feira, 7 de setembro, feriado nacional no Brasil, não são dias úteis).
Dias para receber a televisão, após a compra em 30 de agosto: 31/1º/2/3/4/5/6/7/8. Ou seja, nove dias.

Resposta: João Pedro receberá a televisão na quarta-feira, dia 8 de setembro, ou seja, nove dias após a compra.

6) (CAP/UERJ). Em geral, diz-se que passamos um terço de nossa vida dormindo. Considerando que isso seja verdade (muitas pessoas dormem menos), calcule o número de meses que uma pessoa que completou 72 anos de idade, passou acordada ao longo de sua vida.

Raciocínio lógico matemático: um ano tem 12 meses e 72 anos tem 864 meses. Um terço de 864 meses é igual a 288 meses, que a pessoa passou dormindo. Os meses que a pessoa passou acordada foram 864 meses menos 288 meses, ou seja: 576 meses.

```
  72        8’6’4’ |_3___   (2 x 3 = 6) (8 x 3 = 24).
 x 12       -6     |288
 144         26    |         864
  72        -24    |        -288
 864          24   |         576
             -24   |
              00   |
```

Resposta: aos 72 anos de idade, a pessoa passou acordada o equivalente a 576 meses.

7) (CAP/UERJ). Um candidato a um concurso, para acesso ao 6º do Ensino Fundamental, teve 15 aulas particulares de 50 minutos cada uma. Quanto esse aluno gastou, sabendo que cada hora de aula custou R$ 60,00.

Raciocínio lógico matemático: um custo de R$ 60,00 por hora de aula, significa R$ 1,00 por minuto de aula e, portanto 50 minutos custaram R$ 50,00. 15 aulas de 50 minutos cada custaram R$ 750,00 (15 x R$ 50,00 = R$ 750,00).

$$\begin{array}{r} {}^{2} \\ 15 \\ \times\ \underline{50} \\ 750 \end{array}$$

> **Resposta**: o aluno gastou R$ 750,00.

Marcação do tempo em relógios de ponteiro

A imagem a seguir mostra um relógio circular de ponteiros, onde o círculo é dividido em 60 partes, sendo que cada divisão corresponde a um minuto, pois uma hora tem 60 minutos. As 12 divisões maiores marcam as horas, de uma a doze horas (meio dia), durante o dia, e de 12 a 24 horas (meia noite), durante a noite.

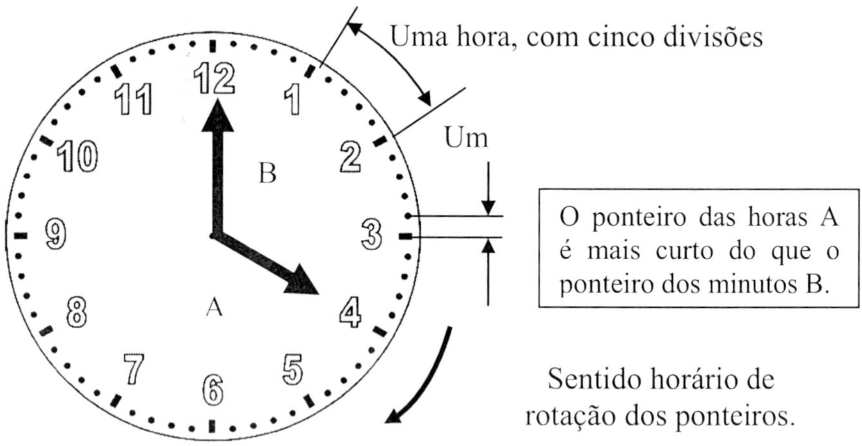

O relógio acima marca quatro horas, que pode ser quatro da tarde ou quatro horas da manhã. Relógios digitais, que não têm ponteiros, têm a opção de marcar as horas do dia, a partir da meia noite, indo de uma hora da manhã até o meio dia do outro dia. A partir do meio dia ou 12 horas, ele marca até às 23:59, ou seja, faltando um minuto para a meia noite.

8) Considerando a figura do relógio de ponteiro a seguir pede-se: a) Que horas são? e b) Quanto falta para às três horas?

Raciocínio lógico espacial matemático: ainda não são duas horas em ponto. como faltam quatro divisões maiores, cada uma com cinco divisões cada, é lógico que faltam 20 minutos para as duas horas.
Para as três horas falta uma volta completa, ou seja, uma hora que somada aos 20 minutos que faltam para as duas horas, resulta em uma hora e 20 minutos.

Respostas: a) Faltam 20 minutos para as duas horas e b) Faltam uma hora e 20 minutos para as três horas.

Medidas de temperatura

O termômetro é um dispositivo que permite verificar a temperatura ambiente, bem como a do corpo humano. Embora existam algumas escalas de temperaturas, a seguir são dados detalhes das três principais.
A escala Celsius é a mais usada no mundo, sendo uma escala centígrada, isto é, apresenta 100 divisões de igual tamanho entre seus pontos fixos, 0 °C e 100 °C, chamados de graus. Considerando a pressão atmosférica, 0 °C equivale ao ponto de fusão do gelo e 100 °C equivale ao ponto de fervura ou ebulição da água. Por ser uma escala usual, admite temperaturas negativas: seu zero absoluto tem valor de aproximadamente -273,15 °C.
A escala Fahrenheit é usada em poucos países, como Estados Unidos, tendo sido desenvolvida para que o ponto de fusão da água congelada seja igual a 32 °F. Assim, mesmo atingindo baixas temperaturas, é improvável que se observem temperaturas negativas em países que utilizam essa escala. A temperatura de ebulição da água em Fahrenheit é de 212 °F.
A escala Kelvin foi baseada na agitação térmica de átomos de hélio de forma que, ao atingirem o repouso total, atribui-se a esses átomos a temperatura de 0 K. sabe-se que essa baixíssima temperatura é inalcançável (?).

As figuras a seguir mostram uma comparação gráfica das três escalas de temperatura.

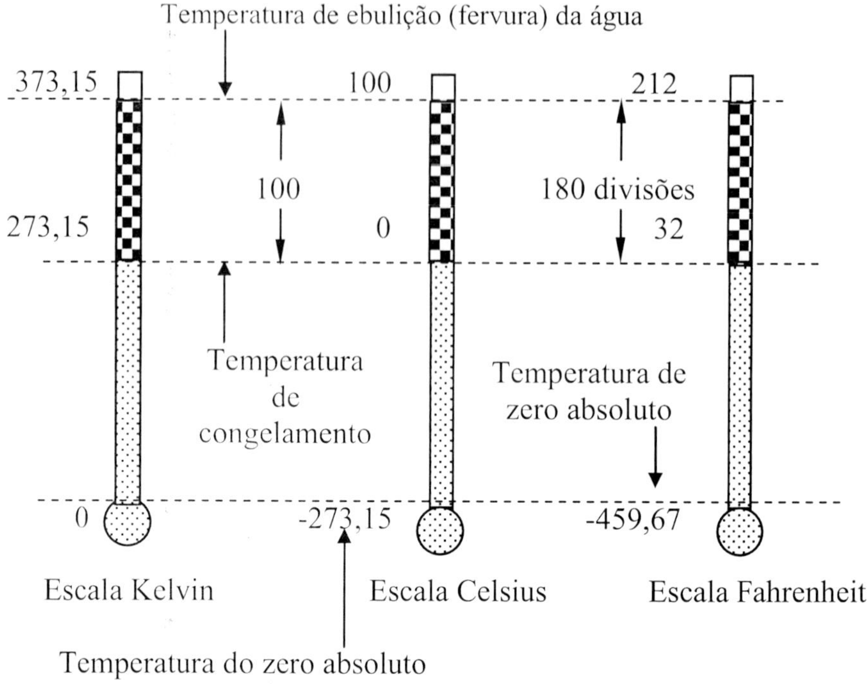

Observa-se que, entre as temperaturas de congelamento da água e da sua ebulição ou fervura, nas escalas Kelvin e Celsius existem 100 divisões, enquanto para o mesmo intervalo, na escala Fahrenheit existem 180 divisões.

Curiosidades sobre temperaturas na Terra e em alguns planetas

Em janeiro de 2013, uma equipe de físicos da Universidade Ludwig Maximilian, em Munique, na Alemanha, alcançou pela primeira vez uma temperatura abaixo do zero absoluto, ao criar um gás quântico ultrafrio feito de átomos de potássio, usando *laser* e magnetismo. Eles conseguiram chegar a apenas alguns bilionésimos de um Kelvin, unidade básica internacional que mede a temperatura de um objeto, abaixo do zero absoluto (o equivalente a -273,15º C). Os resultados foram publicados na edição de 4 de janeiro de 2013, da revista "*Science*".
A tabela a seguir mostra, apenas como curiosidade, temperaturas máximas e mínimas de lugares e algumas substâncias.

Lugar ou substância	Temperatura °C
Sol (temperatura no núcleo)*	$15,7 \times 10^6 - 273$
Sol (temperatura na superfície)	5.505
Marte (temperatura mínima)	-143
Marte (temperatura máxima)	+27
Lua (temperatura mínima)	-184
Lua (temperatura máxima)	+214
Nitrogênio líquido	-196,15
Oxigênio líquido	-183,1
Hidrogênio Líquido**	-253
Menor temperatura já registrada na Terra (21/07/1983, lago Vostok, Antártica)	-89,2
Maior temperatura já registrada na Terra (2005, deserto de Lute, no Irã)	+70,7

*A temperatura no núcleo do Sol é de quase 16 milhões de graus Celsius.
**Observa-se que a temperatura do hidrogênio líquido é próxima do zero absoluto, que é -273,15 °C.

Porque faz frio no inverno e calor no verão?

O frio do inverno é causado pela combinação de dois fatores principais: a inclinação do eixo de rotação da Terra e a distância que a Terra percorre em torno do Sol. A inclinação do eixo faz com que, em determinada época do ano, um hemisfério receba menos luz solar direta, resultando em dias mais curtos e noites mais longas. A distância da Terra ao Sol também influencia, pois, quanto maior a distância, menor a intensidade da luz solar que chega à superfície terrestre.

No verão, faz calor porque a Terra está mais inclinada para o Sol, resultando em mais horas de luz solar e maior intensidade dos raios solares. Essa maior incidência de luz solar aquece a Terra, elevando as temperaturas. Além disso, o verão é caracterizado por dias mais longos e noites mais curtas, o que também contribui para o aumento da temperatura.

A amplitude térmica é a diferença entre a temperatura máxima e mínima registradas em um determinado local e período de tempo. Pode ser calculada diariamente, semanalmente, mensalmente ou

anualmente. Quanto maior a diferença entre a temperatura máxima e a mínima, maior a amplitude térmica.
O Brasil apresenta uma grande variedade climática devido à sua extensão territorial, localização geográfica e outros fatores como altitude, maritimidade e a atuação de massas de ar. Essa diversidade resulta em regiões com climas quentes e úmidos, como a Amazônia, e outras com climas mais amenos ou frios, como o Sul e o Sudeste do país.
A menor temperatura já registrada no Brasil foi de -17,8°C no Morro da Igreja, em Santa Catarina, em 1996. A maior temperatura registrada foi de 44,8°C em Araçuaí, Minas Gerais, em 2023.
Em relação ao visível aumento de temperatura que vem ocorrendo na Terra, no fenômeno chamado "aquecimento global", existem duas visões por parte dos cientistas que estudam esse fenômeno: uma afirma que são as atividades humanas as responsáveis e outra diz que, além disso o planeta Terra passa por ciclos naturais de aquecimento e resfriamento.

Registro de temperaturas em gráficos cartesianos

No capítulo 10, na Unidade III, de Geometria, foi apresentado o conceito de coordenadas cartesianas, sendo possível representar relações entre duas características, em um plano com dois eixos: o X das Abscissas e o Y das Ordenadas. O gráfico cartesiano a seguir mostra a variação da temperatura máxima ambiente em um ano, em uma cidade do Brasil.

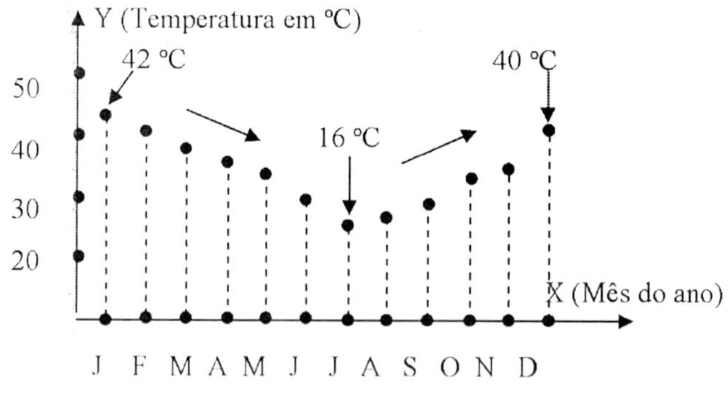

É interessante observar como a temperatura máxima varia ao longo do ano, em função das estações, com as seguintes datas:

Outono: Geralmente inicia em 20 ou 21 de março e termina em 20 ou 21 de junho.
Inverno: Geralmente inicia em 20 ou 21 de junho e termina em 22 ou 23 de setembro.
Primavera: Geralmente inicia em 22 ou 23 de setembro e termina em 21 ou 22 de dezembro.
Verão: Geralmente inicia em 21 ou 22 de dezembro e termina em 20 ou 21 de março.

Conceito de temperatura média

Embora seja na Unidade V, de Probabilidade e Estatística, que se estudará o conceito de média, a seguir será mostrado como se calcula a média de determinados conjuntos, como por exemplo, a temperatura média ao longo de determinado período, em determinada região.

Imaginemos a seguinte situação: numa família, com quatro pessoas adultas, onde todas trabalham, decidiu-se calcular o salário médio mensal dos quatro, considerando-se os seguintes valores:

Mãe: R$ 8.500,00.
Pai: R$ 7.800,00.
Filha: R$ 5.200,00.
Filho: R$ 5.050,00.
Soma: R$ 26.550,00

> **Raciocínio lógico matemático**: para determinar a média desses salários, basta somar os valores e dividir por quatro.

```
26'5'5'0' | 4
-24       | 6637,5
  25
 -24
   15
  -12
    30
   -28
     20
    -20
     00
```

(4 x 6 = 24) (4 x 3 = 12) (4 x 7 = 28) (4 x 5 = 20).

R$ 26.550,00 ÷ 4 = R$ 6.637,50.

$$\text{Média} = \frac{R\$\ 8.500{,}00 + R\$\ 7.800{,}00 + R\$\ 5.200{,}00 + R\$\ 5.050{,}00}{4} \Rightarrow$$

Média igual a R$ 6.637,50. Esse valor é como se todos ganhassem o mesmo salário mensal de R$ 6.637,50.

Exercícios resolvidos

1) A tabela a seguir mostra a variação da temperatura máxima ao longo de uma semana, de uma determinada região. Com esses valores, determinar qual foi a média das temperaturas máximas.

Dia da semana	2ª feira	3ª feira	4ª feira	5ª feira	6ª feira	sábado	domingo
Temperatura máxima °C	38,4	39,2	34	29,6	25,3	22,8	19,8

$$\text{Média} = \frac{38{,}4 + 39{,}2 + 34 + 29{,}6 + 25{,}3 + 22{,}8 + 19{,}8}{7} =$$

```
  4 3
  38,4                                  209'5' | 70
  39,2      209,5 ÷ 7 = 2095 ÷ 70       -140   | 29,9
  34,0                                   695             (70 x 2 = 140)
+ 29,6                                  -630             (70 x 9 = 630)
  25,3                                   650
  22,8                                  -630
  19,8                                    20
 20 9,5
```

Resposta: a média das temperaturas máximas foi 29,9 °C.

2) Em relação ao exercício anterior, determinar: a) A temperatura máxima; b) A temperatura mínima e c) A amplitude térmica.

Temperatura máxima = 39,2 °C.
Temperatura mínima = 19,8 °C.
Amplitude térmica = 39,2 °C - 19,8 °C = 19,4 °C.

```
  39,2
- 19,8
  19,4
```

UNIDADE V: PROBABILIDADE E ESTATÍSTICA

Capítulo 14: definições de probabilidade, estatística, amostra, dados, informações, conhecimento, evento, acaso, aleatoriedade e variável

Nesse capítulo serão mostradas definições dos mais diversos termos usados na área da Estatística Matemática.

Probabilidade

Essa palavra é uma das muitas utilizadas para eventos incertos ou desconhecidos, sendo também substituída por algumas palavras como "sorte", "risco", "azar", "chance", "incerteza", "duvidoso". É um conceito estatístico relacionado a situações aleatórias. A probabilidade de um evento é indicada por um número entre 0 e 1, sendo 0 um evento impossível e 1 um evento certo. O cálculo da probabilidade de um evento é realizado pela razão entre o número de casos favoráveis ao evento e o número de casos possíveis. A probabilidade também pode ser representada por uma percentagem, por exemplo, quando se joga um dado, que tem números de 1 (um) a 6 (seis), a probabilidade de se acertar qualquer número é de uma em seis, ou como uma razão ou fração é 1/6 ou um dividido por seis que é igual a 0,1666... ou 16,67%.
Uma curiosidade relacionada à probabilidade é que a chance de acerto da Mega-Sena de uma aposta com seis dezenas é de 50.063.860 para cada uma, segundo a Caixa Econômica Federal. Ou seja, para cada cerca de 50 milhões de jogos de seis dezenas na Mega-Sena, é "provável" que apenas uma ganhe. Ser "provável", não significa ser "certo".

Estatística

A estatística é um ramo da Matemática que utiliza métodos e ferramentas para coletar, analisar, interpretar e representar dados, com o objetivo de obter conclusões e tomar decisões informadas sobre fenômenos aleatórios.
Um fenômeno aleatório é descrito como uma situação na qual sabemos quais resultados podem ocorrer mas, cujo resultado preciso não é certamente conhecido. Exemplos clássicos são o lançamento de dados

(sabemos que pode dar qualquer valor inteiro entre 1 e 6, mas não qual exatamente) ou cara ou coroa (pode-se acertar por sorte).

Amostra estatística

Em estatística, amostra é uma parte selecionada de uma população ou conjunto maior, utilizada para fazer inferências sobre a população ou conjunto inteiro. A amostragem é o processo de seleção desses elementos.
Por exemplo, sabe-se que a população brasileira é constituída por mais de 200 milhões de pessoas, sendo impossível entrevistar todos, por exemplo, em período de eleição, em razão desse grande número, é impossível realizar uma pesquisa de intenções de votos com cada eleitor. Seguindo critérios científicos, que ultrapassam a compreensão do Ensino Fundamental, é definida uma amostra (por exemplo, de três mil eleitores) e com entrevistas e processamento das respostas, entende-se quais são os candidatos que apresentam maior intenção de votos.
Em termos mais técnicos, dizemos que a amostragem é o meio de definição de amostras, que representam parte de uma população.

Dados estatísticos

Um dado estatístico, diferentemente de dados pessoais como nome, endereço, etc., é uma informação individual, geralmente numérica, que faz parte de um conjunto de dados utilizados para análise estatística. Esses dados são coletados e analisados para entender padrões, tendências e relações em um fenômeno específico. Por exemplo, quando se quer saber quantas pessoas nascem, em média, em cada mês do ano ou como está a variação de altura em determinada região.

Informação

Uma vez definida a amostra e coletados os dados, após o processamento desses dados, obtém-se uma informação. Por exemplo, determinado instituto de pesquisa, foi contratado por um partido político para saber qual a intenção de voto em determinado candidato a Governador do estado.

Primeiro o instituto define a amostra, ou seja, quantos eleitores serão pesquisados, em seguida são feitas entrevistas com esses eleitores (presencial ou por telefone), na sequência são feitas várias análises estatísticas, em especial quanto ao percentual de pessoas que dizem votar em algum candidato, obtendo-se a informação, ou seja, como está a aceitação daquele candidato, perante os eleitores.

Conhecimento

Informação é o resultado do tratamento e organização de dados, tornando-os relevantes e úteis, conhecimento, é a informação que foi processada, compreendida e aplicada, permitindo a compreensão de conceitos e a criação de novas ideias. Em resumo, a informação é a matéria-prima, enquanto o conhecimento é o produto final.

A simples disponibilidade de informações não é suficiente para gerar conhecimento. Para que a informação seja transformada em conhecimento, é necessário que haja um processo de interpretação e análise.

De forma geral, pode-se entender que até se chegar ao conhecimento passa-se pelos seguintes estágios:

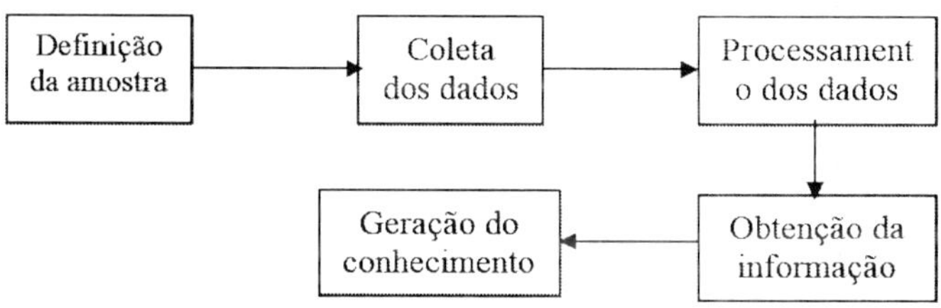

Existem dois tipos de conhecimentos: o explícito e o implícito. O explícito pode ser acessado de forma fácil e livre em livros, arquivos, artigos, etc.

O conhecimento implícito é o que está na cabeça de cada pessoa, ou seja, pessoas não têm acesso às cabeças de outras.

Evento estatístico

Um evento, no contexto da estatística e da análise de dados, refere-se a um resultado ou uma ocorrência específica que pode ser observada e medida. Em termos simples, um evento é qualquer resultado que pode ser identificado em um experimento ou em um conjunto de dados. Por exemplo, ao lançar um dado, o evento pode ser o resultado de obter um número específico, como 4.

Acaso

Um acaso estatístico é um evento que acontece mesmo sendo pouco provável, ou seja, é uma ocorrência inesperada que se encaixa dentro da variabilidade natural dos dados. Em estatística, o objetivo não é eliminar o acaso, mas sim entender a sua influência nos resultados.
Eu estava coletando dados sobre falta de água em determinado bairro e "do nada" ou "por acaso" descobri que também faltava luz.

Aleatoriedade

Em estatística, aleatoriedade refere-se à ausência de padrões ou regularidades reconhecíveis numa sequência de eventos ou valores. Um processo é considerado aleatório quando seus resultados são imprevisíveis, dependendo do acaso e de acontecimentos incertos.
Uma sequência numérica é considerada estatisticamente aleatória quando não contém padrões ou regularidades reconhecíveis; sequências como os resultados de um lançamento de dados (pode dar qualquer um dos seis números dos dados) ou os dígitos de π (3,141592653...) exibem aleatoriedade estatística.

Variável

Em estatística, uma variável é uma característica que pode variar entre os elementos de uma amostra e que pode ser medida, contada ou categorizada. As variáveis são classificadas em qualitativas (quando os valores são categorias) e quantitativas (quando os valores são números ou contagens). Exemplo de variável qualitativa: nível de satisfação com determinada coisa. Exemplo de variável quantitativa: peso corporal de determinado número de pessoas.

Capítulo 15: gráficos estatísticos

Um gráfico estatístico pode ser definido como um tipo de imagem geométrica, representação gráfica ou desenho que facilita a compreensão de pesquisas.

Existem vários tipos de gráficos, porém para o Ensino Fundamental, os principais tipos são os gráficos de colunas, barras, de linhas e de setores ou pizza, pois são usados para mostrar como o todo se divide em partes, para apresentar proporções.

Independentemente do tipo do gráfico, todos os gráficos devem ter claramente indicados o seu título, o título do eixo das abscissas (horizontal) e do eixo das ordenadas (vertical).

Gráfico de colunas

O gráfico de colunas é composto por duas linhas ou eixos, um vertical e outro horizontal, como já visto no Plano Cartesiano e sempre utilizando o primeiro quadrante.

No eixo horizontal, são construídas as colunas que representam a variação (medidas ou quantidades numéricas) dos dados na pesquisa realizada. O fluxo de informações, representado por um valor numérico, é indicado pelo eixo vertical.

Ou seja, no eixo vertical indicamos uma escala graduada de zero até o valor máximo que queremos representar e no eixo horizontal construímos colunas onde a altura de cada coluna informa o valor máximo pesquisado em cada item.

As colunas devem sempre possuir a mesma largura e a distância entre elas deve ser constante. Também podem representar duas ou mais categorias de informações, embora no nível do Ensino Fundamental, usam-se apenas duas.

Exemplo de gráfico de coluna

O IPCA ou Índice Nacional de Preços ao Consumidor Amplo é o principal índice de inflação do Brasil, calculado pelo IBGE ou Instituto Brasileiro de Geografia e Estatística. Ele mede a variação de preços de uma cesta de produtos e serviços consumidos pelas famílias brasileiras com renda entre um

e 40 salários mínimos*. O IPCA serve como referência para políticas de correção monetária, reajustes de salários, aluguéis, tarifas e outros contratos.
*Como em 2025, o salário mínimo era de R$ 1.518,00 a renda das famílias impactadas pelo IPCA variava entre R$ 1.518,00, um salário mínimo, e R$ 60.720,00 (sessenta mil, setecentos e vinte reais).
O gráfico de colunas a seguir mostra a variação mensal percentual do IPCA, entre abril de 2024 e janeiro de 2025, com dados da tabela, em valores disponíveis no site do IBGE. Eixo X mostra os meses e eixo Y os percentuais mensais.

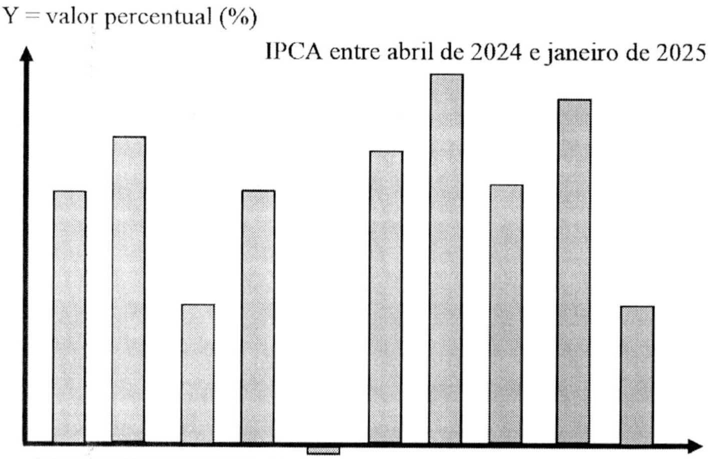

Abr.	Maio	Jun.	Jul.	Ago.	Set.	Out.	Nov.	Dez.	Jan.
0,38	0,46	0,21	0,38	-0,02	0,44	0,56	0,39	0,52	0,16

Valor negativo 2025

Exercício resolvido:

Um aluno do sexto ano do Ensino Fundamental, de um Colégio de bom nível, recebeu o boletim com as notas do 1° bimestre e quando chegou em casa mostrou primeiro à mãe, para depois mostrar ao pai, pois algumas notas não foram tão boas quanto o pai, que é professor, gostaria. A partir das notas de cada disciplina, a mãe que é analista de sistemas, preparou e imprimiu um gráfico de coluna, de forma a mostrar as notas em ordem crescente, para que o pai "entenda" que o filho está "melhorando". A mãe preparou o gráfico de colunas, conforme as notas mostradas na tabela a seguir.

Tabela com as notas, como lançadas no boletim.

Ciências	Matemática	Português	História	Geografia	Artes	Espanhol
7,5	4,0	6,0	9,0	10	8,5	7,0

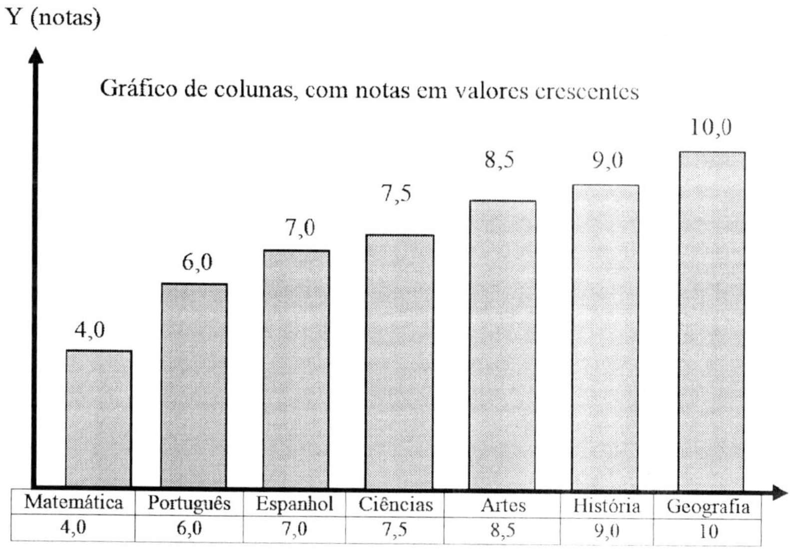

Exemplo de gráfico de barra

O gráfico de barras também é construído sobre o Plano Cartesiano, no primeiro quadrante.

No eixo vertical, são construídas as barras que representam a variação (medidas ou quantidades numéricas) dos dados na pesquisa realizada. O fluxo de informações, representado por um valor numérico, é indicado pelo eixo horizontal.

As barras devem sempre possuir a mesma largura e a distância entre elas deve ser constante. Podemos representar duas ou mais categorias de informações.

Segundo dados do IBGE, em relação ao Censo de 2022, os nove estados do Nordeste: Alagoas, Bahia, Ceará, Maranhão, Paraíba, Pernambuco, Piauí, Rio Grande do Norte e Sergipe, apresentam as populações mostradas a seguir. Essas populações podem ser representadas como mostrado no gráfico de barras.

Estado	População
Alagoas:	3.127.511.
Bahia:	14.136.417.
Ceará:	8.791.688.
Maranhão:	6.775.152.
Paraíba:	3.974.495.
Pernambuco:	9.058.155.
Piauí:	3.269.200.
Rio Grande do Norte:	3.302.406.
Sergipe:	2.209.558.

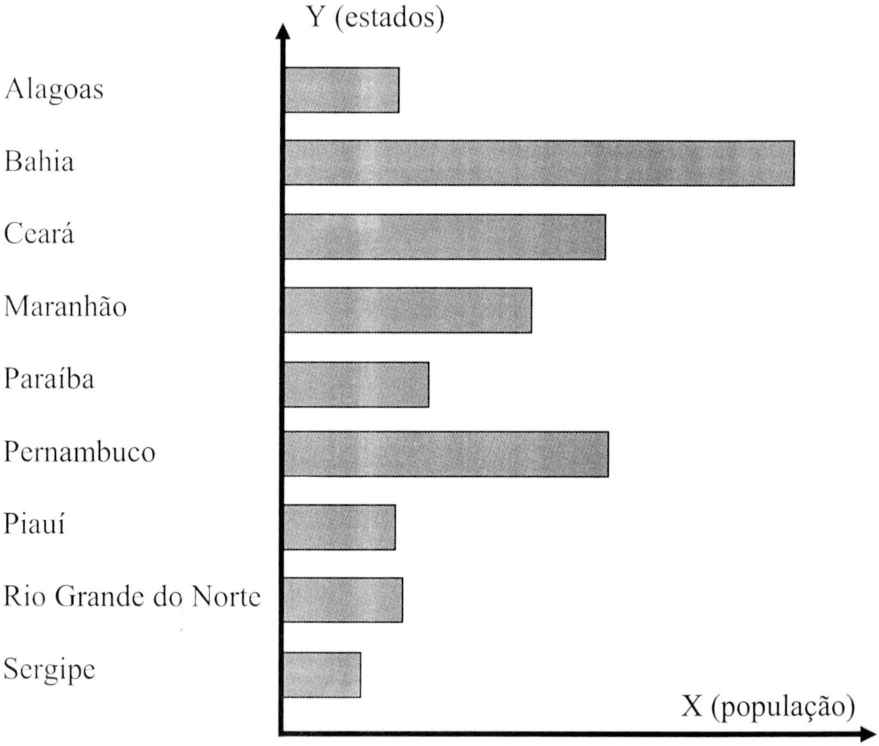

Gráfico de barras, com as populações dos nove estados do Nordeste, em ordem alfabética, de cima para baixo.

Exercício resolvido

Uma empresa de venda de carros elétricos se estabeleceu no Brasil há quatro anos e apresentou as seguintes quantidades de vendas por semestre:

1º ano: 1º semestre: 57 carros vendidos; 2º semestre: 238 carros vendidos

2º ano: 1º semestre: 872 carros vendidos; 2º semestre: 1.320 carros vendidos

3º ano: 1º semestre: 3.180 carros vendidos; 2º semestre: 5.252 carros vendidos

4º ano: 1º semestre: 7.846 carros vendidos; 2º semestre: 13.459 carros vendidos

Com esses dados, pede-se: 1) Quantos carros foram vendidos nos quatro anos e 2) Percentualmente, como foi o aumento de carros vendidos, ano a ano e 3) Fazer um gráfico de barras, com todas as vendas por semestre.

1) Carros vendidos: 32.224 (trinta e dois mil duzentos e vinte e quatro).

$$\begin{array}{r} 2343 \\ 57 \\ 238 \\ 872 \\ +\ 1320 \\ 3180 \\ 5252 \\ 7846 \\ \underline{13459} \\ 32224 \end{array}$$

2) carros vendidos, ano a ano:
Cálculos matemáticos:

$$\begin{array}{r} 1 \\ 57 \\ \underline{+238} \\ 295 \end{array} \quad \begin{array}{r} 1 \\ 872 \\ \underline{+1320} \\ 2192 \end{array} \quad \begin{array}{r} 1 \\ 3180 \\ \underline{+5252} \\ 8432 \end{array}$$

1º ano = 57 + 238 = 295.

2º ano = 872 + 1.320 = 2.192.

3º ano = 3.180 + 5.252 = 8.432.

4º ano = 7.846 + 13.459 = 21.305.

$$\begin{array}{r} 1\ 1\ 11 \\ 7846 \\ \underline{+13459} \\ 21305 \end{array}$$

2) Cálculo das percentagens:

Raciocínio lógico: calcula-se o percentual de venda entre um ano e o seguinte e depois com a diferença para 100% sabe-se em quantos percento aumentaram as vendas.

Percentagem entre o 2º e o 1º ano: (295 ÷ 2.192) x 100% = 13,46%.
100% - 13,46% = 86,54%. Ou seja, entre o 1º e o 2º ano as vendas cresceram 86,54%.

Percentagem entre o 3º e 2º ano: (2.192 ÷ 8.432) x 100% = 26%.
100% - 26% = 74%. Ou seja, entre o 2º e 3º ano as vendas cresceram 74%.

Percentagem entre o 4º e 3º ano: (8.432 ÷ 21.305) x 100% = 39,58%.
100% - 39,58% = 60,42%. Ou seja, entre o 4º e o 3º ano as vendas cresceram 60,42%.

2 3 4
17 1

Cálculos matemáticos:

2192 x 3 = 6576; 2192 x 4 = 8768; 2192 x 5 = 10960; 2192 x 8 = 17536

2950 | 2192
-2192 | 0,13458 x 100% = 13,46%.
7580
-6576 | (1 x 2192 = 2192)
10040 | (3 x 2192 = 6576)
-8768 | (4 x 2192 = 8768)
12720 | (5 x 2192 = 10960)
-10960 | (8 x 2192 = 17536)
17600
-17536
64

099 99 / 09 / 0 99

100,00 - 13,46 = 86,54; 100 - 26 = 74; 100,00 - 39,58 = 60,42

21920 | 8432
-16864 | 0,2599 x 100% =
50560 | = 26%.
-42160 | (2 x 8432 = 16864)
84000 | (5 x 8432 = 42160)
-75888 | (9 x 8432 = 75888)
81120
-75888
5232

211 / 3 21

8432 x 2 = 16864; 8432 x 5 = 42160; 8432 x 9 = 75888

84320 | 21305
-63915 | 0,39577 x 100% =
204050 | = 39,58%.
-191745
123050
-106525
165250
-149135
16115

1 / 12 4 / 2 3

21305 x 3 = 63915; 21305 x 9 = 191745; 21305 x 5 = 106525; 21305 x 7 = 149135

Exercício resolvido

1) No Brasil, quem nascia em 2023, tinha a seguinte expectativa de vida: homens 73,1 anos e mulheres 79,7 anos. No Japão, no mesmo ano, para os homens era de 81,09 anos e para as mulheres 87,14 anos. Na Argentina era 73,5 anos para homens e 79,5 anos para mulheres. Em Portugal era 78,37 anos para homens e 83,67 anos para mulheres. Em Angola era 60,7 anos para homens e 65,5 anos para mulheres. Com esses dados pede-se: A) Fazer gráfico de colunas comparando cada país, considerando homens e mulheres (no mesmo gráfico); B) Dos cinco países citados, qual a maior diferença em anos de expectativa de vida entre homens e mulheres; C) Qual país tem a maior expectativa de vida, entre homens e mulheres; D) Qual país tem a menor expectativa de vida e E) Quais as diferenças em anos entre os países de maior e menor expectativa de vida.

Raciocínio lógico: inicialmente são feitas duas tabelas relacionando a expectativa de vida, para cada sexo, por cada um dos cinco países. Embora a ordem dos países possa ser qualquer uma, será considerada a ordem alfabética, ou seja: Angola, Argentina, Brasil, Japão e Portugal. Com essas tabelas, fica mais rápido, prático e fácil responder às perguntas.

Tabela 1: Expectativa de vida para mulheres.

País	Angola	Argentina	Brasil	Japão	Portugal
Expectativa de vida	65,5 anos	79,5 anos	79,7 anos	87,14 anos	83,67 anos

Tabela 2: Expectativa de vida para homens.

País	Angola	Argentina	Brasil	Japão	Portugal
Expectativa de vida	60,7 anos	73,5 anos	73,1 anos	81,09 anos	78,37 anos

A) Gráfico de colunas

Em um único gráfico serão colocados, lado a lado, para cada país, as expectativas de vida para homens (**H**) e mulheres (**M**), de forma que, mesmo visualmente se percebam as diferenças.

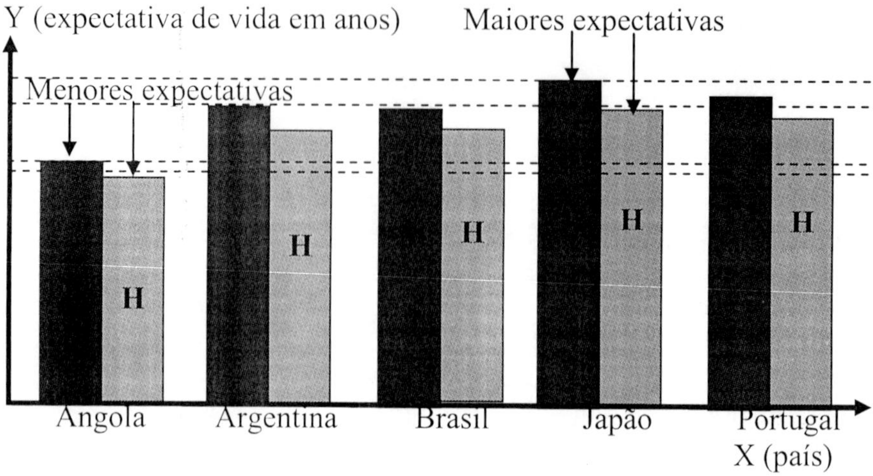

B) País com maior diferença na expectativa de vida entre homens e mulheres

Raciocínio lógico matemático: calculam-se as diferenças para cada país e depois seleciona-se a maior diferença. 4

65,5	79,5	79,7	87,14	83,67
-60,7	-73,5	-73,1	-81,09	-78,37
04,8	06,0	06,6	06,05	05,30

Angola: 65,5 - 60,7 = 4,8 anos.
Argentina: 79,5 - 73,5 = 6 anos.
Brasil: 79,7 - 73,1 = 6,6 anos.
Japão: 87,14 - 81,09 = 6,05 anos
Portugal: 83,67 - 78,37 = 5,3 anos.

O pais que tem a maior diferença entre mulheres e homens é o Brasil.

C) Qual país tem a maior expectativa de vida, entre homens e mulheres

O Japão tem, tanto entre mulheres, quanto entre homens, a maior expectativa de vida.

D) Qual país tem a menor expectativa de vida

Angola tinha, tanto entre mulheres, quanto entre homens, a menor expectativa de vida.

E) Quais as diferenças em anos entre os países de maior e menor expectativa de vida. No Japão, as mulheres com expectativa de vida de 87,14 anos, tinham uma diferença de 21,64 anos a mais, em relação às mulheres angolanas que tinham uma expectativa de 65,5 anos.

2) Existem países que ganham muito dinheiro com a visita de turistas estrangeiros. Em 2024, os quatro países que mais receberam turistas foram: 1º França com 89 milhões; 2º Espanha com 83,7 milhões; 3º Estados Unidos com 79,3 milhões e China com 26,94 milhões. Apesar de ser um país continental, em 2024 o Brasil recebeu apenas cerca de 6,78 milhões de turistas. Considerando os quatro maiores e o Brasil, aponte qual gráfico de coluna a seguir representa essas classificações, em ordem decrescente.

A)
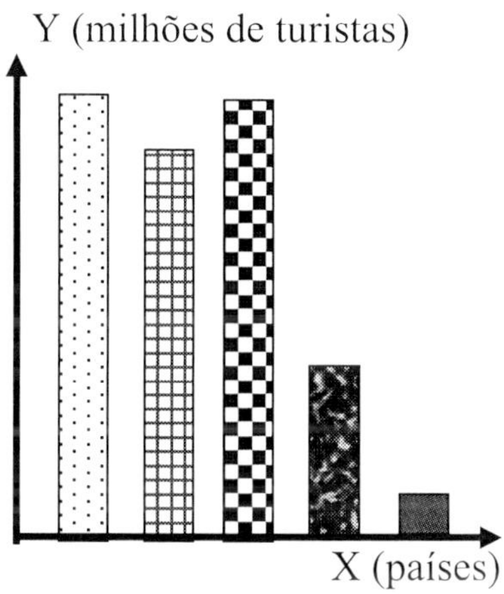

B)
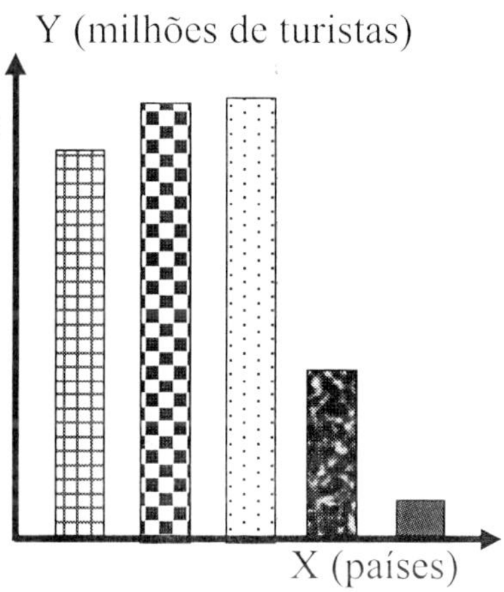

C)
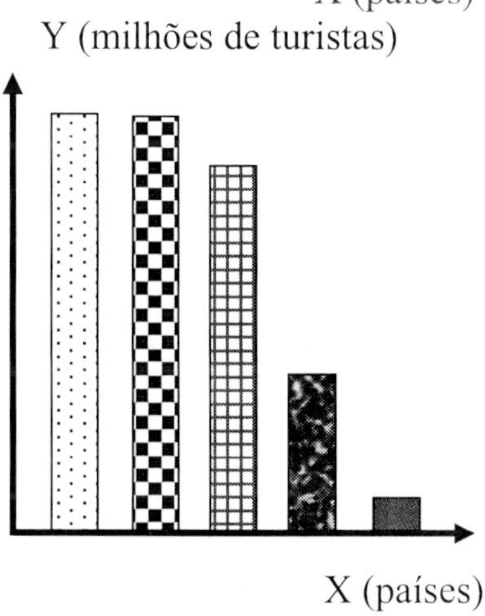

D)
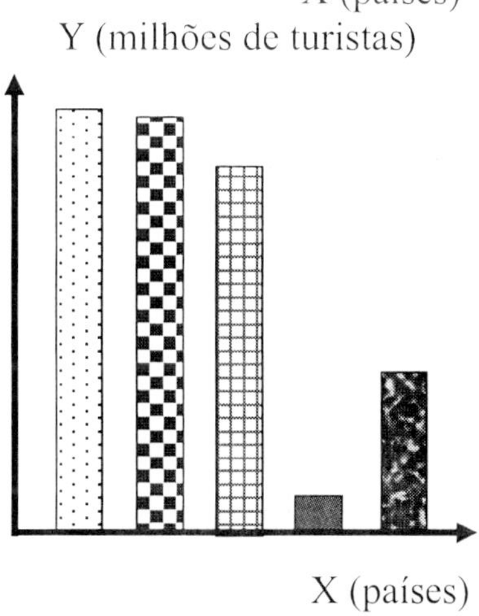

A resposta correta é o gráfico C, pois é visível, mesmo sem saber a escala do desenho, como as colunas estão dispostas em ordem decrescente.

3) Uma professora de Matemática, que trabalha com uma turma do 5º ano do Ensino Fundamental, com 20 alunos e alunas, sendo 11 meninas e 9 meninos, resolveu fazer dois gráficos de linha, comparando as notas da prova mais recente, entre meninas e meninos. Analisando os dois gráficos a seguir, qual deles realmente apresenta um melhor rendimento: o das meninas ou o dos meninos? Explique como chegou a essa conclusão.

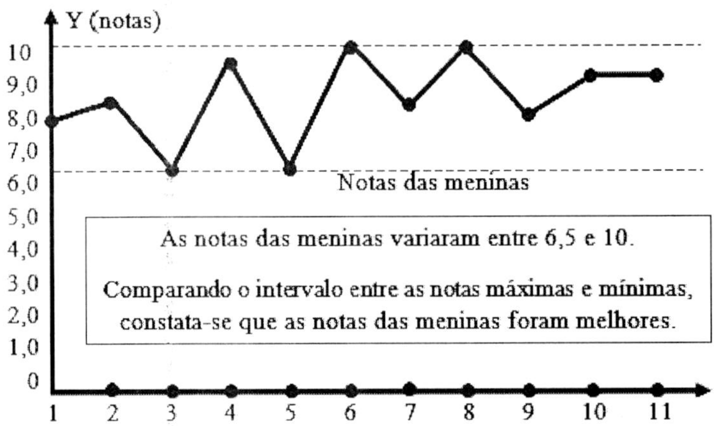

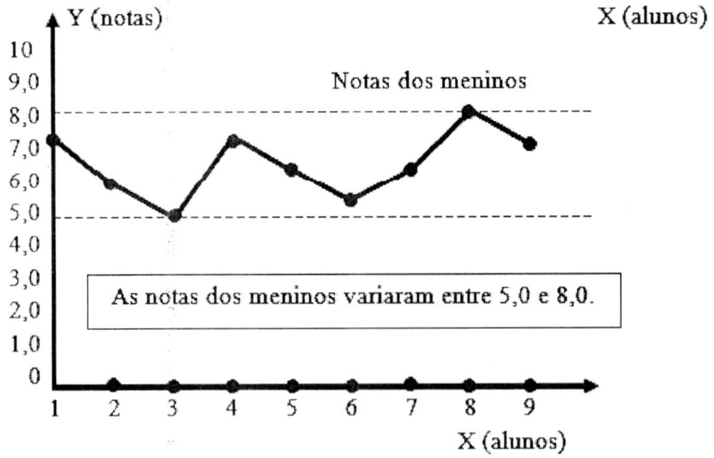

Capítulo 16: Média aritmética simples de um conjunto de dados. Probabilidade de ocorrência de um evento

A média aritmética simples, ou simplesmente média, é calculada ao somar todos os valores de um conjunto de dados e dividir o resultado pelo número total de valores. É uma medida de tendência central que fornece um valor representativo de um conjunto de dados.
Imaginemos as duas tabelas a seguir, com a expectativa de vida para homens e mulheres em cinco países, totalmente diferentes e a partir dos dados vamos calcular as médias, tanto para mulheres, quanto para homens.

Tabela 1: Expectativa de vida para mulheres

País	Angola	Argentina	Brasil	Japão	Portugal
Expectativa de vida	65,5 anos	79,5 anos	79,7 anos	87,14 anos	83,67 anos

Tabela 2: Expectativa de vida para homens.

País	Angola	Argentina	Brasil	Japão	Portugal
Expectativa de vida	60,7 anos	73,5 anos	73,1 anos	81,09 anos	78,37 anos

Expectativa média de vida para as mulheres:

Raciocínio lógico matemático: basta somar os valores e dividir por cinco, pois são cinco países analisados.

Mulheres: $\frac{65,5 + 79,5 + 79,7 + 87,14 + 83,67}{5} = \frac{395,51}{5} = 79,10$ anos.

Expectativa média de vida para os homens:

Homens: $\frac{60,7 + 73,5 + 73,1 + 81,09 + 78,37}{5} = \frac{366,76}{5} = 73,35$ anos.

Observação: entre esses cinco países, os homens vivem em média 5,75 anos a menos que as mulheres.

32 1	11 1
65,5	60,7
79,5	73,5
+79,7	+73,1
87,14	81,09
83,67	78,37
395,51	366,76

(7 x 5 = 35)
(9 x 5 = 45)
(2 x 5 = 10)

39’5’,5’1 | 5
-35 | 79,102
45
-45
05
-5
010
-10
00

36’6’,7’6’ | 5
-35 | 73,3502
016
-15
17 (3 x 5 = 15)
-15 (5 x 5 = 25)
026
-25
10
-10
00

O que a média aritmética simples significa?

É um conceito básico na estatística, usada para encontrar um valor central que representa a amostra de dados. Outra utilização da média, especialmente quando analisada num gráfico, é para analisar a homogeneidade dos dados, ou seja, quanto menos variação entre valores, mais homogêneos são os dados, com os valores próximos da média. A tabela a seguir mostra as notas em Matemática de uma prova, numa turma com 11 moças.

Aluno	1	2	3	4	5	6	7	8	9	10	11
Nota	8,0	8,5	6,5	9,5	6,5	10	8,5	10	8,0	9,0	9,0

Média: $\frac{8,0 + 8,5 + 6,5 + 9,5 + 6,5 + 10 + 8,5 + 10 + 8,0 + 9,0 + 9,0}{11} =$

$= \frac{93,5}{11} = 8,5.$

72
8,0
8,5
6,5
9,5
6,5
+ 10,0
8,5
10,0
8,0
9,0
9,0
93,5

93’,5’ | 11
-88 | 8,5
055
-55 (8 x 11 = 88)
00 (5 x 11 = 55)

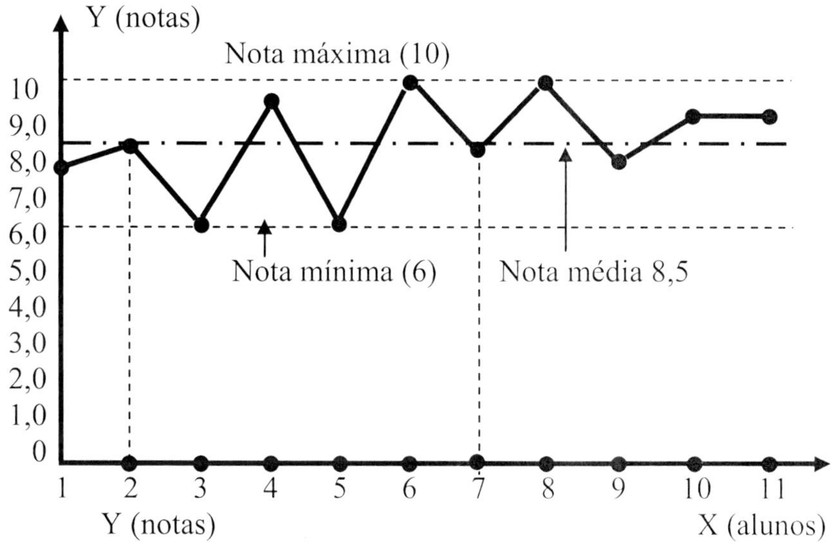

Exercício resolvido:

Uma sorveteria observou que, todo dia ao final do expediente, às oito horas da noite, alguns sabores faltavam enquanto outros sobravam, sendo que alguns acabavam cedo e outros quase não eram pedidos. A filha do dono da sorveteria, que está no 5º ano do Ensino Fundamental, disse ao pai que ele devia fazer uma pesquisa e perguntar aos clientes, quais sabores eles preferiam. Fizeram um pequeno formulário com os 12 sabores que sempre trabalham, sendo quatro *diet* ou sem açúcar e os outros oito com açúcar.

A cada cliente que pedia um sorvete, era dada uma pequena folha, com os oito sabores com açúcar e os quatro diet, com quadradinhos em branco, para o cliente marcar com um X, a sua preferência.

Os oito sabores com açúcar:

Coco	Manga	Chocolate	Goiaba	Maracujá	Morango	Limão	Caju

Os quatro sabores *diet*:

Côco	Morango	Manga	Limão

Após alguns dias, quando tinham vendido 600 sorvetes, sendo 520 com açúcar e 80 *diet*, a filha contou cada formulário e chegou ao seguinte resumo:

Os oito sabores com açúcar:

Coco	Manga	Chocolate	Goiaba	Maracujá	Morango	Limão	Caju
160	40	100	30	20	100	60	10

Os quatro sabores *diet*:

Coco	Morango	Manga	Limão
40	20	10	10

Com todos esses dados, a filha fez os dois gráficos de coluna, simplificados, como a seguir mostrados, em ordem decrescente de pedidos, para saber até visualmente quais os sabores mais marcados.

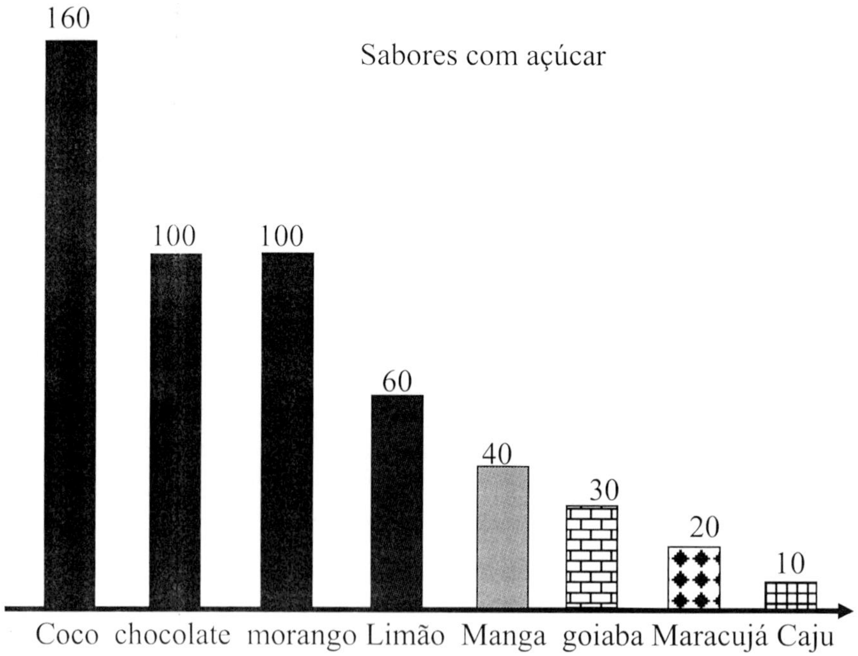

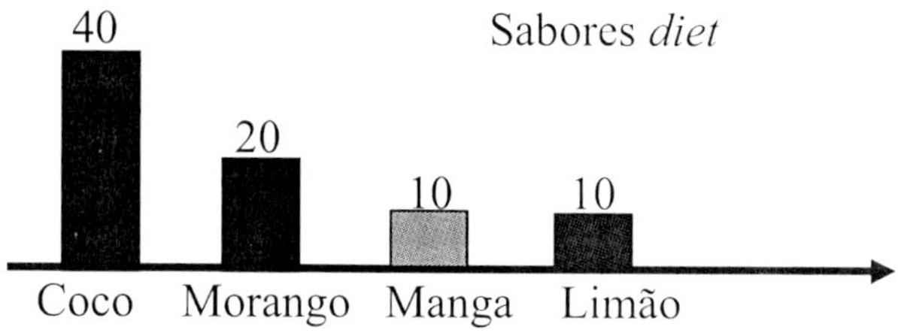

Com essas informações, o dono da sorveteria poderá administrar melhor a quantidade de cada sabor que deve ser produzida diariamente, observando-se que nesse caso não tem significado calcular a média aritmética simples. Uma outra pesquisa, para cálculo da média, é saber quantos sorvetes de cada sabor são vendidos por dia.

Probabilidade de ocorrência de um evento

O cálculo da probabilidade de um evento é realizado pela razão entre o número de casos favoráveis ao evento e o número de casos possíveis. A probabilidade também pode ser representada por uma percentagem, por exemplo, quando se joga um dado, que tem números de 1 (um) a 6 (seis), a probabilidade de se acertar qualquer número é de uma em seis, ou como uma razão ou fração é 1/6 ou um dividido por seis que é igual a 0,1666... ou 16,67%.

Exercícios resolvidos

1) Ao jogar um dado, qual a probabilidade de se obter um número par voltado para cima?

Raciocínio lógico: um dado, que é um cubo ou hexaedro, tem seis faces e em cada face tem um número de um a seis: 1, 2, 3, 4, 5, 6. Desses seis números três são pares: 2, 4 e 6, três são ímpares: 1, 3 e 5. Ou seja, há três possibilidades em seis, de que um número par fique voltado para cima.
Cálculo matemático: 3 em 6 é igual a 3 ÷ 6 = 0,5 x 100% = 50%.

Resposta: a probabilidade de se obter um número para voltado para cima é de 50%.

30	6
-30	0,5 x 100% = 50%.
00	(5 x 6 = 30)

2) A figura tridimensional a seguir é um dodecaedro regular, que é composto por doze (12) pentágonos regulares como face. Esse é um dos poliedros de Platão, mostrado na Unidade III. Imaginando que se faça um "dado" com esse dodecaedro, onde existirão números de 1 a 12, em cada face, pede-se: A) A probabilidade que se obtenha um número ímpar voltado para cima, B) A probabilidade de se obter um número par voltado para cima e C) A possibilidade de se obter o número 9.

Raciocínio lógico: um dado com 12 faces, tem seis números ímpares: 1, 3, 5, 7, 9, 11 e seis números pares: 2, 4, 6, 8, 10, 12. Como o número de faces ímpares e pares são iguais, então existem seis possibilidades em 12, de que caia um número ímpar ou par voltado para cima. Ou seja, há seis possibilidades em 12.
Cálculo matemático: 6 em 12 é igual a 6 ÷ 12 = 0,5 x 100% = 50%.

Resposta: a probabilidade de se obter um Número par ou ímpar para cima é de 50%.

60	12
-60	0,5 x 100% = 50%.
00	(5 x 12 = 60)

1
12
x 5
60

Essa é a imagem tridimensional do dodecaedro*.

C) A possibilidade de se obter o número 9 ou qualquer outro número é de um em 12, ou seja: 1 ÷ 12 = 0,0833, que em percentagem: 0,08333 x 100%, é igual a 8,33%.

100	12	
-96	0,0833	
40	1	
-36	12	12
40	x 8	x 3
-36	96	36
4		

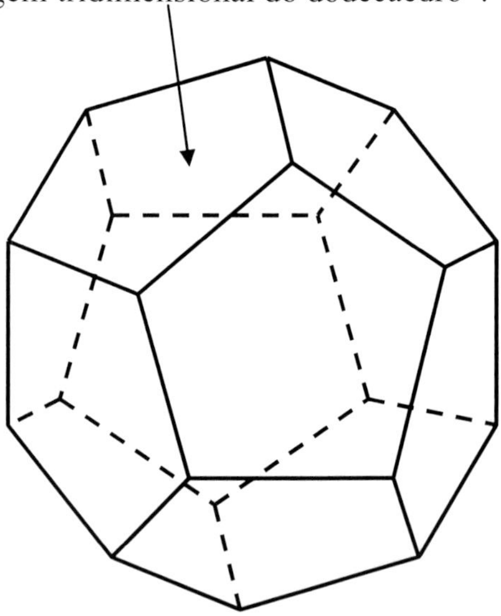

*O dodecaedro é um poliedro com 12 faces compostas de pentágonos (polígonos com cinco lados) regulares.

3) Em uma prova de Matemática, para acesso ao 6º ano do Ensino Fundamental, um aluno ficou em dúvida e não sabia resolver uma questão de álgebra, de jeito nenhum. Lembrando do que seu pai lhe falou, ou seja, a questão que não souber resolver, deixe para o final e quando estiver quase acabando o tempo, mentalize no que acredita e "chute" uma das respostas. Observando que nessa prova, para cada questão, existem cinco opções de respostas: A, B, C, D e E, qual a probabilidade do aluno "chutar" e acertar?

Raciocínio lógico matemático: como são cinco opções de resposta, o aluno tem uma possibilidade em cinco ou 1 ÷ 5 = 0,2 x 100% = 20%.

```
 10 | 5
-10 | 0,2 x 100% = 20%.
 00 |
```

> **Resposta**: a probabilidade do aluno "chutar" e acertar é de 20%.

4) Um professor ganhou um novo livro de Matemática, para doar para a sua turma do 5º ano do Ensino Fundamental, que tem 23 alunos. Ele pegou vinte e três plaquinhas, numeradas de um a 23, e as colocou dentro de um saco. Cada aluno tem o seu número na lista de chamada. O professor rodou bem o saco com as plaquinhas, para misturar bem e em seguida ele pediu para um aluno tirar uma plaquinha, sem olhar para o saco. O número que sair receberá o livro. José Américo é um dos alunos. Qual a probabilidade de José Américo ser sorteado?

Raciocínio lógico matemático: como são 23 alunos na turma, cada um, inclusive o José Américo, tem uma chance em 23, ou seja, 1 ÷ 23 = 0,0435.
Percentualmente: 0,0435 x 100% = 4,35%.

```
 100 | 23
 -92 | 0,04347
0080
 -69
  110
  -92
   180
  -161
    19
```

```
  1          2
 23    23   23    0,0435 x 100 =
 x 4   x 3  x 7   0,435 x 10 = 4,35.
 92    69  161
```

5) Observe a palavra a seguir. Cada letra foi escrita em um pequeno quadrado em cartolina e todas as letras foram colocadas em um saco para serem sorteadas. Qual a probabilidade de ser sorteada a letra M?

(1)	(2)	(3)	(4)	(5)	(6)	(7)	(8)	(9)	(10)
M –	**A** –	**T** –	**E** –	**M** –	**Á** –	**T** –	**I** –	**C** -	**A**
		(1)				(2)			

Raciocínio lógico matemático: como são dez letras e apenas duas letras T, então existe duas chances em 10 de ser sorteada a letra T. Matematicamente são 2 ÷ 10 = 0,2. Percentualmente: 0,2 x 100% = 20%.

Resposta: existe 20% de probabilidade de ser sorteada a letra T.

$$2 \div 10 \Rightarrow \begin{array}{r|l} 20 & \underline{10} \\ \underline{-20} & 0,2 \\ 00 & \end{array} \qquad (2 \times 10 = 20)$$

0,2 x 100 = 2 x 10 = 20.

UNIDADE VI:
QUESTÕES RESOLVIDAS DE PROVAS JÁ APLICADAS DE ACESSO AO 6º ANO DO ENSINO FUNDAMENTAL

Capítulo 17: Questões do Colégio Pedro II

Um pouco de história sobre o Pedro II

Fundado em 2 de dezembro de 1837, o Colégio Pedro II ao longo de sua história, foi responsável pela formação de alunos que se destacaram por suas carreiras profissionais e influência na sociedade. Seu quadro de egressos possui presidentes da República, músicos, compositores, poetas, médicos, juristas, professores, historiadores, jornalistas, dentre outros.

Em seus 188 anos, completos em 2025, o Colégio passou por períodos de expansão e modernização sem deixar de lado as características que o tornaram referência no cenário educacional brasileiro. Equiparado aos Institutos Federais de Educação, Ciência e Tecnologia, com a sanção da lei 12.677/12, o Colégio Pedro II, em 2025, contava com 14 *campi*, sendo 12 no município do Rio de Janeiro, um em Niterói e um em Duque de Caxias, bem como um Centro de Referência em Educação Infantil, localizado em Realengo. Com mais de 12 mil alunos, o Colégio Pedro II oferece Educação Infantil, Ensino Fundamental, Ensino Médio Regular e Integrado, Educação de Jovens e Adultos (Proeja), além de cursos de graduação e pós-graduação.

1ª Questão) Após um trágico incêndio em um museu, iniciou-se uma campanha para que visitantes compartilhassem fotos e vídeos do prédio e das obras vistas em visitas anteriores ao incêndio. Após coletar todo esse material, uma equipe organizou todo o conteúdo em 1h40min de filme, que foi dividido em 6 capítulos de mesma duração. Assim, cada capítulo teve a exata duração de 16 minutos e:

(A) 6 segundos.
(B) 7 segundos.
(C) 20 segundos.
(D) 40 segundos.

Raciocínio lógico matemático: primeiro se calcula quantos minutos durou o filme, depois se divide esse total por seis (6) e, finalmente, se transforma o resultado em segundos.

Cálculos matemáticos: 1 hora + 40 minutos = 60 minutos + 40 minutos = = 100 minutos, que divididos por seiscapítulos dão:

$$\frac{100 \text{ minutos}}{6 \text{ capítulos}} = 16{,}666\ldots \text{ minutos/capítulo.}$$

16,666 minutos - 16 minutos = 0,666 minutos, que equivale a:

0,666 x 60 = 39,96 segundos.

A resposta que atende é a letra (D), pois, 0,6666666 x 60 = 39,9999996 segundos, ou seja: arredondando igual a 40 segundos.

		33
60	16,666	0,666
+40	- 16,000	x 60
100	0,666	39,960

2ª Questão) O resultado da expressão numérica: [(47 x 13) + □] ÷ 6 é igual a uma centena e duas unidades. Determinar o valor do quadradinho.

Raciocínio lógico matemático: inicialmente se arma o que for possível na expressão dada, igualando-a 102 (uma centena e duas unidades), para então analisar como se determina o valor do quadradinho.

$\frac{[(47 \times 13) + \square]}{6} = 102$. **Cálculos matemáticos**:

2	1
47	102
x 13	x 6
141	612
47	
611	

Primeiro se efetua a multiplicação: 47 x 13 = 611.
Voltando à expressão original tem-se:

$\frac{611 + \square}{6} = 102 \Rightarrow 611 + \square = 6 \times 102 \Rightarrow 611 + \square = 612.$

Fazendo a mudança de membro tem-se: □ = 612 - 611 ou seja: □ = 1.

(A) 0 **(B) 1** (C) 2 (D) 3 (E) 4.

Resposta: a opção correta é a letra (B).

3ª Questão) O resultado da expressão numérica: 571 - [134 - (321 ÷ 3) + 5] é um número divisível por:

(A) 2 (B) 5 (C) 6 (D) 7 **(E) 9**.

Raciocínio lógico matemático: inicialmente se efetua a expressão, começando pela divisão entre parênteses, depois a soma e subtração entre colchetes e finalmente a subtração por 571.

Cálculos matemáticos: 321 ÷ 3 = 107. 134 - 107 + 5 = 134 - 112 = 22.

Voltando à expressão: 571 - 22 = 549, que é um número divisível por 9.

		1		6		
3'2'1'	3	107	134	57~~1~~	54'9'	9
-3	107	+ 5	- 112	- 22	-54	61
02		112	022	549	00 9	
21					- 9	
-21					0	
00						

Resposta: a opção correta é a letra (E).

4ª Questão) Na casa de Marcos tem uma piscina com capacidade de 36.000 litros. Com a piscina totalmente vazia, seu pai prende uma mangueira à torneira do quintal para enchê-la. A cada minuto, esta torneira despeja 8 litros de água pela mangueira até a piscina. O tempo em horas, necessário para que a piscina fique completamente cheia é de:

(A) 36 horas. (B) 40 horas. (C) 60 horas. **(D) 75 horas**. (E) 72 horas.

Raciocínio lógico matemático: como se pede a resposta em horas, inicialmente se transforma a vazão da mangueira de 8 litros por minuto, para litros por hora, ou seja: 8 litros por minuto = 480 litros por hora, pois uma hora tem 60 minutos e, portanto: 60 x 8 = 480. Finalmente, basta dividir os 36.000 litros pela vazão de 480 litros por hora, que dá: 75 horas.

			5	4
60	360'0'~~0~~	48~~0~~	48	48
x 8	- 336	75	x 7	x 5
480	0240		336	240
	- 240			
	000			

Resposta: a opção correta é a letra (D).

5ª Questão) O Grêmio estudantil do Colégio Pedro II organizou uma campanha em favor da reciclagem do lixo produzido durante os recreios. Os alunos separaram e contaram o número de latinhas, copinhos plásticos e embalagens de sucos. Eles organizaram uma tabela na qual figuras grandes representam uma dúzia e figuras pequenas representam meia dúzia. Todo o lixo foi colocado em caixas, sendo que em cada uma cabem no máximo três dezenas dos objetos recolhidos. Sabendo que cada caixa deverá conter somente um tipo de objeto, a menor quantidade de caixas para colocar todas as latinhas, copos plásticos e embalagens de sucos é:

(A) 5 (B) 6 **(C)** 7 (D) 8 (E) 9.

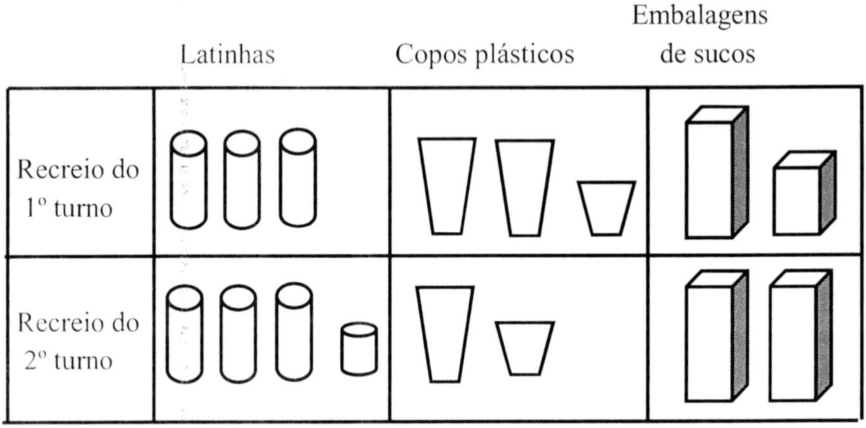

Raciocínio lógico matemático: a primeira coisa a fazer é contar a quantidade recolhida de cada item, somando os dois turnos:
Latinhas = seis dúzias + meia dúzia = 78.
Copos plásticos = três dúzias + duas meia dúzia = quatro dúzias = 48.
Embalagens de suco = três dúzias + meia dúzia = 42.
Total de objetos recolhidos = 78 + 48 + 42 = 168.

Em cada caixa cabem no máximo = 30 objetos (3 dezenas).
Dividindo cada quantidade por caixa, com no máximo 30 objetos tem-se:
Latinhas = 78 ÷ 30 = 2,6 caixas, ou melhor: 3 caixas.
Copos plásticos = 48 ÷ 30 = 1,6 caixas, ou melhor: 2 caixas. +
Embalagens de suco = 42 ÷ 30 = 1,4, ou melhor: <u>2 caixas</u>.
A menor quantidade de caixas = 7 caixas.

Resposta: a menor quantidade de caixas para colocar todas as latinhas, copos plásticos e embalagens de sucos é igual a sete (7), portanto, a resposta certa é a letra (C).

6ª Questão) Um artesão popular produz jarros de barro (argila) de dois tamanhos diferentes, como mostra a figura a seguir. A diferença entre as alturas do maior e do menor jarro é:

(A) 15 cm **(B) 16 cm** (C) 19 cm (D) 20 cm (E) 21 cm.

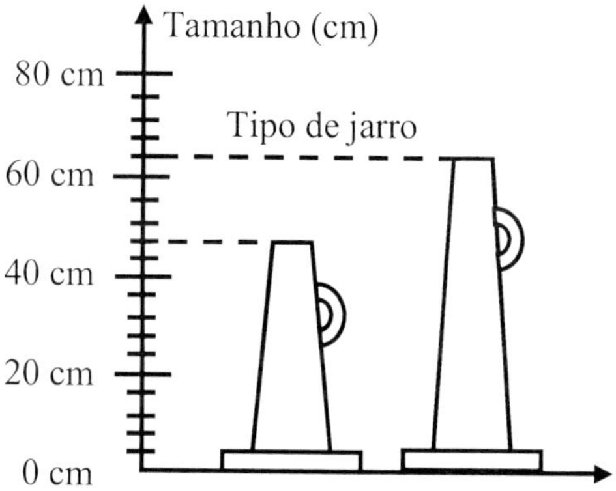

Raciocínio lógico espacial:

Observa-se que o eixo dos tamanhos ou alturas estão divididos a 20 cm, que por sua vez estão divididos em cinco partes iguais, ou seja, cada parte menor tem 4 cm (5 x 4 cm = 20 cm.)

Cálculos matemáticos visuais: Observando a figura, constata-se que o jarro menor tem tamanho de 48 cm e o jarro maior tamanho de 64 cm, portanto: a diferença de tamanho entre eles é de 16 cm.

Resposta: a diferença entre as alturas do maior e do menor jarro é de 16 cm e, portanto a opção correta é a letra (B).

7ª Questão) Um quadrado tem perímetro de 100 metros. Qual é a área desse quadrado?

(A) 125 m². **(B) 625 m²**. (C) 250 m². (D) 1.000 m². (E) 50 m².

Raciocínio lógico geométrico matemático: o perímetro de um quadrado é igual à soma dos seus quatro lados que têm o mesmo comprimento. Ou seja, se o perímetro é igual a 100 metros, cada lado vale 25 metros (100 ÷ 4 = 25). A área de um quadrado é igual ao produto dos seus lados, ou seja: 25 m x 25 m = 625 m².

Resposta: a área do quadrado é igual a 625 m².

```
   2
  25        10'0' | 4
x 25       - 8    |----
 ----       ---   | 25
 125         20   |
  50       - 20   |
 ----       ----  |
 625         00   |
```

8ª Questão) Uma professora gasta 1/3 do seu salário com alimentação, 1/2 com moradia e ainda lhe sobram R$ 1.200,00. Qual o salário dessa professora?

(A) R$ 2.200,00 **(B) R$ 7.200,00** (C) R$ 7.000,00 (D) R$ 6.200,00

(E) R$ 5.400,00.

Raciocínio lógico matemático: chamando o salário de S,
temos que: $\frac{1}{3}S + \frac{1}{2}S = S - R\$\ 1.200,00$.

$\frac{1}{3}S + \frac{1}{2}S = S - R\$\ 1.200,00 \Rightarrow \frac{(2+3)\,S}{6} = S - R\$\ 1.200,00$.

$^{3}/_{2}$ $^{2}/_{3}$ ←(MMC entre 2 e 3 é 6, logo: 1/3 + 1/2 = 5/6).

$\frac{5}{6}S = S - R\$\ 1.200,00 \Rightarrow 5\,S = 6\,S - R\$\ 7.200,00 \Rightarrow 6S - 5S = +R\$\ 7.200,00$:

Quando um elemento muda de membro, troca de sinal: + para - e de - para +.

Portanto: 1 S = R$ 7.200.

Resposta: o salário dessa professora é R$ 7.200,00 e a opção correta é a letra (B).

9ª Questão) Em 2018, a exposição que celebrou os 5 anos do MAR – Museu de Arte do Rio, explorou os aspectos sociais, culturais e políticos da história do samba carioca, desde o século XIX, até os dias de hoje. Uma família foi ao MAR assistir a essa exposição, tendo reservado R$ 170,00 para a compra dos ingressos, sendo que as inteiras custavam R$ 20,00 e as meias-entradas R$ 10,00. Foram adquiridos três inteiras e quatro meias entradas. A expressão numérica que fornece a quantia que restou, após a compra dos ingressos é:

(A) 170 - 3 x 20 + 4 x 10. (B) 170 + 3 x 20 + 4 x 10.
(C) (170 + 3 x 20) + (4 x 10). **(D) 170 - [(3 x 20) + (4 x 10)]**.

Raciocínio lógico matemático: basta colocar os valores utilizando os símbolos de colchetes e parênteses, observando que os valores das sete entradas devem ser subtraídos dos R$ 170,00. Portanto a expressão numérica fica da segunte forma: 170 - [(3 x 20) + (4 x 10)].

Resposta: a opção correta é a letra (D).

10ª Questão) Aleijadinho, Burle Marx, Candido Portinari e Tarsila do Amaral são importantes nomes da Arte brasileira. Não necessariamente nessa ordem, as datas de seus aniversários eram:

- 4 de agosto;
- 29 de agosto;
- 1º de setembro e
- 29 de dezembro.

Sabe-se que aleijadinho e Candido Portinari aniversariavam no mesmo dia, mas de meses diferentes. Sabe-se também que Aleijadinho e Burle Marx aniversariavam no mesmo mês, mas em dias diferentes.

De acordo com essas informações, é correto afirmar que Tarsila do Amaral aniversariava no dia:

(A) 4 de agosto. (B) 29 de agosto. **(C) 1º de setembro**. (D) 29 de dezembro.

Raciocínio lógico matemático: o primeiro passo é colocar letras iniciais para denominar cada artista quando então, por eliminação, descobre-se o dia do aniversário de Tarsila do Amaral.

- 4 de agosto ⟶ B.
- 29 de agosto ⟶ A, P.
- 1º de setembro ⟶ ?
- 29 de dezembro ⟶ A, P.

Aleijadinho – A; Burle Marx – B; Candido Portinari – P e Tarsila do Amaral T.

Análise matemática: mesmo dia, mas de meses diferentes são 29 de agosto e 29 de dezembro, ou seja: Aleijadinho A e Candido Portinari P. Aniversariavam no mesmo mês, mas em dias diferentes são 4 de agosto e 29 de agosto, ou seja: Aleijadinho A e Burle Marx B, que é em 4 de agosto, pois Aleijadinho já atende às datas de 29 de agosto e 29 de setembro. A única data que fica sobrando é 1º de setembro, ou seja: Tarsila do Amaral aniversariava em 1º de setembro.

Resposta: Tarsila do Amaral aniversariava em 1º de setembro e a opção correta é a letra (C).

11ª Questão) Os estudantes do Colégio Pedro II realizaram uma aula passeio ao Museu Nacional e ficaram encantados com a variação de cores dos besouros que encontraram. Resolveram organizar em grupos e fazer um quadro registrando a quantidade de besouros de acordo com as diferentes tonalidades de uma mesma cor. Ao final da tarde, conseguiram contar 4.600 besouros e descobriram em sua categorização que havia a mesma quantidade de besouros roxos, verdes e marrons. A tabela a seguir mostra como começaram a organizar os seus achados curiosos. Completando os dados registrados na tabela é correto afirmar que:

(A) 1.725 é o total de besouros pretos.
(B) 575 é a quantidade de besouros azuis.
(C) 1/2 é a fração que corresponde ao número de besouros verdes.
(D) 2/8 é a fração que corresponde ao número de besouros roxos.

/	Azul	Roxo	Marrom	Verde	Preto	Total
Fração	1/4				3/8	
Quantidade						4.600

Raciocínio lógico matemático: inicialmente calculam-se os valores das frações 1/4 e 3/8, em relação à quantidade total = 4.600. Depois subtrai-se a soma das frações de 4.600 e tem-se a quantidade dos besouros roxo, marrom e verde. Dividindo o resultado da subtração por 3, obtém-se a quantidade de cada um desses besouros e com isso, pode-se analisar as opções de respostas.

Cálculos matemáticos: 1/4 de 4.600 = 1.150 e 3/8 de 4.600 = 1.725. 1/4 + 3/8 = 1.150 + 1.725 = 2.875. 4.600 - 2.875 = 1725, que dividido por três é igual a 575. Ou seja, contaram 575 besouros roxos, 575 marrons e 575 verdes. A tabela a seguir completa toda a pesquisa dos alunos.

/	Azul	Roxo	Marrom	Verde	Preto	Total
Fração	1/4	/	/	/	3/8	1
Quantidade	1.150	575	575	575	1.725	4.600

```
4'6'0'0' |4         46'0'0' |8                   359
-4       |1150      - 40    |575       1150      4600
 06      |            60    |        + 1725    - 2875
 -4      |           -56    | 2 1      2875     17'2'5 |3
  20     |            40    | 575                - 15  |575
 - 20    |          - 40    |  x 3                022  |
  000    |            00    | 1725               - 21  |
                                                   015 |
                                                  - 15 |
                                                    00 |
```

Resposta: a opção correta é a letra (A), pois contaram 1.725 besouros pretos.

12ª Questão) Após uma aula passeio ao Museu Nacional, na Quinta da Boavista, no Bairro de São Cristóvão, um estudante decidiu representar um sarcófogo que guardava a múmia que mais lhe chamou a atenção. Na figura a seguir, a parte pintada em cinza corresponde ao desenho que realizou no papel quadriculado, sabendo que cada quadradinho tem área de 1 cm^2, a área do sarcófogo, representado na malha quadriculada é:

(A) 15 cm^2. **(B) 25 cm^2.** (C) 30 cm^2. (D) 35 cm^2.

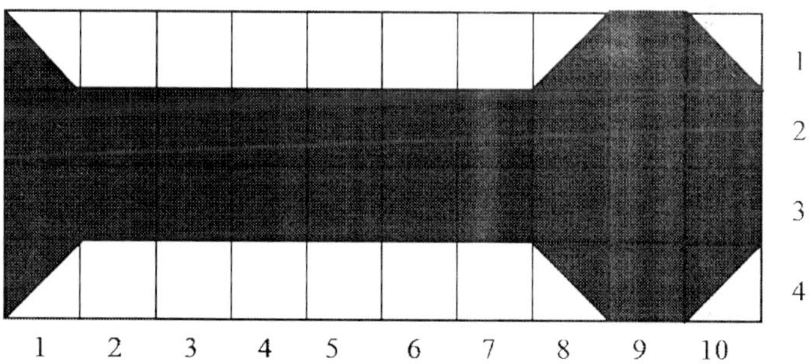

Raciocínio lógico geométrico matemático: são seis triângulos retângulos que dividem cada quadradinho ao meio, portanto suas áreas equivalem a três quadradinhos. Como são 22 quadradinhos cheios, tem-se um total de 22 mais 3 quadradinhos, ou seja, 25 quadradinhos ou 25 cm^2.

Resposta: a opção correta é a letra (B).

13ª Questão) A planificação correspondente à figura geométrica tridimensional mostrada é:

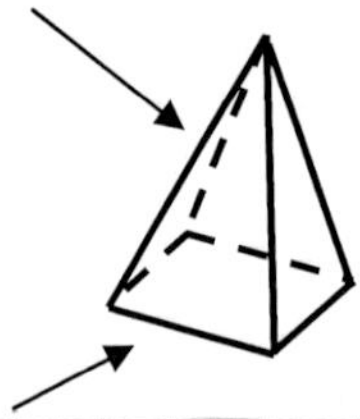

(A)

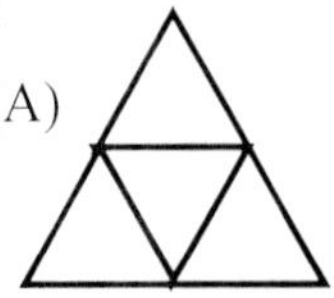

(D)

(C)

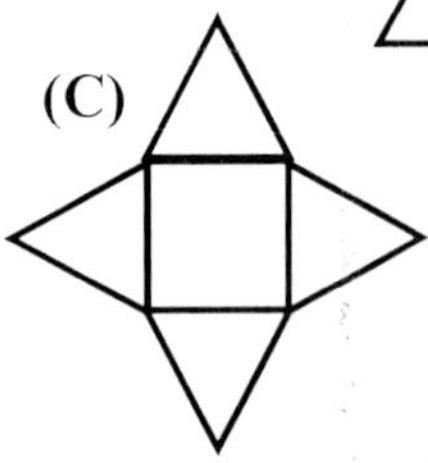

(B)

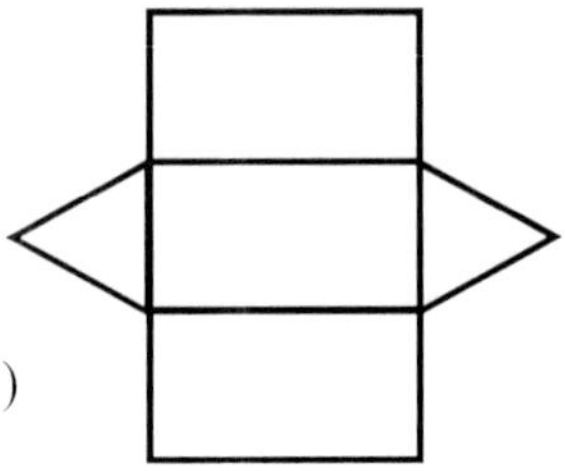

Análise preliminar:

A figura tridimensional tem cinco faces, sendo quatro triângulos e um quadrado ou retângulo.

Raciocínio lógico espacial geométrico: como a figura tridimensional tem cinco faces, sendo quatro triângulos e um quadrado, ficam descartadas as opções (B), que é a de um prisma de base triangular e a opção (D), que é a de um cone. Como a opção (A), que é um tetraedro, não tem face quadrada, a opção correta é a (C), que é uma pirâmide de base quadrada.

Resposta: a opção correta é a letra (C).

14ª Questão) O diretor de uma Escola está organizando o Festival da Matemática e precisa colocar quatro palestras no roteiro de atividades, num tempo total de 1h40min., sem intervalos entre elas. Sabendo que as palestras possuem a mesma duração máxima de tempo, podemos concluir que cada uma terá:

(A) 55min. (B) 45 min. (C) 35 min. **(D) 25 min.**

Raciocínio lógico matemático: como as opções de resposta estão em minutos, transforma-se 1h40min. em minutos, para poder dividir por quatro. Como uma hora tem 60 minutos, então: 1h40min. = 100 minutos, que divididos por 4 resulta em 25 minutos.

```
10'0' | 4
- 8   | 25
  20  |
- 20  |
  00  |
```

Resposta: a opção correta é a letra (D).

15ª Questão) Na turma de Francisco, o número de meninas é igual ao triplo do número de meninos. Assinale a alternativa que pode representar o número total de estudantes da turma de Francisco.

(A) 32 (B) 35 (C) 39 (D) 42.

Raciocínio lógico matemático: em verdade a turma está dividida em quatro partes e como são pessoas não existe casa decimal, ou seja, o número total de alunos tem que ser divisível por quatro e, portanto a resposta é 32, pois serão 8 meninos e 24 meninas. 3 x 8 = 24 + 8 - 32.

Resposta: a opção correta é a letra (A).

16ª Questão) Uma empresa consultou seus 700 funcionários sobre a cor da nova embalagem de seu produto principal. Um quarto dos pesquisados preferiram a embalagem A, dois quintos dos pesquisados preferem a embalagem B, alguns a embalagem C e 10 funcionários não responderam ao questionário. A quantidade de funcionários que optou pela embalagem C é de:

(A) 255 **(B) 245** (C) 235 (D) 225.

Raciocínio lógico matemático: como foram 700 funcionários que receberam o questionário, um quarto de 700 é igual a 175, optaram pela A. Dois quintos de 700 é igual a 280, optaram pela B. Como 10 funcionários não optaram por nenhuma opção, então o número que optou pela embalagem C é igual a: 700 - (175 + 280) = 700 - 455 = 245.

					1	69
7'0'0'	4	7'0'0'	5	140	175	7$\not{0}\not{0}$
- 4	175	- 5	140	x 2	+ 280	- 455
30		20		280	455	245
- 28		- 20				
20		000				
- 20						
00						

Resposta: a opção correta é a letra (B).

A partir dos dados a seguir, responda às questões 17ª e 18ª (adaptadas de provas do Colégio Pedro II). Segundo dados do censo de 2010, no Brasil existiam 896,7 mil pessoas que se declaravam indígenas, com uma distribuição geográfica por regiões, conforme mostrado abaixo.

```
   2 1 2            8
   3 4 2 8 0 0      8 9 6 7 0 0
   2 3 2 7 0 0    - 8 1 8 0 0 0
 + 1 4 3 4 0 0      0 7 8 7 0 0
       9 9 1 0 0
   8 1 8 0 0 0
```

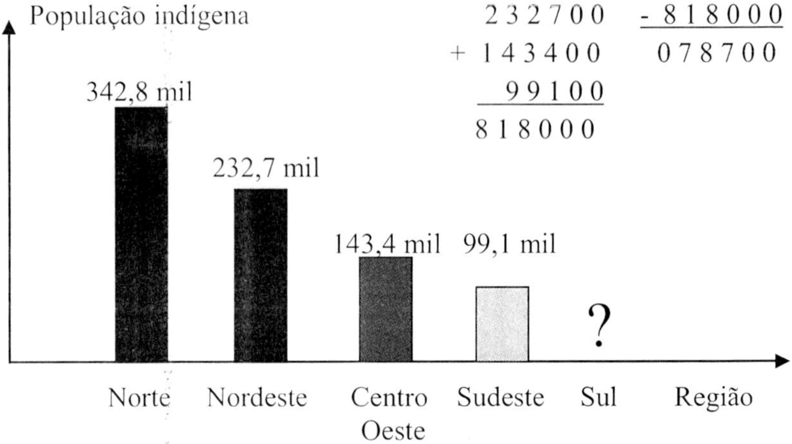

17ª Questão) Quantas pessoas se declararam indígenas na Região Sul?

(A) 102.700 (B) 87.700 **(C) 78.700** (D) 77.800.

Raciocínio lógico matemático: como o total de indígenas era de 896,7 mil ou 896.700, basta somar as populações das outras quatro regiões e subtrair do total, ou seja: 896.700 - (342.800 + 232.700 + 143.400 + 99.100) = 78.700.

Resposta: a opção correta é a letra (C).

18ª Questão) Qual o percentual de pessoas que se declararam indígenas da Região Sul, em relação ao total de indígenas no Brasil?

(A) 7,87% (B) 8,87% (C) 3,78% **(D) 8,77%.**

Raciocínio lógico matemático: basta fazer:

$$\frac{78.700}{896.700} \times 100\% = \mathbf{8,77\%}.$$

```
  7870000 | 896700
- 7173600 | 0,0877
  06964000| x 100
- 6276900 | 8,77%
  0687100 |
-  627690 |
  0594100 |
```

Resposta: opção letra (D).

19ª Questão) A tabela a seguir fornece informações sobre as eleições para o presidente do Grêmio de uma escola, disputada por cinco estudantes candidatos. Por algum motivo, a tabela ficou incompleta e alguns dados não foram digitados. Sabe-se que todos os estudantes da escola votaram e que a tabela estava elaborada para informar o número de votos e a porcentagem de votos recebidos por candidato. Essa porcentagem é calculada em relação ao total de estudantes da escola. Através da tabela podemos concluir que a porcentagem de votos recebidos por Christine é de:

(A) 55%. (B) 45%. **(C) 30%**. (D) 15%.

Nome do candidato	Número de votos	Porcentagem de votos recebidos
Diego		14%
Priscilla		17%
André	90	
Christine	180	
Natália		20%
Brancos ou nulos		4%

Raciocínio lógico matemático: observa-se que na tabela faltam os percentuais de André e Christine, embora constem os votos recebidos por cada um. Observa-se que os votos de Christine sõ o dobro dos votos de André. Como existem os percentuais de quatro candidatos, subtraindo a soma desses quatro percentuais de 100%, teremos a soma dos percentuais de André e Christine, ou seja: 100% - (14% + 17% + 20% + 4%) = 45%. Os votos recebidos por André e Christine somam 270 (90 + 180 = 270), desses 1/3 são do André e 2/3 da Christine e, portanto dos 45% da soma dos percentuais dos dois, 1/3 = 15% (45% ÷ 3 = 15%), são do André e 2/3 = 30% são da Christine. Portanto:

Resposta: a opção correta é a letra (C), pois Christine obteve 30% dos votos.

20ª Questão) Em uma gincana do Colégio Pedro II, Cláudio participa de um jogo em que há cartões com as letras da palavra PEDRO e cinco caixas. Os cartões foram colocados nas caixas de modo que se encontra a situação mostrada nas cinco figuras. A tarefa de Cláudio é retirar cartões das caixas de modo que, no final deve restar um único cartão em cada uma das cinco caixas, sendo que esses cinco cartões devem ser diferentes entre si. Caso Cláudio consiga realizar essa tarefa, o cartão que irá ficar na caixa de número 3, terá a letra:

(A) E. (B) O. **(C) P**. (D) R.

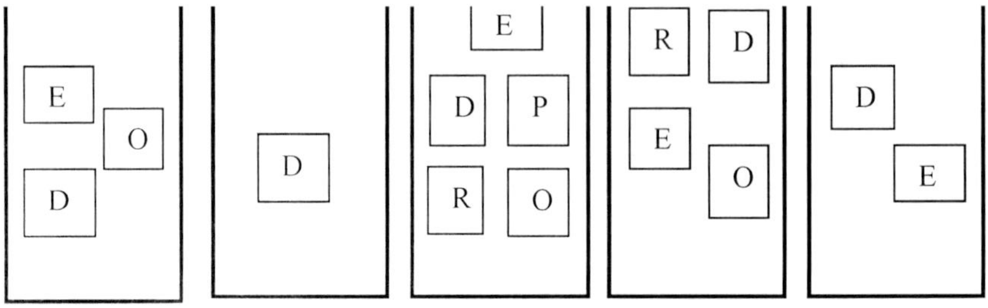

1 2 3 4 5

Raciocínio lógico espacial: aparentemente essa questão tem mais de uma solução e, portanto, será seguida a que começa eliminando os cartões com as letras D e E, na caixa 1, sobrando a letra O. Na caixa 2, por óbvio, deixa-se o cartão com a letra D. Na caixa 3 eliminam-se as letras D, E, O e R, sobrando a letra P. Na caixa 4, eliminam-se as letras D, E e O, sobrando a letra R. Finalmente na caixa 5, elimina-se a letra D, sobrando a letra E.
Com isso, observa-se que só restou uma letra em cada caixa, que em cada caixa tem uma letra diferente e que na caixa número 3 ficou a letra P.

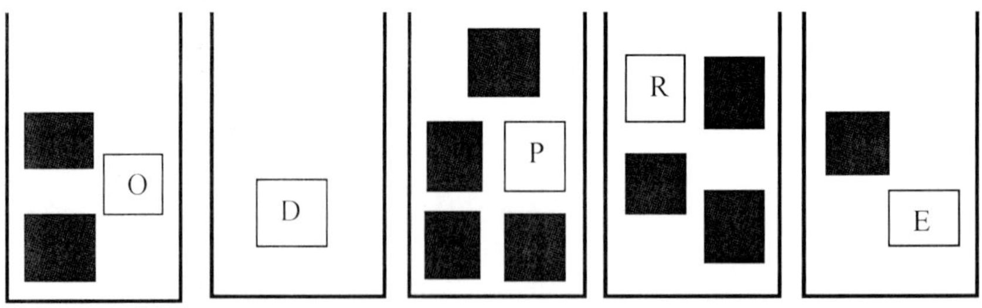

1 2 3 4 5

Resposta: a opção correta é a letra (C).

21ª Questão) Daniel trabalha em uma fábrica de baterias de telefone celular e o seu trabalho consiste em testar baterias. Cada uma delas possui cargas para manter o celular ligado por exatamente 30 minutos. Daniel liga um celular a cada 20 minutos. Quantos celulares estarão ligados 1h25min, após Daniel ter ligado o primeiro celular?

(A) 1. (B) 2. (C) 3. (D) 4.

Observação: 1h25min = 85 minutos

A reta graduada a seguir mostra o raciocínio lógico espacial matemático, utilizado para se calcular quantos celulares estarão ligados 1h25min, após Daniel ter ligado o primeiro aparelho.

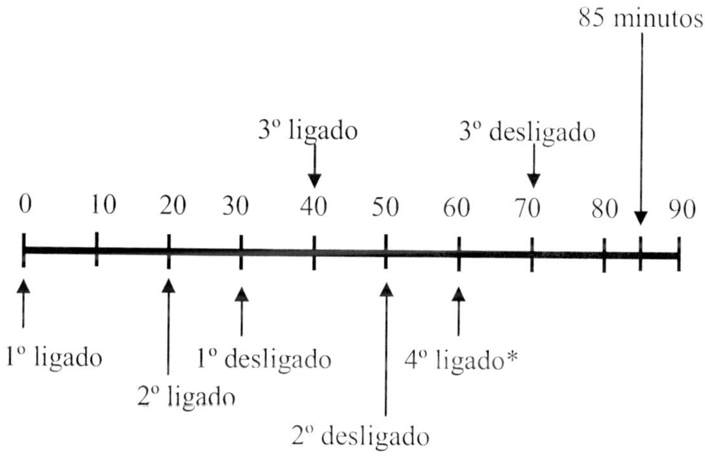

*O 4º celular ligado aos 60 minutos ficará ligado até os 90 minutos. Como o problema pergunta quantos estarão ligados aos 85 minutos, a conclusão é que só um, o 4º celular, estará ligado.

A resposta correta é a opção (A).

22ª Questão) Raphael e Gabriela são os proprietários da cantina do colégio. Esta semana eles trocaram os letreiros dos lanches da cantina, colocando novos preços, conforme as três tabelas a seguir.
Bernardo e Marina compraram dois sanduíches iguais, um para cada um. Bernardo pediu a vitamina mais cara e Marina um suco que custou 10% a mais que o valor da vitamina de Bernardo. Juntos, Bernardo e Marina gastaram R$ 13,30. Com isso podemos afirmar que:

(A) Bernardo pediu vitamina de abacate.
(B) Marina comprou um suco de R$ 2,70.
(C) Bernardo e Marina pediram hambúrgueres de soja.
(D) Bernardo e Marina pediram sanduíches de frango desfiado.

Sanduíches	Preços
Atum	R$ 2,50
Frango desfiado	R$ 3,50
Hambúrguer de soja	R$ 4,00
Peito de peru	R$ 3,00

Vitaminas	Preços
Banana	R$ 2,50
Morango	R$ 3,00
Abacate	R$ 2,70

Sucos	Preços
Laranja	R$ 3,00
Limão	R$ 2,70
Acerola	R$ 3,30

O **raciocínio lógico matemático** segue as análises a seguir, à medida que são apresentadas no enunciado.

1) Como Bernardo pediu a vitamina mais cara, ele pediu a de morango que custa R$ 3,00. 2) Marina pediu um suco que custou 10% a mais que o valor da vitamina de Bernardo, ou seja, suco de acerola que custa R$ 3,30. 3) Essa vitamina e o suco custaram R$ 6,30 (R$ 3,30 + R$ 3,00 = R$ 6,30). 4) Como Bernardo e Marina gastaram R$ 13,30 e R$ 6,30 foram com a vitamina e o suco, então gastaram R$ 13,30 - R$ 6,30 = R$ 7,00, com os dois sanduíches iguais. Como R$ 7,00 ÷ 2 = R$ 3,50, logo pediram sanduíche de frango desfiado.

Resposta: a opção correta é a letra (D).

```
   0
 1̸3̸,30        7 | 2
- 6,30       - 6 |----
 07,00        10 | 3,5
             - 10 |
              00 |
```

23ª Questão) Em uma escola há quatro turmas do 5º ano. A quantidade de estudantes em cada uma delas é a seguinte:

- Turma 501: 28 estudantes.
- Turma 502: 25 estudantes.
- Turma 503: 27 estudantes.
- Turma 504: 29 estudantes.

> **Raciocínio lógico matemático**:
> Como são duas meninas para cada menino, então é 2/3 + 1/3, ou seja, a turma tem que alunos múltiplos de 3.

Essas quatro turmas realizaram uma visita a um museu. Para o deslocamento, foram usados quatro micro ônibus, um para cada turma. Em um desses micro ônibus, o professor João acompanhou uma das turmas e percebeu que nela havia exatamente duas meninas para cada menino. Qual foi a turma que o professor acompanhou?

(A) 501. (B) 502. **(C) 503**. (D) 504.

A turma 503, com 27 alunos é a única múltipla de 3, sendo 18 meninas (2/3) e 9 meninos (1/3). 27 ÷ 3 = 9. 27 - 9 = 18 e 9 + 18 = 27.

Resposta: a opção correta é a letra (C)..

24ª Questão) (Adaptada). Na parede de um museu há 4 quadros com imagens geométricas diferentes, como a seguir mostradas. Por motivo de pintura, esses quadros foram retirados. Em seguida, os funcionários deveriam recolocar os 4 quadros na parede, porém não se lembravam da ordem em que eles ficavam, antes de serem retirados. O número total de maneiras diferentes de se colocar, lado a lado, os 4 quadros é:

(A) 8. (B) 12. (C) 16. **(D) 24**.

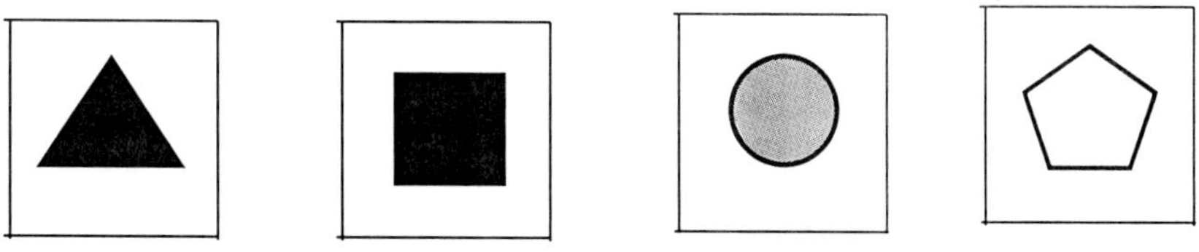

Esses são os quatro quadros. A solução algébrica é obtida com o conteúdo de Análise Combinatória que, normalmente só é estudada no Ensino Médio. Aqui, no nível do 5º ano do Ensino Fundamental, a solução virá formando-se sequências das figuras, sem repetir.

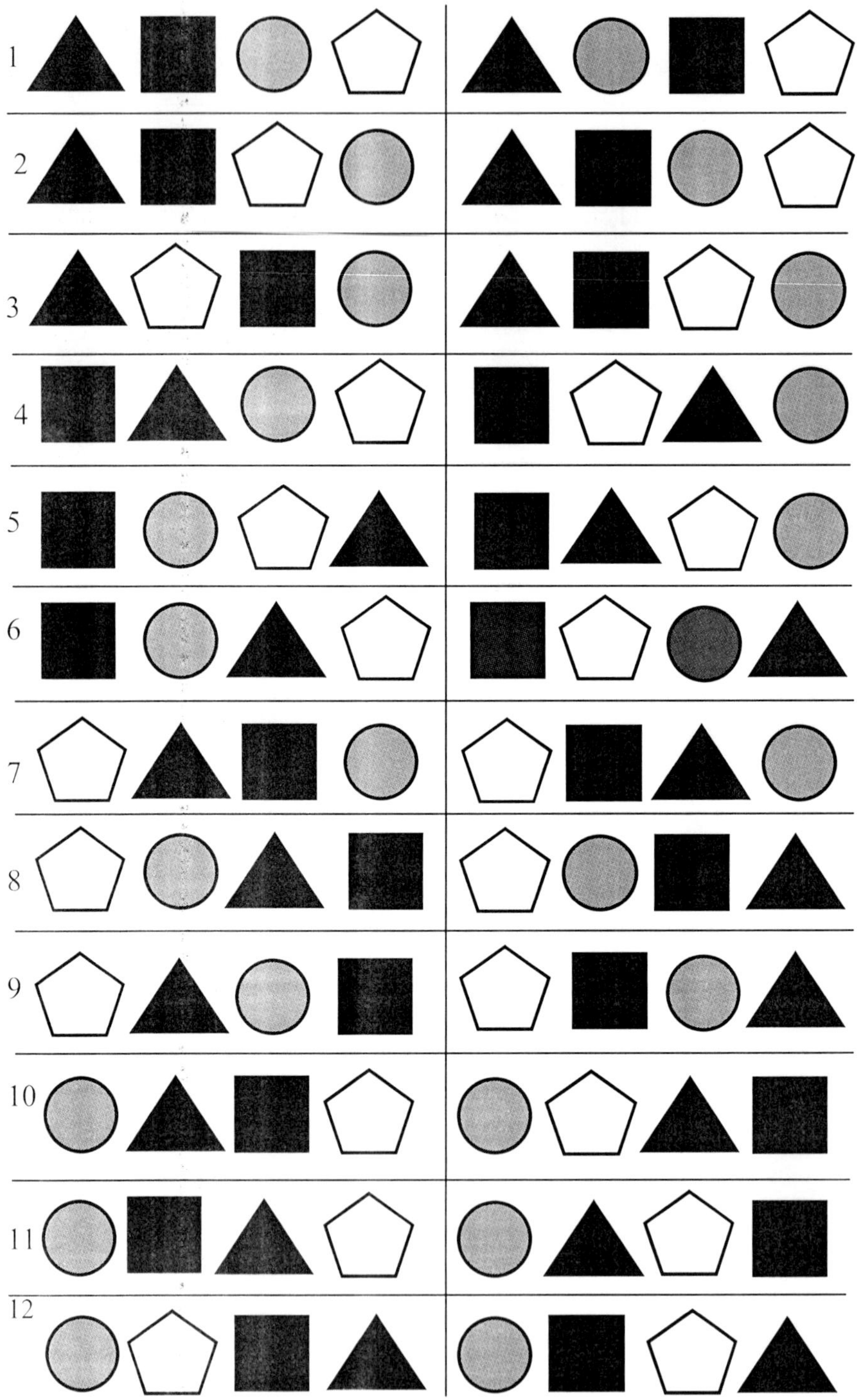
1
2
3
4
5
6
7
8
9
10
11
12

Conclusão: foram feitas sequências de arranjos, não repetidos, ou seja, cada um é diferente do outro. São 12 linhas e duas colunas, totalizando 24 maneiras diferentes de arranjar os quatro quadros.

Resposta: a opção correta é a letra (D).

25ª Questão) Suponha que Hagar planeja perder 22 kg, que foi o peso que ganhou desde a última visita ao Dr. Zook, emagrecendo 80 gramas por dia. Seguindo esse planejamento, serão necessários, para alcançar esse objetivo:

(A) 130 dias. (B) 185 dias. (C) 240 dias. **(D) 275 dias**.

Raciocínio lógico matemático: 22 kg equivale a 22.000 gramas, pois um quilo é igual a mil gramas. Se planeja emagrecer 80 gramas por dia, basta dividir 22.000 gramas por 80 gramas por dia, ou seja:

$$22.000\text{ g} \div \frac{80\text{ g}}{\text{dia}} = 22.000\text{ g} \times \frac{1\text{ dia}}{80\text{ g}} = \frac{22.00\not{0}}{8\not{0}}\text{ dias} = 275\text{ dias.}$$

$$\begin{array}{r|l} 22'0'0' & \underline{\;8\;\;\;\;} \\ \underline{-16} & 275 \\ 60 & \\ \underline{-56} & \\ 40 & \\ \underline{-40} & \\ 00 & \end{array}$$

Resposta: a opção correta é a letra (D).

26ª Questão) Retiramos de 626 a quarta parte de 416 e, a seguir, somamos 17. Encontramos um número divisível por

(A) 2. (B) 3. (C) 5. **(D)** 7.

Raciocínio lógico matemático: a quarta parte de 416 é igual a 104, pois 406 ÷ 4 = 104. Subraindo 104 de 626 tem-se 522 (626 - 104 = 522), que quando somamos 17 fica 539 (522 + 17 = 539). Agora basta dividir 539 por 3, depois por 5 e depois por 7. Observa-se que 539 não é divisível por 2 (pois teria que terminar em número par ou em zero).

5'3'9	3	5'3'9'	5	53'9'	7
-3	179,6	- 5	107,8	- 49	77
23	↑	03	↑	049	↑
- 21	Não é	39		- 49	É divisível pó 3
029	divisível	- 35	Não é	00	
- 27	por 3	040	divisível		
020		- 40	por 3		
- 18		00			
02					

Resposta: a opção correta é a letra (D).

28ª Questão) Sérgio vende a dúzia de bananas a R$ 4,00 e a dúzia de laranjas a R$ 6,00 em sua barraca. Após o meio dia, Sérgio concede um desconto de 10% sobre o valor total de qualquer compra. Um cliente que comprar 24 bananas e 18 laranjas na barraca do Sérgio após o meio dia irá pagar:

(A) R$ 14,10. **(B) R$ 15,30**. (C) R$ 16,20. (D) R$ 18,00.

Raciocínio lógico matemático: 24 bananas equivalem a duas dúzias que, pelo preço normal custam 2 x R$ 4,00 = R$ 8,00. 18 laranjas equivalem a uma dúzia e meia ou 1,5 que, pelo preço normal custam 1,5 x R$ 6,00 = R$ 9,00. As 24 bananas e as 18 laranjas, pelo preço normal custam R$ 17,00 (R$ 8,00 + R$ 9,00 = R$ 17,00). Com o desconto de 10%, ou seja, um décimo de R$ 17,00, que é R$ 1,7, o cliente irá pagar R$ 15,30 (R$ 17,00 - R$ 1,7 = R$ 15,30).

Resposta: a opção correta é a letra (B).

		6
3	17 ÷ 10 = 1,7. 8 + 9 = 17.	1 7 Ø
1,5		- 1,7
x 6		15,3
9,0		

29ª Questão) A tabela a seguir mostra a quantidade de carros vendidos por uma empresa durante o primeiro trimestre deste ano. Dentre os quatro modelos apresentados na tabela, podemos concluir que o mais vendido foi o de número:

(A) 1. (B) 2. **(C) 3**. (D) 4

Modelo	**Unidades vendidas**
1	218.535
2	215.922
3	....
4	216.421
Total de unidades vendidas	869.873

Raciocínio lógico matemático: primeiro se calcula as unidades vendidas do modelo 3, ou seja: 869.873 – (218.535 + 215.922 + 216.421) = 218.995. Comparando com os demais, o modelo 3 foi o mais vendido.

Resposta: a opção correta é a letra (C).

30ª Questão) A professora Mariflor organizou as informações de seus estudantes conforme a tabela seguir. Sabendo que 12 meninos têm idade entre 12 e 13 anos, pode-se afirmar que o número total de estudantes considerados por Mariflor é:

Idade	**Fração de alunos**
Meninas entre 10 e 11 anos	3/8
Meninas entre 12 e 13 anos	1/4
Meninos entre 10 e 11 anos	1/8
Meninos entre 12 e 13 anos	?

(A) 40. (B) 44. **(C) 48**. (D) 56.

Raciocínio lógico matemático:

Primeiro se determina a fração dos meninos entre 12 e 13 anos, que é 6/8 ou 3/4, pois: 1/4 = 2/8 (3 + 2 + 1 = 6). Portanto os meninos entre 12 e 13 anos são 1/4, pois 4/4 - 3/4 = 1/4. Como 1/4 = 12 meninos, logo 4/4 = 4 x 12 = 48.

Resposta: a opção correta é a letra (C).

Capítulo 18: Questões do Instituto de Aplicação Fernando Rodrigues da Silveira: CAP/UERJ

Um pouco de história sobre o CAP/UERJ

Colégio de Aplicação da Universidade do Estado do Rio de Janeiro é o antigo nome do Instituto de Aplicação Fernando Rodrigues da Silveira (CAp), uma unidade de educação básica e superior, do Centro de Educação e Humanidades, da Universidade do Estado do Rio de Janeiro (UERJ), que desenvolve o ensino, a pesquisa e a extensão em educação. O CAP/UERJ, permanece na história dos colégios de aplicação existentes em universidades brasileiras, que se destacam pela oferta de campo de estágio das licenciaturas junto à Universidade.

O Instituto de Aplicação Fernando Rodrigues da Silveira foi criado a partir do Decreto lei 9.053 do dia 12 de março de 1946, com inauguração em 1º de Abril de 1957. Essa unidade tem por objetivo promover a educação básica e co-promover a formação de professores em parceria com outras unidades da Universidade. As atividades de ensino são organizadas a partir dos departamentos da unidade e desdobram-se integradas em dois níveis: a educação básica e o ensino superior, mediadas pelas atividades indissociáveis de pesquisa, extensão e cultura. Estas procuram articular as teorias referenciadas das diferentes áreas do conhecimento especializado dos departamentos na práxis do campo da pedagogia e áreas afins que contribuam para a realização do trabalho de formação inicial e continuada de professores. Promovem projetos específicos, envolvendo servidores docentes, técnicos administrativos e estudantes de graduação que atuam em cursos de alfabetização de jovens e adultos, informática e formação de agentes educadores, citando apenas alguns, prestando atendimento às comunidades interna e do entorno.

O CAp/UERJ oferece o Ensino Fundamental I, do 1º ao 5º ano, o Ensino Fundamental II, do 6º ao 9º ano e os três anos do Ensino Médio. O colégio tem um corpo de 1.100 alunos. Em 2025, o CAP/UERJ era localizado na Rua Barão de Itapagipe, número 96, Rio Comprido, Rio de Janeiro – RJ. CEP: 20261-005.

É importante ressaltar que, já há anos, o CAP/UERJ não tem opções de letras para as respostas das questões, mas sim espaço para desenvolvimento do raciocínio lógico matemático e a resposta em si. Dessa forma evita-se que uma questão seja acertada "na sorte". Em cada questão, existe espaço para o raciocínio lógico e a execução das contas.

1ª Questão) Para emagrecer 6 kg, uma pessoa gulosa começou uma dieta na qual perde 120 g por dia. Calcule o número de dias em essa pessoa deverá permanecer em dieta para emagrecer 6 kg.

Raciocínio lógico: ou se converte 120 g para quilo ou 6 kg para gramas. Como é mais fácil dividir número inteiro, é melhor converter 6 kg para gramas e dividir por 120 g.

Cálculos matemáticos: 6 kg = 6.000 g, que divididos por 120 g por dia:

$\frac{6.000\ g}{120\ g/dia} = 50$ dias.

$6000 \div \not{1}\not{2}0 = \not{6}\not{0}0 \div 12.$

```
  1
 12          60'0' | 12
x 5         - 60   |-----
----         ----  | 50   (5 x 12 = 60)
 60           000  |
```

Resposta: a pessoa deverá permanecer 50 dias em dieta para emagrecer 6 kg.

2ª Questão) Em um concurso foram oferecidas 30 vagas e havia 75 candidatos concorrendo por cada vaga. Após o encerramento das inscrições, foram oferecidas mais 15 vagas. Determine o número de candidatos por vaga que passaram a concorrer, incluindo as novas vagas.

Raciocínio lógico matemático: inicialmente calcula-se o número de candidatos, que não se alterou, pois as novas vagas foram oferecidas após o encerramento das inscrições. Posteriormente calcula-se a nova relação candidato/vaga, somando-se as 30 vagas iniciais com as 15 novas vagas.

Cálculos matemáticos: o número de candidatos é: 30 x 75 = 2.250 candidatos. O número de vagas, após as novas abertas é: 30 + 15 = 45. O número de candidatos por vaga, incluindo as novas é: 2.250 ÷ 45 = 50.

Resposta: são 50 candidatos que passaram a concorrer a cada vaga.

```
 1
 75       30          225'0' |45
x 30     + 15        - 225   |50
2250      45          0000   |
```

3ª Questão) Em uma festa foi aberta uma caixa balões. Foram distribuídos 5/7 dos balões e sobraram 22 na caixa. Calcular o total de balões que havia na caixa.

Raciocínio lógico matemático: inicialmente a caixa cheia continha 7/7 dos balões. Quando foram distribuídos 5/7, sobraram 2/7 dos balões igual a 22. Ou seja: $\frac{2}{7} = 22$ e portanto $\frac{1}{7} = 11$. A caixa cheia ou $\frac{7}{7} = 11 \times 7 = 77$.

```
2'2' |2            11
-2   |11          x 7
02   | (1 x 2 = 2) 77
 -2
 0
```

Resposta: havia 77 Balões na caixa.

4ª Questão) Um grupo tem 1.100 pessoas. Determine o maior grupo possível formado por essas pessoas, de tal forma que o número de pessoas deste novo grupo seja um múltiplo de 3.

Raciocínio lógico matemático: existem duas formas para resolver essa questão: 1ª) Um número é divisível por 3 quando a soma dos seus algarismos também é divisível por 3 e 2ª) Divide-se cada número apresentado por 3 e descobre-se aquele que deixa resto zero.

1ª forma: 1.099 => 1 + 9 + 9 = 19, não é divisível por 3.
1.100 => 1 + 1 = 2, não é divisível por 3.
1.095 => 1 + 9 + 5 = 15, que é divisível por 3.
1098 => 1 + 9 + 8 = 18, que é divisível por 3.
1090 => 1 + 9 = 10, que não é divisível por 3.

Embora duas opções sejam múltiplos de 3 (1.095 e 1.098), o enunciado pede: "o maior grupo possível", portanto a resposta é: 1.098 pessoas compõem o maior grupo.

10'9'5'	3	10'9'8'	3
- 9	365	-9	366
019		19	
- 18		-18	
015		18	
- 15		- 18	
00		00	

5ª Questão) Em seu último aniversário, Victor foi presenteado pelos familiares com dinheiro em notas de vinte, dez e cinco reais. Calcule a quantidade mínima de notas que ele precisa para pagar um brinquedo que custa R$ 75,00, e não receber troco.

Raciocínio lógico matemático: a primeira coisa a fazer é dividir R$ 75,00 por R$ 20,00, para saber o número máximo de notas de R$ 20,00. 75/20 = 3,75, ou seja, serão três notas de R$ 20,00, dando R$ 60,00. Diminuindo R$ 60,00 de R$ 75,00 tem-se R$ 15,00, que é pago com uma nota de R$ 10,00 e sobram R$ 5,00, que é pago com uma nota de cinco. Portanto serão: três notas de R$ 20,00, uma nota de R$ 10,00 e uma nota de R$ 5,00, perfazendo cinco (5) notas.

Resposta: a quantidade mínima de notas é cinco (5).

6ª Questão) Uma criança resolveu colocar dez de seus brinquedos na calçada. Ela os colocou enfileirados em linha reta, de modo que a distância entre dois brinquedos consecutivos fosse sempre a mesma. Sabendo que a distância entre o segundo e o quinto brinquedo era de 81 cm, determine a distância, em metros, entre o primeiro e o último brinquedo.

Raciocínio lógico espacial matemático: inicialmente desenham-se os 10 brinquedos, marcando a distância de 81 cm entre o 2º e 5º brinquedo.

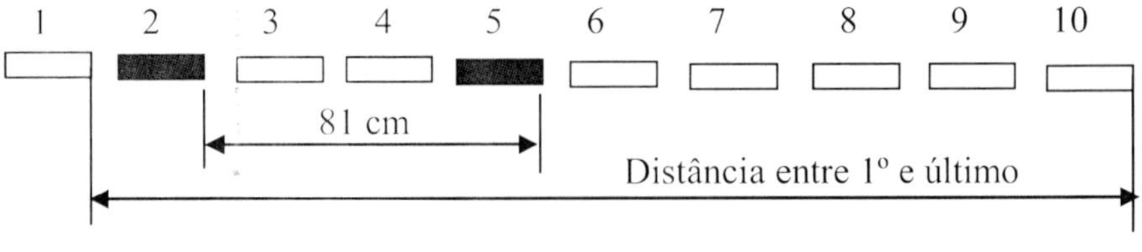

Observa-se que a distância entre o 2º e 5º brinquedo é igual a três brinquedos, ou seja, a medida de um brinquedo é igual a um terço de 81 cm, que é igual a 27 cm. Como a distância entre o 1º e o último brinquedo é equivalente a nove (9) brinquedos, portanto é igual a 9 x 27 cm = 243 cm.

Como o enunciado pede a distância em metros:

m	dm	cm
2,	4	3

243 cm = 2,43 m.

```
 6        8'1' | 3
 27      -6    |27
 x 9      21   |
 243     -21
          00
```

A distância entre o 1º e último brinquedo é: 2,43 m

7ª Questão) No final das feiras, em geral, as mercadorias que sobram são vendidas por metade do preço que custavam no início da feira. Uma doceira comprou três dúzias de bananas no início da feira e voltou no final, para comprar mais dez dúzias pela metade do preço. Se ela gastou, no total, R$ 28,00, calcule o preço de uma dúzia dessa banana no início da feira.

Raciocínio lógico matemático: como no 5º ano do Ensino Fundamental, ainda não são estudadas e resolvidas equações do 1º grau, essa questão será resolvida considerando que, como no final da feira o preço da banana cai à metade, então durante a feira serão duas bolinhas ●● e no final será uma bolinha ● . Como durante a feira ela comprou três dúzias, então pagou por seis bolinhas ●● ●● ●● No final da feira comprou dez dúzias, pagando uma bolinha por cada dúzia, portanto pagou 10 bolinhas que, com as seis bolinhas (três dúzias) que comprou mais cedo, fez um total de 16 bolinhas, pagando ao todo R$ 28,00. Portanto, cada bolinha custou: R$ 28,00 ÷ 16, ou seja, R$ 1,75 por bolinha. Como foi definido que uma dúzia seriam duas bolinhas, logo o preço de uma dúzia dessa banana no início da feira foi de R$ 1,75 x 2 = R$ 3,50.

```
  28  | 16
 -16  | 1,75
  120 |
 -112 |
 0080 |
  -80 |
   00 |
```

Resposta: o preço da dúzia dessa banana, no início da feira foi de R$ 3,50.

1,75 x 2 = 3,50

8ª Questão) O dono de um terreno de 2.000 m^2 usou uma parte dele para a construção de um campo de futebol com a forma de um retângulo de 40 metros de comprimento e 18 metros de largura. Após a construção do campo, 1/4 da área restante do terreno foi coberta com piso de cerâmica. Calcule a área do terreno que não foi coberta com piso de cerâmica e nem ocupada pelo campo de futebol.

Raciocínio lógico matemático: primeiro se calcula a área do retângulo: 40 m x 18 m = 720 m^2. Depois se subtrai essa área da área total, ou seja: 2.000 m^2 - 720 m^2 = 1.280 m^2, que é a área restante. 1/4 dessa área restante, ou seja: 1.280 m^2 ÷ 4 = 320 m^2, foi coberta com piso de cerâmica. Conclusão: a área do terreno de 2.000 m^2 que não foi coberta com cerâmica nem com o campo de futebol é: 2.000 m^2 - (720 m^2 + 320 m^2) = 960 m^2.

3	19	1	19
18	2000	720	2000
x40	- 720	+ 320	- 1040
720	1280	1040	0960

12'8'0'	4
-12	320
008	
- 8	
00	

Resposta: a área que não foi coberta com piso de cerâmica e nem ocupada pelo campo de futebol é de 960 m^2.

9ª Questão) Em um bonde com 120 passageiros, 3/10 estão encatarrados. A metade desses encatarrados tosse 3 vezes por hora, e os demais pigarreiam 4 vezes por hora. Determine a quantidade total de tossidas e pigarros que ocorreriam ao longo de uma viagem de 2 horas.
(Quando essa prova foi aplicada, não existiam opções para marcar, mas sim tinha-se que desenvolver todo o raciocínio e a resposta ao final).

Raciocínio lógico matemático: 3/10 de 120 passageiros equivalem a 36 passageiros, pois 1/10 = 12 e 3 x 12 = 36. A metade desses 36, que é 18, tosse 3 vezes por hora, ou seja 18 x 3 = 54 tossidas por hora ou 108 tossidas em 2 horas. A outra metade dos 3/10, ou seja, 18 passageiros pigarreiam 4 vezes por hora, ou seja: 4 x 18 = 72 pigarreiam por hora ou 144 pigarros em 2 horas.

Resposta: Em 2 horas seriam: 108 tossidas e 144 pigarros.

```
                              2     3
3 x 12Ø = 3 x 12 = 36 | 2     18    18
1Ø                 -2 |18     x 3   x 4
                   16 |       54    72
                  -16 |       x 2   x 2
                   00 |       108   144
```

10ª Questão) O gráfico a seguir apresenta o número de luas de cada planeta do sistema solar. Com base no gráfico, calcule a quantidade total de luas existentes no sistema solar.

```
   21
   92
   83
+  27
   14
    2
    1
  219
```

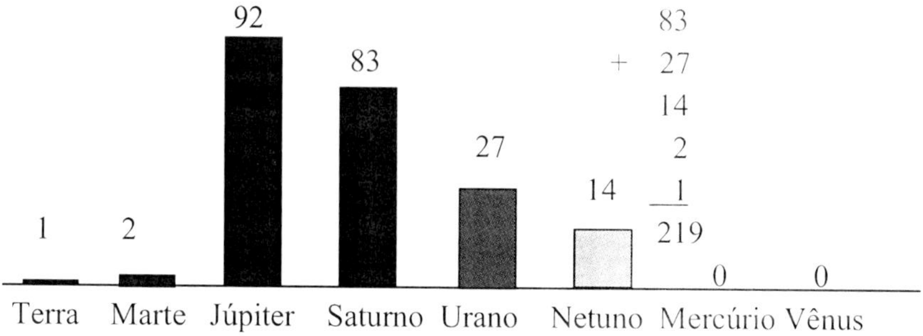

Raciocínio lógico matemático: basta fazer a adição do número de luas de cada planeta: 1 + 2 + 92 + 83 + 27 + 14 + 0 + 0 = 219 luas.

Resposta: existem 219 luas no nosso sistema solar.

11ª Questão) O jardineiro do jardim da Lua recebe um salário de R$ 2.640,00 por mês. Paga mensalmente pelo aluguel de sua moradia R$ 850,00. Descontando os gastos do aluguel, calcule, em reais, quanto sobra para as demais despesas do jardineiro durante um ano.

Raciocínio lógico matemático: basta subtrair R$ 850,00 de R$ 2.640,00, para obter a sobra mensal que, multiplicada por 12, mostra a sobra por ano.

```
     1 5                 R$ 1. 7 9 0 ,00
R$ 2. 6 4 0,00           x           1 2
- R$    8 5 0,00               3 5 8 0
R$ 1. 7 9 0,00               1 7 9 0
                         R$ 2 1.4 8 0,00
```

A sobra mensal foi multiplicada por 12, pois são 12 os meses do ano. **Resposta: por ano sobrarão R$ 21.480,00.**

12ª Questão) Uma floricultura vende pétalas de flores naturais. Observe, na tabela a seguir, quantas pétalas são aproveitadas de cada tipo de flor. Sabendo que a floricultura recebeu uma encomenda de pétalas de 250 rosas e de 520 margaridas, determine o total de pétalas que a floricultura deve entregar.

Flor	Número de pétalas
Rosa	5
Orquídea	3
Margarida	8
Tulipa	6

$$\begin{array}{r} {}^{2}\\ 250\\ \underline{\times\ 5}\\ 1250 \end{array} \quad \begin{array}{r} {}^{1}\\ 520\\ \underline{\times\ 8}\\ 4160 \end{array} \quad \begin{array}{r} {}^{1}\\ 4\,1\,6\,0\\ \underline{+\ 1\,2\,5\,0}\\ 5\,4\,1\,0 \end{array}$$

Raciocínio lógico matemático: como a encomenda é relativa ao número de 250 rosas e 520 margaridas, portanto tem-se que multiplicar 250 por 5, que são as pétalas aproveitadas de cada rosa e multiplicar 520 por 8, que são as pétalas aproveitadas de cada margarida. O número total de pétalas será a soma dessas multiplicações.

Resposta: a floricultura deve entregar um total de 5.410 pétalas.

13ª Questão) A Lua teve a oportunidade de observar o crescimento de um formigueiro desde seu início. Ao longo do tempo, ele chegou a 6 m de profundidade. Considerando que as formigas cavavam 10 cm a cada dia, calcule o número de dias necessários para o formigueiro chegar a essa profundidade.

Raciocínio lógico matemático: a forma mais rápida de resolver essa questão é transformar 6 metros em centímetros e depois dividir esse resultado por 10 cm ao dia, obtendo o número total de dias que as formigas levaram para cavar os 6 metros.

m	dm	cm	mm
6	0	0	/

6 m = 600 $\not{c}\not{m}$ ÷ 10 $\not{c}\not{m}$/por dia = 60 dias.

Resposta: foram necessários 60 dias, para as formigas cavarem 6 m de profundidade.

14ª Questão) Uma pesquisa sobre o uso de guarda-chuvas constatou que 3/4 do total de entrevistados os utilizam em seu dia a dia. Destes 1/5 prefere guarda-chuvas coloridos. Considerando que 6 entrevistados manifestaram Sua preferência pelos coloridos, calcule o número total de participantes da pesquisa.

Raciocínio lógico matemático: segundo o enunciado, 1/5 dos 3/4 do total de entrevistados prefere guardas-chuvas coloridos e são 6 entrevistados. 1/5 de 3/4 é igual a 1/5 x 3/4 = 3/20, que é igual a 6, ou seja, 3/20 = 6 significa que 1/20 é igual a 2 (6/3 = 2) e como 1/20 é igual a 2, então 20/20 é igual a 2 x 20 = 40.

$\frac{1}{5} \times \frac{3}{4} = \frac{3}{20} . \frac{3}{20} = 6 \Rightarrow \frac{1}{20} = 2$ e $\frac{20}{20} = 2 \times 20 = 40.$

Resposta: o número total de participantes da pesquisa é igual a 40 entrevistados.

15ª Questão) Uma fábrica de roupas de frio vende sua produção embalada em caixas. Uma loja encomendou dessa fábrica 10 suéteres de tamanho P, 40 de tamanho M e 45 de tamanho G. Calcule o número de suéteres de tamanho G que deve ser embalado em cada caixa, considerando as observações:

- O conteúdo de todas as caixas é o mesmo;
- Cada caixa deve conter suéteres dos três tamanhos e
- O maior número possível de caixas será utilizado.

Raciocínio lógico matemático: os números 10, 40 e 45 são múltiplos de 5 e portanto serão cinco caixas e em cada caixa terá: 10/5 = 2 tamanho P; 40/8 = 5 tamanho M e 45/5 = 9 tamanho G.

Resposta: em cada caixa terão 9 (nove) suéteres tamanho G.

16ª Questão) Uma pesquisa pediu a um grupo de crianças que identificassem, em uma lista de quatro animais, aquele do qual elas têm mais nojo. Analisando o gráfico a seguir, com as respostas obtidas, determine o total de crianças que responderam a essa pesquisa.

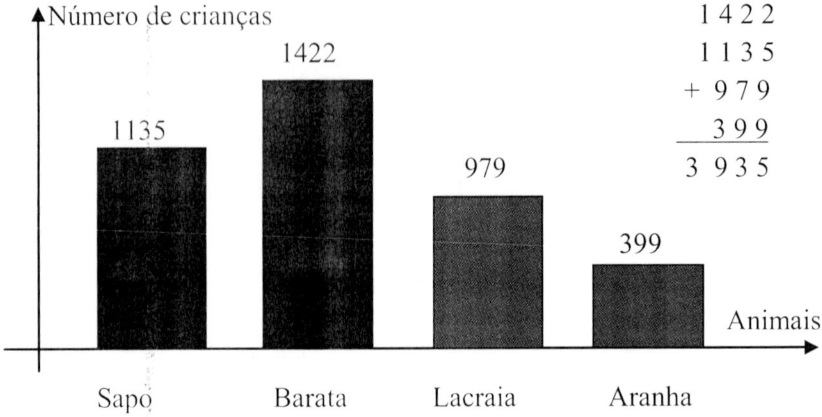

$$\begin{array}{r} {}^{1\ 22} \\ 1\,4\,2\,2 \\ 1\,1\,3\,5 \\ +\ 9\,7\,9 \\ 3\,9\,9 \\ \hline 3\ 9\,3\,5 \end{array}$$

Raciocínio lógico matemático: basta fazer a adição do número de crianças, por cada tipo de animal. Ou seja: 1.422 + 1.135 + 979 + 399 = 3.935.

Resposta: no total 3.935 crianças responderam à pesquisa.

17ª Questão) O sapo verde come exatamente 30 moscas em cada uma de suas três refeições diárias, realizadas pela manhã, à tarde e à noite. Considere como ponto de partida, um domingo no qual o sapo ainda não tenha comido nenhuma dessas três refeições e indique o dia da semana em que ele terá comido um total de 630 moscas.

Raciocínio lógico matemático: como o sapo come 30 moscas por refeição e como são três refeições por dia, logo ele come 90 moscas a cada dia (3 x 30 = 90). Para saber quantos dias ele leva para comer as 630 moscas, basta dividir 630 por moscas por 90 moscas por dia, que é igual a 7 dias (630 ÷ 90 = 7). Para saber o dia da semana em que ele terá comido as 630 moscas, a partir de um domingo, basta fazer uma pequena tabela, com os dias da semana, e as moscas comidas por dia.

Dom.	2ª feira	3ª feira	4ª feira	5ª feira	6ª feira	Sáb.
1º dia	2º dia	3º dia	4º dia	5º dia	6º dia	7º dia
90 moscas	90 moscas	90 moscas	90 moscas	90 moscas	90 moscas	90 moscas

Resposta: no sábado, seguinte, o sapo terá comido as 630 moscas.

18ª Questão) Considere que o lago onde vive o sapo verde tem 20 m de profundidade. A cada etapa de seu mergulho, o sapo consegue descer 40 cm. Calcule o número de etapas necessárias para que ele consiga buscar a bola da princesa no fundo do lago.

Raciocínio lógico matemático: como a bola está no fundo, o sapo tem que descer 20 m ou 2.000 cm (*). Como em cada etapa ele desce 40 cm, basta dividir 2.000 cm por 40 cm = 50 etapas. (*) O cálculo se inicia transformando metros em centímetros. (2.000 ÷ 40 = 200 ÷ 4 = 50).

dam	m	dm	cm
2	0	0	0

(*) 20 m = 2.000 cm.

```
 200 |4
- 20  50
 000
```

Resposta: o sapo precisa de 50 etapas, para pegar a bola no fundo do lago.

19ª Questão) Cada prateleira da estante onde está o livro dos irmãos Grimm suporta o peso máximo de 3 kg. Em uma prateleira, há 8 livros com a distribuição de pesos mostrados na tabela a seguir. Calcule o peso, em gramas, que falta para alcançar o peso máximo que esta prateleira suporta.

Número de livros	Peso por livro (em gramas)
5	270
2	150
1	190

8 livros

3 kg = 3.000 g.

5 x 270 = 1.350 gramas.
2 x 150 = 300 gramas. +
1 x 190 = 190 gramas.

Peso dos 8 livros = 1.840 gramas.

```
   2 9
  3 0/0/0 g
- 1 8 4 0 g
  1 1 6 0 g
```

Raciocínio lógico matemático: transforma-se 3 kg em gramas, que é igual a 3.000 g. Calcula-se o peso total dos 8 livros: 5 x 270 + 2 x 150 + 1 x 190 = 1.840 gramas. Como a prateleira suporta no máximo 3 kg ou 3.000 gramas, basta subtrair 1.840 gramas de 3.000 gramas, que é igual a 1.160 gramas.

kg	hg	dag	g
3	0	0	0

3 kg = 3.000 g.

Resposta: o peso que falta para alcançar o peso que a prateleira suporta é de 1.160 gramas.

20ª Questão) Imagine que um ladrão tenha sido condenado a 20 semanas e 10 dias de prisão. Determine o número de horas que o ladrão passará preso.

Raciocínio lógico matemático: cada dia tem 24 horas e cada semana tem sete dias. Em 20 semanas serão 140 dias (20 x 7 = 140), que somados aos 10 dias completam 150 dias, que multiplicados por 24 horas, serão 3.600 horas.

Resposta: o ladrão passará preso 3.600 horas.

21ª Questão) Para confeccionar sua roupa de princesa, Daiane utilizou vários laços de fita colorida. Considerando que a cada 500 cm de fita são produzidos 20 laços, defina quantos laços serão produzidos com 40 m de fita.

500 cm = 5 m.

m	dm	cm	mm
5	0	0	

5 x 4 = 20, logo: 20 ÷ 5 = 4.

$$\begin{array}{r} 40 \\ \underline{\times\ 4} \\ \mathbf{160} \end{array}$$

Resposta: com 40 metros de fita serão produzidos 160 laços.

Raciocínio lógico matemático: como 500 cm é igual a 5 m e se produzem 20 laços, significa que a cada metro se produzem 4 laços (20 ÷ 5 = 4). Portanto, com 40 metros de fita serão produzidos 160 laços.

22ª Questão) Daiane foi visitar sua família, que vive em uma cidade a 298 km de distância de São José. Para isso, usa um carro que consome 1 litro de gasolina a cada 10 km percorridos. Se cada litro de gasolina é vendido por R$ 4,50, apresente o valor gasto, em reais, com gasolina nesse trajeto.

$\dfrac{298\text{ km}}{10\text{ l}}$ = 29,8 litros.
Km

$$\begin{array}{r} {}^{44} \\ 29{,}8 \\ \underline{\times\ 4{,}50} \\ 1490 \\ \underline{1192} \\ 134{,}10 \end{array}$$

Resposta: o valor gasto em reais com gasolina nesse trajeto foi de R$ 134,10.

Raciocínio lógico matemático: se o rendimento do carro é de 10 km por litro de gasolina, significa que para percorrer os 298 km serão consumidos 29,8 litros de gasolina (298 ÷ 10 = 29,8). Como cada litro de gasolina custa R$ 4,50, os 29,8 litros custarão R$ 134,10 (29,8 x 4,5 = 134,1).

23ª Questão) No ano anterior, em 60 duelos, Morfetus fez o pai de Messias de palhaço em 18 duelos, de trouxa em 27 duelos e, nos demais foi feito de bobo. Calcule a porcentagem correspondente ao número de vezes em que Morfetus fez o pai de Messias de bobo nesses 60 duelos.

150	60	1	5
- 120	0,25	27	60
300		+ 18	- 45
- 300		45	15
000	0,25 x 100 = 25		

Resposta: Morfetus fez o pai de Messias de bobo, em 25% dos duelos.

Raciocínio lógico matemático: 60 duelos menos 18 como palhaço e 27 como trouxa, significa que em 15 duelos [60 - (18 + 27) = 15], Morfetus fez o pai de Messias de bobo. 15 é 25% de 60, pois $\frac{15}{60} \times 100\% = 25\%$

24ª Questão) Para uma sessão de um filme realizado com os personagens da tirinha foram vendidos 2/3 dos 90 ingressos disponíveis no cinema. Os ingressos de meia entrada corresponderam a 1/4 da quantidade vendida. Calcule a quantidade de ingressos de meia entrada vendidos para essa sessão do filme.

9’0	3	6’0	4
- 9	30 x 2 = 60	- 4	15
00		20	
		- 20	
		00	

Resposta: foram vendidos 15 ingressos de meia entrada, para essa sessão do filme.

Raciocínio lógico matemático: 2/3 de 90 ingressos equivalem a 60 ingressos (90 ÷ 3 = 30 x 2 = 60) e 1/4 de 60 ingressos é igual a 15 ingressos (60 + 4 = 15).

25ª Questão) Os pais do menino queriam água limpa para a criação de peixes, que vendiam no mercado da cidade. Veja a tabela a seguir, que representa a venda dos peixes em uma determinada semana. Calcule o valor total obtido com a venda dos peixes nesta semana.

Tipo de peixe	Quantidade vendida (em quilos)	Preço de venda por quilo (em reais)	*total vendido Desse peixe
A	15	9,80	R$ 147,00
B	43	12,50	R$ 537,50
C	18	11,20	R$ 201,60

+

Valor total obtido com a venda dos peixes na semana: R$ 886,10

```
  4        1      1
 15     12,5   11,2
x 9,8   x 43   x 18
 120     375    896
135     500    112
147,0   537,5  201,6
```

Raciocínio lógico matemático: multiplicam-se as quantidades vendidas de cada peixe pelo preço do quilo e depois somam-se os três valores*.

Resposta: o valor total obtido com a venda dos peixes nesta semana foi de R$ 886,10.

26ª Questão (adaptada) Dados oficiais, de 2025, apontavam que 1/3 da população brasileira não tinha acesso à água potável. Considerando que nossa população, à época, era de 210 milhões de indivíduos, calcular percentualmente, quantos brasileiros tinham acesso à água potável.

```
                                    1
21'0'.000.000 |3             210̸.000.000    20 |3
-21           |70.000.000  - 70.000.000    -18 |0,6666...
000           |              140.000.000    20 |
                                           -18 |
 0,6666 x 100% = 66,66%.                     2 |
```

Raciocínio lógico matemático: 1/3 de 210 milhões é igual a 70 milhões (210 ÷ 3 = 70), portanto 2/3 é igual a 140 milhões (210 - 70 = 140). Percentualmente 2/3 = 66,66%.

Resposta: em 2025, 66,66% de brasileiros tinham acesso à água potável.

27ª Questão (adaptada) Uma torneira mal fechada (ou com vazamento) pode trazer muito prejuízo. Supondo uma residência que tem uma torneira pingando 46 litros por dia, calcule: A) O total de litros de água que essa torneira desperdiça ao final de quatro semanas e B) Considerando que mil litros de água potável custa R$ 4,00, calcular o prejuízo da água desperdiçada calculada no item A.

Raciocínio lógico matemático: A) como cada semana tem 7 dias e como o desperdício é de 46 litros por dia, em quatro semanas serão desperdiçados 28 dias x 46 litros por dia = 1.288 litros. B) Como mil litros custa R$ 4,00, o desperdício de 1.288 litros custará 1,288* x R$ 4,00 = R$ 5,15 (1,288 x 4 = 5,152). *1.288 ÷ 1.000 = 1,288.

Respostas: A) ao final de quatro semanas serão desperdiçados 1.288 litros de água e B) O prejuízo com esse vazamento será de R$ 5,15. (No sistema monetário do Brasil só se usa até a segunda casa decimal, ou seja: centavos).

28ª Questão) Em um bairro da Baixada Fluminense foi construído um enorme reservatório de água cuja cobertura possui forma retangular com dimensões iguais a 80 m e 160 m. O reservatório foi coberto por placas de concreto de 1 m^2. As placas colocadas ficaram perfeitamente ajustadas, sem espaço livre entre elas, e nenhuma precisou ser fracionada. O reservatório ficou totalmente coberto. Calcule quantas placas foram usadas para cobrir totalmente o reservatório.

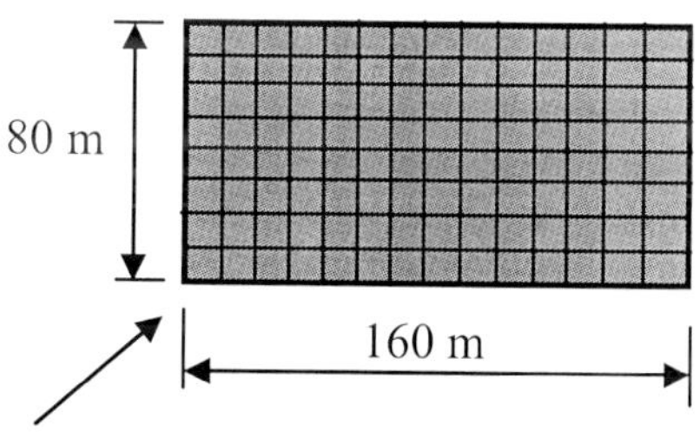

80 x 160 = (8 x 16) x 100.
 4
 16   128 x 100 = 12.800.
x 8
128   12.800 m^2 ÷ 1 m^2/placa =
      = 12.800 placas.

Esse é o conceito de cobrir a cobertura com placas quadradas.

Raciocínio lógico matemático: inicialmente calcula-se a área a ser coberta: 80 m x 160 m = 12.800 m^2. Para saber o número de placas necessárias, divide-se a área de 12.800 m^2 por 1 m^2 por placa, obtendo-se o total de placas necessárias.

Resposta: foram usadas 12.800 placas.

29ª Questão) A estação de tratamento de águas do Guandu, que abastece parte dos municípios do Rio de Janeiro, tem capacidade para tratar 43 mil litros de água por segundo. Determine, em litros, o volume de água que pode ser tratado em 1 hora.

Raciocínio lógico matemático: como uma hora tem 3.600 segundos (60 minutos x 60 segundos = 3.600 segundos), 43 mil litros por segundo equivalem a 154.800 litros por hora.

43.000 x 3.600 = (43 x 3,6) x 1.000 = 154,8 x 1.000 = 154.800.

```
  1
  43
 x 3,6
+ 258
 129
 154,8
```

Resposta: podem ser tratados 154.800 litros de água por hora. (Cento e cinqüenta e quatro mil e oitocentos litros de água por hora).

30ª Questão) Um menino levou em sua viagem uma caneca de 200 mililitros e uma garrafa de 1 litro, ambas vazias. Quando encontrou o rio limpo, usou a caneca para encher a garrafa e levar uma amostra da água para os pais. Calcule o número de vezes que ele precisou encher sua caneca para, sem perder nenhuma quantidade de água, completar totalmente sua garrafa.

Raciocínio lógico matemático: sabendo que 1 litro é igual a 1.000 mililitros, basta dividir 1.000 ml por 200 ml/caneca, para saber a quantidade de canecas, que é igual a 5 (1.000 ÷ 200 = 10 ÷ 2 = 5).

Resposta: o menino precisou encher a caneca cinco (5) vezes.

31ª Questão) Em um certo momento do dia, havia 480 passageiros em um trem, dos quais 85% não tomaram café da manhã. Calcule a quantidade de passageiros desse trem que tomaram o café da manhã.

Raciocínio lógico matemático: se 85% não tomaram o café da manhã, significa que 15% tomaram, pois 100% - 85% = 15%. Ou seja: basta calcular:

$\frac{(480 \times 15)}{100} = 4{,}8 \times 15 = 72.$

$$\begin{array}{r} {}^{4} \\ 15 \\ \underline{\times\ 4{,}8} \\ 120 \\ \underline{60} \\ 72 \end{array}$$

> **Resposta: 72 passageiros tomaram o café da manhã.**

Considerando o gráfico a seguir, que compara as tarifas de metrô em algumas cidades do mundo (com valores em reais R$), em um determinado ano, responda às questões 32, 33 e 34.

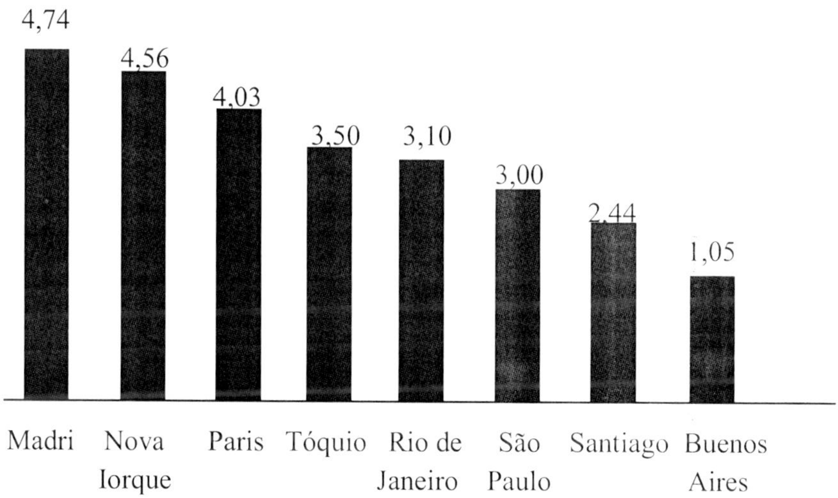

32ª Questão) Calcule a diferença entre as tarifas mais cara e a mais barata.

Raciocínio lógico matemático: a tarifa mais cara é a de Madri e custa R$ 4,74. A tarifa mais barata é a de Buenos Aires e custa R$ 1,05. A diferença de preços em reais é: R$ 4,74 - R$ 1,05 = R$ 3,69.

$$\begin{array}{r} {}^{6}\quad \\ \text{R\$ } 4{,}74 \\ \underline{-\ \text{R\$ } 1{,}05} \\ \text{R\$ } 3{,}69 \end{array}$$

> **Resposta: a diferença entre as tarifas mais cara e a mais barata é de R$ 3,69.**

33ª Questão) Considere um morador do Rio de Janeiro que usa o metrô apenas para ir ao trabalho e voltar para casa. Determine o valor total gasto por ele na compra de passagens de metrô para seis dias de trabalho.

Raciocínio lógico matemático: se por dia ele usa duas passagens por dia (ida e volta para casa), então em seis dias usará 12 passagens (6 x 2 = 12). Como cada passagem, no Rio de janeiro, custa R$ 3,10, então ele gastará: 12 x R$ 3,10 = R$ 37,20.

```
  3,1
 x 12
   62
+ 31
 37,2
```

Resposta: o morador gastará R$ 37,20 para viajar por seis dias.

34ª Questão) Supondo que o governo do Estado de São Paulo autorize um aumento de 6,7% na tarifa, para quanto irá a mesma?

Raciocínio lógico matemático: como a tarifa em são Paulo é de R$ 3,00, basta calcular 6,7% desse valor e somar aos R$ 3,00.

$$\frac{R\$\ 3{,}00 \times 6{,}7\%}{100\%} = R\$\ 0{,}201 \text{ (ou igual a R\$ 0,20).}$$

```
  R$ 3,00
+ R$ 0,20
  R$ 3,20.
```

R$ 3,00 + R$ 0,20 = R$ 3,20.

Resposta: com o aumento de 6,7% a tarifa vai para R$ 3,20.

35ª Questão) Uma determinada linha de metrô tem um trem que sai a cada seis minutos. O primeiro trem dessa linha partiu às 05h45min. sabendo-se que para ir à escola, um estudante pegou o sétimo trem desse dia, determine o horário de partida desse trem, considerando que o dia transcorreu sem incidentes.

Raciocínio lógico matemático: após a partida do primeiro trem, às 05h45min. ocorreram outras seis partidas, a cada seis minutos, ou seja 36 minutos depois do primeiro (6 x 6 minutos = 36 minutos). Portanto basta somar 36 minutos ao horário inicial de 05h45min.

```
   1
 05 h  45 min.    Como 81 minutos é igual a uma hora e 21 minutos:
+ 00 h  36 min.      a soma fica igual  seis horas e 21 minutos.
 05h   81 min.
```

Resposta: o horário de partida do sétimo trem foi às 06h21min.

36ª Questão) Um carro partiu com o tanque cheio para uma viagem de 1.350 km, parando a cada 500 km para abastecer e colocando 60 litros de combustível em cada parada. Calcule o gasto total com combustível comprado nas paradas realizadas, com preço de R$ 3,10 por litro.

Raciocínio lógico matemático: em verdade o carro só fez duas paradas: a primeira com 500 km de viagem e a segunda com mais 500 km, ou seja, 1.000 km rodado. A terceira parada seria após rodar 1.500 km, mas como a viagem toda é de 1.350 km, não houve a terceira parada. Em cada parada colocou 60 litros de combustível e, obviamente, colocou 120 litros ao todo. Esse valor multiplicado pelo preço do litro, é o gasto total.

$$120 \text{ litros} \times \frac{\text{R\$ } 3{,}10}{\text{Litro}} = \text{R\$ } 372{,}00.$$

```
  120
x 3,1
  120
+ 36
 372,0
```

Resposta: o gasto total foi de R$ 372,00.

37ª Questão) Uma viagem de 480 km duraria 6h45min., se não houvesse paradas. Calcule o tempo de duração dessa viagem, parando por 5 minutos a cada 70 km para o menino ir ao banheiro.

Raciocínio lógico matemático: no percurso de 480 km, com paradas a cada 70 km, ocorreram seis (6) paradas, totalizando 420 km. A sétima parada seria com 490 km. O desenho a seguir ilustra essas seis paradas.

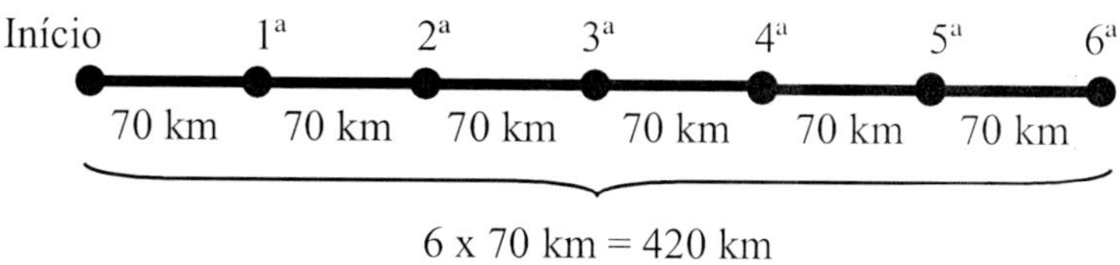

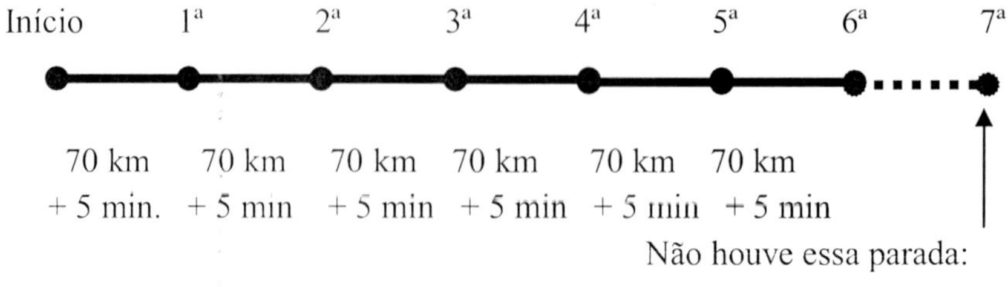

Foram 30 minutos a mais (6 x 5 = 25), devido às seis paradas. Portanto:

	06 horas	45 minutos	75 minutos = 1 hora + 15 minutos.
+	00 horas	30 minutos	
	06 horas	75 minutos = 6 horas + 1 hora + 15 minutos =	

= 7 horas 15 minutos.

Resposta: a viagem teve uma duração de 7 horas e 15 minutos.

38ª Questão) A mãe de Chiquinha sugeriu que ela comesse feijão de 15 em15 dias, verduras de 8 em 8 dias e carne de 3 em 3 dias. Hoje ela comeu os três alimentos juntos. Determine daqui a quantos dias Chiquinha voltará a comer os três alimentos juntos outra vez.

Raciocínio lógico matemático: esse é um problema típico que se resolve pelo conceito do MMC ou Mínimo Múltiplo Comum, estudado no capítulo 2.
Cálculo matemático do MMC:

Números	Fator
3 – 8 – 15	2
3 – 4 – 15	2
3 – 2 – 15	2
3 – 1 – 15	3
1 – 1 – 5	5
1 – 1 – 1	

MMC = 2 x 2 x 2 x 3 x 5 = 120
2 x 2 = 4 x 2 = 8 x 3 = 24 x 5 = 120.

2	4	
24	15	40
x 5	x 8	x 3
120	120	120

O MMC é 120.

Resposta: Chiquinha voltará a comer os três alimentos juntos outra vez, daqui a 120 dias.

Observação: nesse período de 120 dias, Chiquinha terá comido feijão 8 vezes (120 ÷ 15 = 8), verduras 15 vezes (120 ÷ 8 = 15) e carne 40 vezes (120 ÷ 3 = 40).

39ª Questão) Na lanchonete que frequenta, Chiquinha precisa gastar R$ 11,00 para comprar um hambúrguer, um sorvete e um quindim. Para comprar apenas um hambúrguer e um quindim, ela gasta R$ 7,50 e dois sorvetes custam tanto quanto três quindins e mais R$ 1,00. Calcule o preço de um hambúrguer.

Raciocínio lógico matemático: essa questão envolve o conceito de equação do 1º grau, estudado no capítulo 5 e previsto na BNCC, normalmente abordado no 4º ano do Ensino Fundamental.

Para simplificar a análise matemática, vamos armar a seguinte igualdade (no caso uma equação): R$ 11,00 = R$ 1 H + R$ 1 S + R$ 1 Q e, depois vamos comparar com os outros dados.

$$\begin{cases} R\$\ 11{,}00 = R\$\ 1\ H + R\$\ 1\ S + R\$\ 1\ Q. \\ 1\ H + 1\ Q = R\$\ 7{,}50. \\ 2\ S = 3\ Q + R\$\ 1{,}0. \end{cases}$$ (Quando um termo muda de lado, troca o sinal)

Como R$ 1 H + R$ 1 Q = R$ 7,50, então:
R$ 11,00 = R$ 7,50 + R$ 1 S. logo: R$ 1 S = R$ 11,00 - R$ 7,50 = R$ 3,50, ou seja: 1 S = R$ 3,50. (2 S = R$ 7,00).

Como 2 S = 3 Q + R$ 1,00, então: R$ 7,00 = 3 Q + R$ 1,00, portanto:
3 Q = R$ 7,00 - R$ 1,00 ou 3 Q = R$ 6,00 ou 1 Q = R$ 2,00. (6 ÷ 3 = 2).

Até agora temos: 1 S = R$ 3,50 e 1 Q = R$ 2,00, logo:
1 S + 1 Q = R$ 3,50 + R$ 2,00 = R$ 5,50. Substituindo esses valores na expressão: R$ 11,00 = R$ 1 H + R$ 1 S + R$ 1 Q, temos:

R$ 11,00 = R$ 1 H + R$ 5,50, ou seja: R$ 1 H = R$ 11,00 - R$ 5,50 ou:

R$ 1H = R$ 5,50.

Resposta: um hambúrguer custa R$ 5,50.

Capítulo 19: Questões do Colégio Militar do Rio de Janeiro - CMRJ

Um pouco de história sobre o CMRJ

É uma escola pública que oferece formação aos alunos do 6º ano do Ensino Fundamental até o final do Ensino Médio. Com uma educação de excelência, o CMRJ se destaca nas melhores notas do Índice de Desenvolvimento da Educação Básica (IDEB) e tem um histórico de aprovações em vestibulares do Rio de Janeiro.

Além de um ensino de qualidade, o CMRJ proporciona atividades gratuitas como natação, esgrima, balé, judô e muito mais. Para se tornar um aluno, a criança ou o adolescente precisa passar por um processo seletivo.

O Primeiro Colégio Militar do Brasil, Fundado em 1889, localizado na Rua São Francisco Xavier, número 267, Maracanã, Rio de Janeiro - RJ. CEP: 20550-010, é reconhecido como uma das melhores instituições de ensino do estado do Rio de Janeiro, muito procurado por pais que buscam educação de qualidade para seus filhos. Em 2025, existia uma outra unidade do Colégio Militar no Rio de Janeiro, no bairro de Deodoro.

O CMRJ não apenas forma academicamente, mas também desenvolve jovens responsáveis, criativos e autônomos, preparados para contribuir positivamente na sociedade, baseando-se nos valores, disciplina e tradições do Exército Brasileiro.

No Colégio Militar do Rio de Janeiro, o aluno é preparado para o futuro. Além do foco nos vestibulares, os estudantes são incentivados a prestar provas para carreiras militares, como: Escola Preparatória de Cadetes do Exército (EsPCEx); Instituto Militar de Engenharia (IME); Academia da Força Aérea (AFA); Instituto Tecnológico da Aeronáutica (ITA) e Escola Naval (EN).

O Sistema Colégio Militar do Brasil (SCMB), em 2025, era composto por 15 colégios localizados em Porto Alegre, Fortaleza, Manaus, Belém, Recife, Juiz de Fora (MG), Belo Horizonte, Santa Maria (RS), Campo Grande, Salvador, São Paulo, Curitiba e Brasília, além de duas unidades no Rio de Janeiro.

1ª Questão) A Tenente Íris, bibliotecária do CMRJ, transferirá o acervo da biblioteca para novas instalações, situadas dois andares acima. No caminho para a nova biblioteca, a tenente sempre usará um elevador, cuja capacidade máxima é de 400 quilos. E, em todas as viagens, sempre terá o auxílio do Soldado João, com seu carrinho. A tabela a seguir nos mostra a quantidade de livros que serão transferidos para as novas instalações. Sabe-se que a tenente tem massa de 75 kg, o soldado, de 73 kg e o carrinho, de 30 kg. Qual o número mínimo de viagens de subida que eles farão para transportar todos os livros da tabela?

(A) 1 viagem (B) 2 viagens **(C) 3 viagens** (D) 4 viagens (E) 5 viagens.

Disciplina	Quantidade de livros	Massa de cada livro
Matemática	330	2.100 dg
Ciências Naturais	390	0,280 kg
História	450	3,15 hg
Geografia	510	43,7 dag

Raciocínio lógico matemático: como a capacidade máxima do elevador está em quilos, ou seja, 400 kg, a primeira coisa a fazer é passar todas as outras massas para kg, somando-se todas em quilos.

1 1 1

Massa	kg	hg	dag	g	dg	cg	mg
Tenente	75						
Soldado	73						
Carrinho	30						
Livro Matemática	0	2	1	0	0		
Livro Ciências Naturais	0	2	8	0			
Livro História	0	3	1	5			
Livro Geografia	0	4	3	7			

Soma das massas: 179, 2 4 2 0 => 179,242 kg.

O passo seguinte é dividir a capacidade máxima do elevador, 400 kg pela soma das massas a ser transportada por viagem, ou seja: 179,242 kg.

$$\frac{400\ \text{kg}}{179{,}242\ \text{kg/viagem}} = 2{,}231 \text{ viagens.}$$

	400'000	179242
Conclusão: terão que ser	-358484	2,231
feitas no mínimo 3 viagens.	415160	22 1
1 1	-358484	179242
179242	566760	x 3
x 2	-537726	537726
358484	290340	
	-179242	
Resposta: opção (C), 3 viagens.	111098	

2ª Questão) Utilizando cubos, todos com 1 dm de aresta, Gabriel montou seis sólidos geométricos sobre uma mesa, seguindo sempre a mesma lógica de acrescentar um cubo em cada extremidade, como a seguir mostrado nos três primeiros sólidos. Determinar o volume do sexto sólido.

Um cubo — Seis cubos — 11 cubos

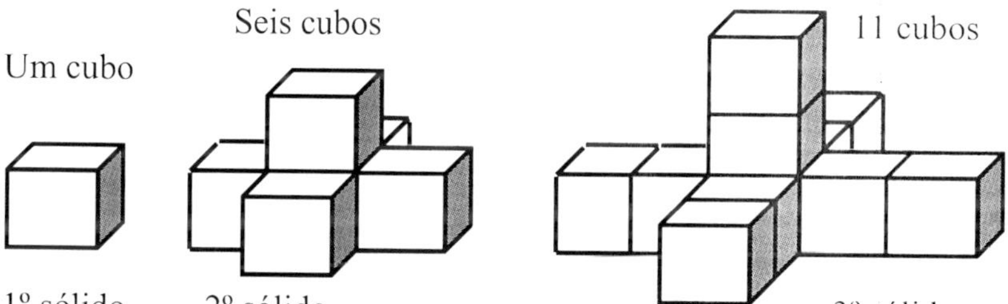

1º sólido — 2º sólido — 3º sólido

4º sólido — 16 cubos

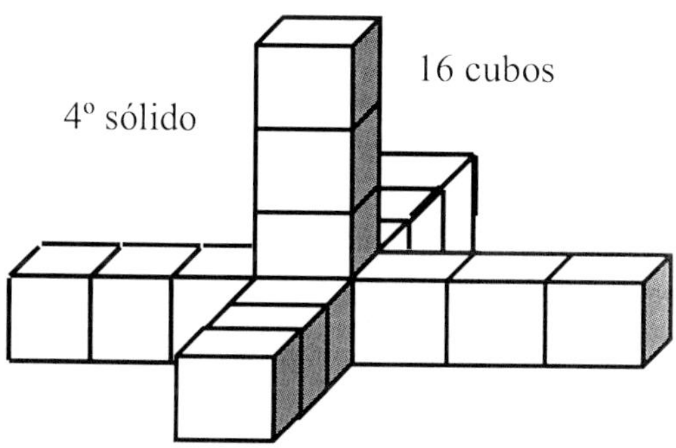

Ao montar o 4º sólido, constata-se que para cada sólido são acrescentados cinco cubos: 1, 6, 11 e 16. Seguindo essa lógica sequencial, o 5º sólido terá 21 e o 6º terá 26 cubos de 1 dm de aresta.

Raciocínio lógico espacial matemático: cada cubo tem volume de $1 dm^3$ (1 dm x 1dm x 1 dm). 26 cubos terão volume de $26\ dm^3$. A opção correta é a letra B.

(A) 21 dm^3 **(B) 26 dm^3** (C) dm^3 (D) dm^3 (E) dm^3.

3ª Questão) Feliciano deseja construir uma piscina no quintal de sua casa. Essa piscina terá o formato de um paralelepípedo cujas dimensões são: 13,6 m de comprimento, 2 m de largura e 1 m de profundidade. Sabendo que 1 kg de terra ocupa 1,7 dm^3 de volume e que um carrinho de mão carrega 40 kg de terra, calcular o número mínimo de vezes que um carrinho deverá ser utilizado para retirar a terra correspondente ao volume da piscina.

(A) 400 vezes (B) 450 vezes (C) 370 vezes (D) 410 vezes (E) 350 vezes.

Até para ajudar o raciocínio lógico espacial matemático é interessante fazer um desenho da piscina e calcular o volume da mesma.

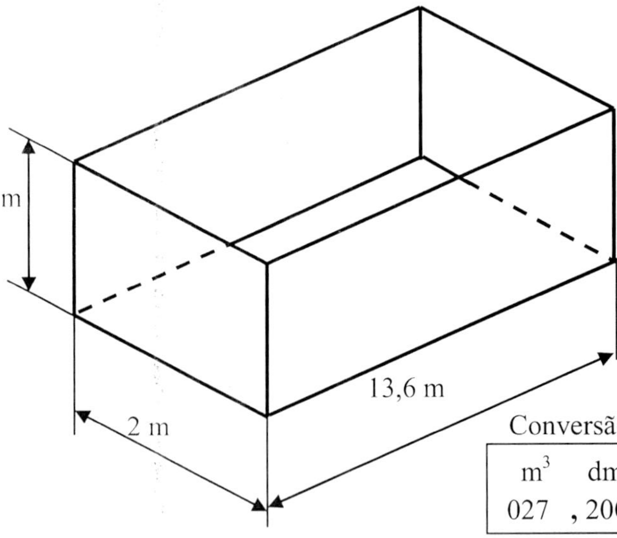

Conversão: m^3 para dm^3.

m^3	dm^3	cm^3	mm^3
027	, 200	000	000

Volume da piscina = 1 m x 2 m x 13,6 m = $27{,}2\ m^3$.
$27{,}2\ m^3 = 27.200\ dm^3$. (Ou 27.200 litros).

Cálculo do peso de terra que será escavado: (cada dm^3 pesa 1 kg).

27.200 dm^3 ÷ 1,7 dm^3 = 16.000 x 1kg = 16.000 kg de terra.
Cálculo do número de carrinhos necessários para retirar os 16.000 kg de terra: (Cada carrinho carrega 4° kg de terra).
16.000 kg ÷ 40 kg/carrinho = 400 carrinhos.

Resposta: o carrinho deverá ser usado 400 vezes.

4ª Questão) o desenho a seguir representa o projeto da construção de uma casa, com uma piscina e um jardim. Determinar a área disponível, em metros quadrados, para a construção da casa.

(A) 289 (B) 285,25 (C) 274 **(D) 254,75** (E) 286,75.

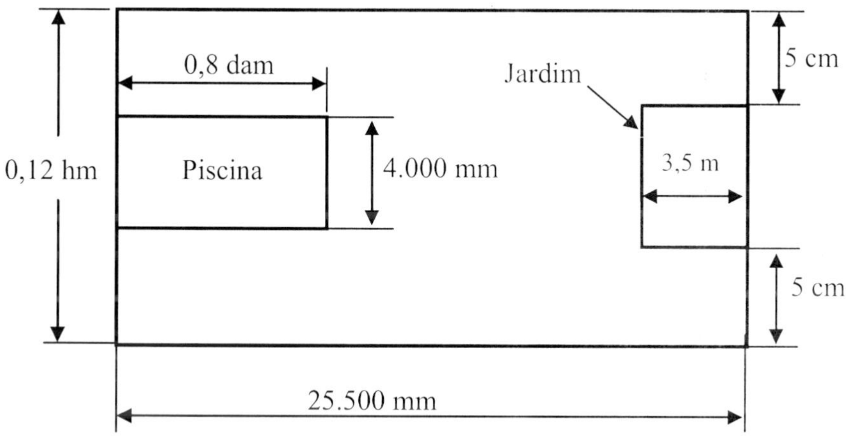

Raciocínio lógico matemático: inicialmente todas as dimensões têm que ser convertidas para metros, como abaixo. Na sequência, calculam-se as áreas do terreno, da piscina e do jardim. A área disponível para construção da casa é igual à área do terreno menos a soma das áreas da piscina e do jardim.

km	hm	dam	m	dm	cm	mm
	0,	1	2			
		0,	8			
		2	5	0	0	0
			4	0	0	0
			3	2	5	
			3	5		

0,12 hm = 12 m.
0,8 dam = 8 m.
25.000 mm = 25 m
4.000 mm = 4 m.
325 cm = 3,25 m.
35d m = 3,5 m.

```
  1 1
 25,5
 x 12
  510
 255
306,0
```

Área do terreno = 25,5 m x 12 m = 306 m^2.
Área da piscina = 8 m x 4 m = 32 m^2.
Área do jardim = 3,5 m x 5,5 m* = 19,25 m^2.
*12 m - (3,25 m + 3,25 m) = 12 m - 6,5 m = 5,5 m.

1	2 5 9
12,0	306,00
- 6,5	-51,25
5,5	254,75

Área da piscina + área do jardim = 32 m^2 + 19,25 m^2 = 51,25 m^2.
Área disponível para construção da casa = 306 m^2 - 51,25 m^2 = 254,75 m^2.

Resposta: a opção correta é a (D).

5ª questão) Natália é uma artesã e faz tapetes artesanais, vendidos em todo o Brasil. Seu tapete mais belo é feito a partir de um pedaço de tecido quadrado com lado 27 decímetros. O tapete segue um padrão matemático em três etapas: 1ª Ela divide o pedaço de tecido quadrado em nove quadrados iguais e retira o quadrado central. 2ª Cada quadrado da etapa anterior é dividido em nove partes iguais e também retira-se o quadrado central. Após a 2ª etapa, os quadrados retirados (que estão em branco) somam quantos metros quadrados de tecido?

(A) 2,17 m^2 (B) 1,36 m^2 (C) 21,7 m^2 (D) 1,53 m^2 (E) 0,89 m^2.

1ª Etapa

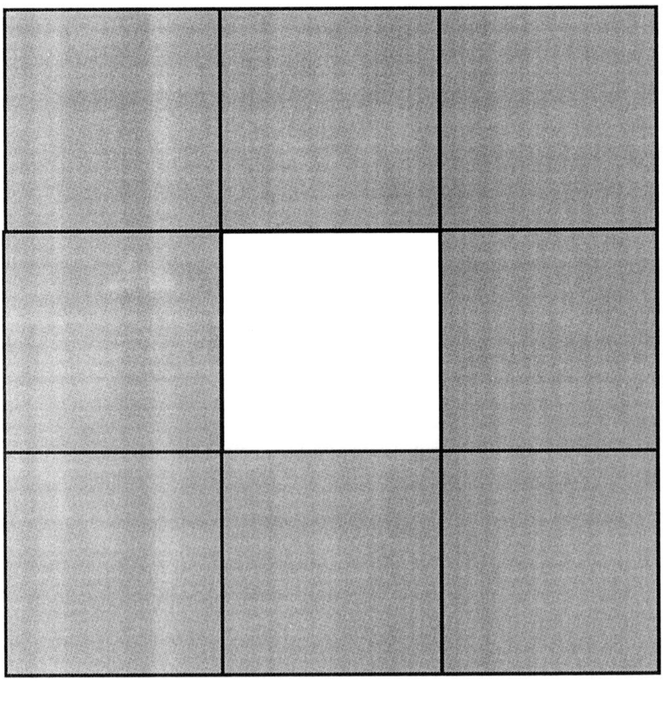

2ª etapa

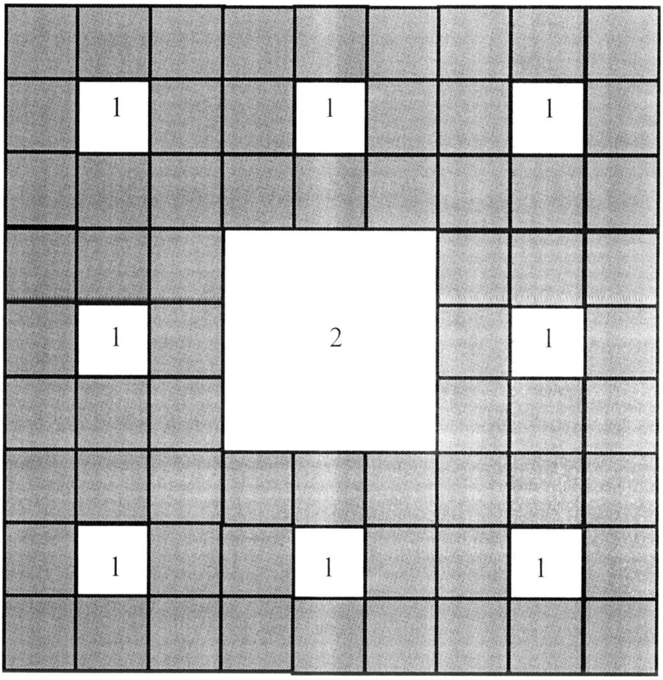

$$\begin{array}{r} 0{,}3 \\ \underline{\times\ 9} \\ 2{,}7, \end{array}$$

$$\begin{array}{r} 0{,}81 \\ \underline{+\ 0{,}01} \\ 0{,}089 \end{array}$$

Raciocínio lógico espacial matemático: inicialmente transforma-se 27 dm em metros, ou seja: 27 dm = 2,7 m. Como parte-se de uma forma quadrada, ao dividir em nove partes iguais, obtém-se nove quadrados de lado 0,3 m, pois 2,7 m ÷ 9 = 0,3 m.

Cálculos matemáticos: o grande quadrado número 2 tem lado 0,9 m, pois foi obtido como: 2,7 m ÷ 3. Os oito quadrados menores, número 1, tem lado 0,1 m, pois foram obtidos como: 0,3 m ÷ 3.

A área do quadrado maior é igual a 0,9 m x 0,9 m = 0,81 m^2.
A área de cada quadrado menor é igual a 0,1 m x 0,1 m = 0,01 m^2. Como são oito quadrados menores, logo a área dos oito é igual a: 8 x 0,01 m^2 = 0,08 m^2.
A soma desses nove quadrados retirados é: 0,81 m^2 + 0,08 m^2 = 0,89 m^2.

Conclusão: a opção correta é a E.

6ª Questão) Atualmente, no colete usado pelos jogadores profissionais de futebol, existe um aparelho que funciona como GPS (*Global Positioning System*) e que pode informar a distância que o jogador correu durante a partida. Considerando um campo de futebol, em formato retangular, com 105 metros de comprimento por 45 metros de largura, quantas voltas daria, em torno desse campo, um jogador que correu 9.400 metros durante a partida?

(A) $\frac{2.821}{99}$ **(B)** $\mathbf{\frac{282}{9}}$ (C) $\frac{299}{9}$ (D) $\frac{338}{99}$ (E) $\frac{319}{9}$.

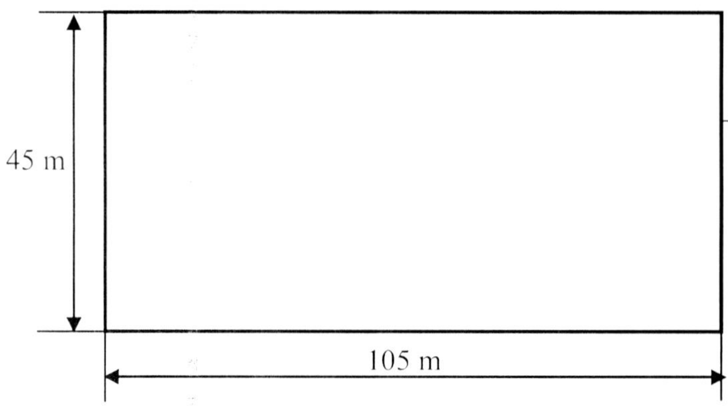

$$\begin{array}{r} {}^{1}2 \\ 105 \\ 105 \\ +\ 45 \\ \underline{45} \\ 300 \end{array}$$

Raciocínio lógico matemático: inicialmente calcula-se o perímetro do campo e depois, ao se dividir 9.400 m pelo perímetro se sabe quantas voltas seriam dadas em torno do campo.

Perímetro = 45 m + 45 m + 105 m + 105 m = 300 m.

Número de voltas = 9.400 m ÷ 300 m = 31,333 voltas.

$$\begin{array}{r|l} 9'4' & \ 3 \\ \underline{-9} & 31{,}333 \\ 04 & \\ \underline{-\ 3} & \\ 10 & \\ \underline{-\ 9} & \\ 10 & \\ \underline{-\ 9} & \\ 10 & \end{array}$$

Como as opções de resposta estão em fração, então tem-se que entender forma de fração: $\frac{9.400}{300} = \frac{94}{3}$.

Como todas as opções têm denominador com múltiplo de 3, fazemos: $\frac{94 \times 3}{3 \times 3} = \frac{282}{9}$. (Que é igual a 31,333....).

```
  1
 94
x 3
282
```

Conclusão: a opção correta é a (B): 282/9.

7ª Questão) No fim do ano passado, as mães das crianças da creche Pula-Pula resolveram fazer um "feirão de trocas" de brinquedos e livros, de modo a darem um destino mais sustentável aos materiais que seus filhos não usavam mais. Elas combinaram que 10 livros equivaleriam a 4 kits de blocos de montar; 3 kits de blocos de montar equivaleriam a 7 bonecos e 6 bonecos equivaleriam a R$ 240,30. Nesse sistema de trocas, cada livro custou:

(A) R$ 36,20. **(B) R$ 37,38**. (C) R$ 37,80. (D) R$ 38,24. (E) R$ 38,50.

Raciocínio lógico matemático: como: 10 livros = 4 kits. 3 kits = 7 bonecos. 6 bonecos = R$ 240,30, então:

$\frac{10 \text{ livros}}{4} = \frac{4 \text{ kits}}{4}$ => 1 kit = 10/4 livros => 1 kit = 2,5 livros.

$\frac{3 \text{ kits}}{7} = \frac{7 \text{ bonecos}}{7}$ => 1 boneco = 3/7 kit. (7 ÷ 7 = 1).

6 bonecos = R$ 240,30 => 1 boneco = R$ 40,05.

```
240'3' | 60
-240   |------
0003   | 40,5
  300  |
 -300  |
  000  |
```

3/7 kit = R$ 40,05 => 3 kits = 7 x R$ 40,05 => 3 kits = R$ 280,35.

3 kits = R$280,35 => 1 kit = R$ 280,35/3 => 1 kit = R$ 93,45.

1 kit = 2,5 livros => 2,5 livros = R$ 93,45 => 1 livro = R$ 93,45/2,5 =>

1 livro = R$ 37,38.

280,35 ÷ 3 = 28.035 ÷ 300:

```
2803'5' | 300
-2700   |------
01035   | 934'5' | 250
 - 900  | -750   |------
   1350 | 1845   | 37,38
 - 1200 | -1750  |
   1500 | 00950  |
 - 1500 |  - 750 |
   0000 |   2000 |
        |  -2000 |  <- Resto zero.
```

Resposta: a opção certa é a (B).

8ª Questão) Dois corredores A e B percorreram um trajeto de 10 quilômetros e combinaram alcançar juntos a linha de chegada. Ambos saíram juntos do ponto de largada. Em 1 hora, o corredor A conseguiu correr 8 quilômetros e seguiu nesse ritmo até completar o trajeto. O corredor B, inicialmente, fez a primeira metade do trajeto em 1 hora. Neste momento, ao perceber que estava muito atrás do corredor A, o corredor B aumentou seu ritmo de corrida para chegarem juntos à linha de chegada. Se o corredor B tivesse mantido sempre o mesmo ritmo dessa segunda metade do trajeto, teria sido capaz de correr, em 1 hora, a distância de:

(A) 10 km. (B) 13 km. (C) 16 km. **(D) 20 km**. (E) 24 km.

Raciocínio lógico matemático: corredor A fez 8 km em uma hora. Para completar os 10 km, ou seja, faltando 2 km ou um quarto de 8 km, mantendo o ritmo inicial, precisou de mais 15 minutos, que é um quarto de uma hora. Portanto fará os 10 km em uma hora e 15 minutos. Corredor B fez 5 km em uma hora e para chegar junto com o corredor A, fez os outros 5 km em 15 minutos, ou seja, com uma velocidade equivalente a 20 km/h.

Conclusão: caso o corredor B tivesse mantido o mesmo ritmo dos 5 km finais, ou melhor, de metade da prova, em uma hora teria corrido 20 km.
Resposta: a opção correta é a letra (D).

9ª Questão) Júlia está juntando sua mesada para comprar um videogame. Para ajudar na compra, sua avó deu a ela R$ 300,00 de presente no Dia das Crianças, o que corresponde a dois meses de sua mesada. Pelos cálculos de Júlia, 9 meses de mesada correspondem a 75% do valor total do videogame. Sendo assim, a ajuda da avó de Júlia correspondeu a qual porcentagem do valor total do videogame?

(A) 25,0% (B) 12,5% (C) 15,0% (D) 18,5% **(E) 17,8%**.

Raciocínio lógico matemático: O objetivo básico da questão é calcular o valor total do videogame, para depois saber quanto os R$ 300,00, correspondem percentualmente do valor total. Se R$ 300,00 correspondem a dois meses de mesada, significa que a mesada mensal é de R$ 150,00 (R$ 300,00/2 = R$ 150,00). Segundo Júlia, 9 meses de mesada, ou seja R$ 1.350,00 (R$ 150,00 x 9 = R$ 1.350,00), correspondem a 75% ou 3/4 do valor total do videogame. Ou seja: R$ 1.350,00 + 1/4 de R$ 1.350,00 é igual

ao valor total do videogame. 1/4 de R$ 1.350,00 = R$ 337,50. Portanto o valor total do videogame é R$ 1.350,00 + R$ 337,50 = R$ 1.687,50.
Finalmente, basta calcular a quanto porcento R$ 300,00 é de R$1.687,50.

$$\frac{R\$\ 300{,}00}{R\$\ 1.687{,}50} \times 100\% = 0{,}1777... \times 100\% = 17{,}77\% \text{ ou } 17{,}8\%.$$

300 ÷ 1.687,5 x 100 => (300 x 100) x 1.687,5 =
= 30.000 ÷ 1.687,5 = 300.000 ÷ 16.875.

```
R$ 3'0'0' | 2                4
  -2      |------------
   10     | R$ 150,00    R$ 150
  -10     |              x    9
   00     |              R$ 1350,00
          | R$ 13'5'0' | 4
          |   -12      |------------
          |   015      | R$ 337,50
          |    -12     |
          |    030     |   R$ 1350,00
          |    -28     | + R$  337,50
          |     020    |   R$ 1687,50
          |     -20    |
          |      00    |
```

```
  30000'0' | 16875
 - 16875   |------
   131250  | 17,77
 - 118125  |
    131250 |
  - 118125 |
     131250|
   - 118125|
      13125|
```

A opção correta é a letra (E).

10ª Questão) João tem uma piscina plástica, no formato de um paralelepípedo com todas as faces retangulares, cujo fundo tem medidas internas de 1,8 m de comprimento por 1,2 m de largura e deseja enchê-la até que o nível de água atinja 60 cm. Despejando na piscina 36 baldes grandes de água, completamente cheios, João percebeu que o nível da água atingiu 20 cm. Nesse momento, o balde quebrou e, para finalizar o enchimento da piscina, foi necessário usar outro balde com capacidade 25% menor que o anteriormente usado. Qual a quantidade de baldes menores, completamente cheios de água, que João ainda precisará despejar na piscina para atingir o nível desejado?
(A) 36 baldes (B) 48 baldes (C) 64 baldes (D) 72 baldes **(E) 96 baldes**.

Raciocínio lógico matemático: inicialmente se calcula o volume da piscina, tanto para 60 cm ou 0,6m de altura, quanto para 20 cm ou 0,2 m de altura.

Com o volume para 0,2 m de altura dividido por 36 baldes grandes, acha-se o volume de cada balde grande. Se o balde menor tem 25% menos volume que o balde maior, significa que ele tem 75% do volume do balde maior.
Com a diferença dos volumes para alturas de 0,6 m e 0,2 m dividida pelo volume do balde menor, encontra-se a quantidade de baldes menores que devem ser utilizados para completar os 40 cm ou 0,4 m de altura, de forma a chegar à altura de 60 cm ou 0,6 m.

Cálculos matemáticos.
Volume da piscina para altura 0,6 m = 1,8 m x 1,2 m x 0, 6 m = 1,296 m^3.
Volume da piscina para altura 0,2 m = 1,8 m x 1,2 m x 0,2 m = 0,432 m^3.
Volume do balde grande = 0,432 m^3/36 = 0,012 m^3.
Volume do balde menor: 75% de 0,012 m^3 = 0,75 x 0,012 m^3 = 0,009 m^3.
Diferença dos volumes (0,6 e 0,2): 1,296 m^3 - 0,432 m^3 = 0,864 m^3.
Diferença dos volumes dividida pelo volume do balde menor é igual a:

$$\frac{0{,}864\ m^3}{0{,}009\ m^3/\text{balde}} = 96 \text{ baldes.}$$

A opção correta é a letra (E).

11ª Questão) Os XIV Jogos da Amizade aconteceram na cidade de Curitiba e tiveram a presença de 1.800 alunos. Já os XV Jogos da Amizade, no Rio de Janeiro, contaram com a presença de 2.100 alunos. Supondo que seja mantido, pelas futuras edições, o mesmo aumento percentual da quantidade de participantes apresentados entre os XIV e XV Jogos da Amizade, determine, aproximadamente, a quantidade de alunos que participarão dos XVII Jogos da Amizade.
(A) 300 (B) 2400 (C) 2450 (D) 2723 **(E) 2858**.

Raciocínio lógico matemático: inicialmente calcula-se o percentual de aumento entre os XIV e XV jogos, sendo que no XIV foram 1.800 alunos e no XV foram 2.100 alunos ou 300 alunos a mais (2.100 - 1.800 = 300). Esse percentual de aumento é dado por (300/1800) x 100% que é igual a 16,666%. Nos XVI jogos serão 2.100 alunos mais 16,666%, ou seja: 2.450 alunos. Nos XVII jogos serão 2.450 alunos mais 16,666%, ou seja: 2.858 alunos. **A opção correta é a letra E**.
Cálculos matemáticos: (300/1800) x 100% = 30.000/1.800.

```
 1
2100     3000'0|_1800___   (2100 x 1,16666 = 21 x 1,16666 x 100).
- 1800   -1800  | 16,666%. (2500 x 1,16666 = 25 x 1,16666 x 100).
0300     12000  |          116666            116666
        - 10800 |          x 21              x 245
         012000 |          116666            583330
         -10800 |        + 233332          + 466664
         012000 |          2449,986          233332
          Usar 2450 ↗                      2858,3170
                               Usar 2858 ↗
```

12ª Questão) Nos Jogos da Amizade, alguns Colégios Militares fazem uniformes especiais para usar durante as competições. Nesse contexto, os alunos da equipe de futebol masculino do Colégio Militar do Rio de Janeiro foram a uma costureira e encomendaram as camisetas para uso na competição. A fim de confeccioná-las, a costureira dispunha de três rolos de tecido, de mesma largura e com as seguintes medidas de comprimento: 112 metros, 176 metros e 96 metros. Procurando atender na plenitude os pedidos dos uniformes, ela decidiu iniciar a confecção das camisetas cortando os tecidos de forma a obter pedaços de mesmo comprimento e com o maior tamanho possível. Após cortar os três rolos de tecido, determine a quantidade de pedaços de tecidos obtidos pela costureira.

(A) 6 (B) 7 (C) 11 (D) 16 (E) 24

Raciocínio lógico: esse é um problema "clássico" de MDC ou Máximo Divisor Comum, sendo resolvido colocando cada número em uma linha, em ordem crescente de valor. Para cada número calculam-se os seus divisores, após os três números divididos, determina-se qual é o maior valor numérico comum aos três números.

Cálculos matemáticos:

96 (2, 3, 4, 6, 8, 12, (16), 24, 32, 48, 96).

112 (2, 4, 8, 14, (16), 56, 112).

176 (2, 4, 8, (16), 22, 44, 88, 176).

O maior divisor comum aos três números é o 16. Portanto: **A opção correta é a D**.

13ª Questão) No pátio do CMRJ existe a Praça Thomaz Coelho onde acontecem as formaturas e solenidades especiais em datas comemorativas. No centro da Praça existem dois palcos, cujos desenhos geométricos, vistos de cima, são mostrados a seguir. As áreas A e B juntas equivalem à área C, e a área A tem o formato de um retângulo com 8 m de base. O comandante do Colégio deseja pintar o piso dos palcos com a famosa cor "verde oliva", usada no exército brasileiro. Sabendo que uma lata de tinta cobre 4 m^2 de superfície, quantas latas são necessárias para pintar os dois palcos?

(A) 10 latas (B) 12 latas (C) 15 latas (D) 18 latas **(E) 20 latas**.

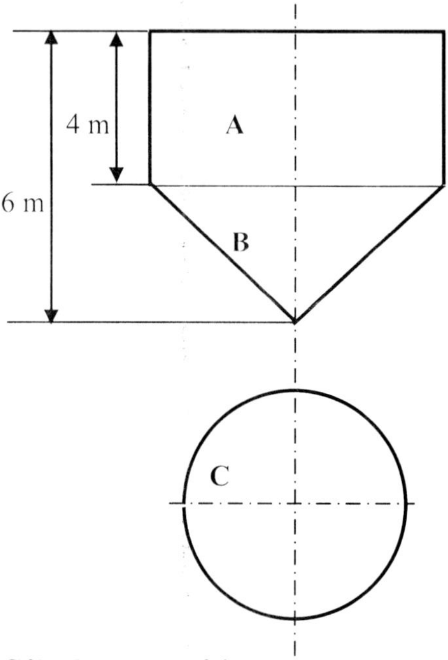

Raciocínio lógico geométrico:

Inicialmente calculam-se as áreas do retângulo e do triângulo, observando-se que, a base do triângulo tem 8 m, pois é o lado maior do retângulo e sua altura é igual a 2 m, pois: 6 m - 4 m = 2 m.

Cálculos matemáticos: área total é igual a 40 m^2 x 2 = 80 m^2.
Como uma lata de tinta cobre 4 m^2, então basta dividir 80 m^2 por 4 m^2 = 20 latas de tinta.

Cálculos matemáticos:

Área do retângulo = 8 m x 4 m = 32 m^2.
Área do triângulo = $\frac{8 \text{ m} \times 2 \text{ m}}{2}$ = + 8 m^2.
40 m^2.

Soma das áreas, que é igual à área C = 40 m^2.

Resposta: a opção correta é a letra E.

```
8'0 |4       40     6    8      16 |2
-8  |20      x 2   -4   x 2    -16 |8
 00 |        80     2   16      00 |
```

14ª Questão) Tia May proibiu o Homem Aranha de usar suas "teias" para subir ao telhado e aproveitar seus momentos de lazer e treinamentos de super-herói. Ela se aborreceu por conta da sujeira que as teias deixavam nas paredes. O Homem Aranha decidiu, então, construir uma escada de concreto, com 102 degraus. Cada degrau terá o formato de um paralelepípedo retângulo de dimensões: 1200 mm de comprimento, 40 cm de largura e 3 dm de altura. O cimento utilizado para fazer o concreto é vendido em sacos. Se, com um saco de cimento, faz-se 2 metros cúbicos de concreto, quantos desses sacos, no mínimo, o Homem Aranha vai precisar comprar para construir todos os degraus desta escada?

(A) 7 sacos **(B) 8 sacos** (C) 9 sacos (D) 10 sacos (E) 11 sacos.

Raciocínio lógico matemático: inicialmente faz-se a conversão das unidades para metro, pois o volume do saco de cimento está em metros cúbicos (m^3). Uma vez feita a conversão de unidades, calcula-se o volume de cada degrau e multiplica-se por 102, pois serão 102 degraus. Uma vez com o volume total dos 102 degraus, divide-se por 2, pois cada saco permite construir dois degraus, com essa divisão tem-se o número mínimo de sacos.

Cálculos matemáticos:

m	dm	cm	mm
1,	2	0	0
0,	3		
0,	4	0	

Comprimento do degrau = 1,2 m.

Altura do degrau = 0,3 m.

Largura do degrau = 0,4 m.

Volume de cada degrau = 1,2 m x 0,3 m x 0,4 m = 0,144 m^3.
Volume dos 102 degraus = 102 x 0,144 m^3 = 14,688 m^3.
Quantidade de sacos de cimento necessária = $\frac{14{,}688\ m^3}{2}$ = 7,344 sacos.

Como não se vende 7,344 sacos, serão necessários, no mínimo, 8 sacos.

Resposta: a opção correta é a letra B.

15ª Questão) Thomaz adora brincar de bater pênalti. Outro dia, durante o treino de seu time, ele bateu um total de 120 pênaltis, distribuídos em duas etapas. Na primeira etapa, foram 80 chutes, dos quais errou apenas 30%. Depois disso, ficou cansado e seu rendimento, na segunda etapa, piorou. De qualquer modo, ao final das duas etapas, ele acertou 55% do total de pênaltis. Quantos pênaltis Thomaz errou na segunda etapa?

(A) 10 (B) 24 **(C) 30** (D) 45 (E) 54

Raciocínio lógico matemático: Thomaz no total deu 120 chutes e acertou 55%, ou seja, no total dos 120 chutes, errou 45%, (100% - 55% = 45%), ou seja, errou 54 chutes (120 x 0,45 = 54). Como ele errou 30% dos 80 chutes da 1ª etapa, ou 24 chutes (80 x 0,30 = 24), na 2ª etapa ele errou 54 - 24 = 30, ou seja, Thomaz errou 30 pênaltis na 2ª etapa.

Resposta: a opção correta é a letra (C).

16ª Questão) Considerando todos os 125 alunos da professora Maria Helena, sabe-se que 60% são meninas. No último final de semana, a professora corrigiu as provas trimestrais de todos os seus alunos. Sobre os resultados, Maria Helena observou que 80% dos meninos e 40% das meninas obtiveram nota igual a 7 (sete). Além disso, 1/5 do total de alunos obteve nota 5 (cinco). A seguir, a professora verificou que 2/3 do restante obtiveram nota 8 (oito) e os demais, nota 10 (dez). A média aritmética das notas de todos os alunos é um número entre:

(A) 6,3 e 6,7 **(B) 6,8 e 7,2** (C) 7,3 e 7,7 (D) 7,8 e 8,2 (E) 8,3 e 8,7.

Raciocínio lógico matemático: para se calcular a média aritmética, tem-se que fazer a soma das notas dos 125 alunos e dividir por 125. Para saber a nota de cada aluno, calculam-se os percentuais e as notas.

Dos 125 alunos, 60% são meninas = 75 meninas.
Dos 125 alunos, 40% são meninos = 50 meninos.
80% dos meninos tiraram nota 7,0 = 40 meninos.
40% das meninas tiraram nota 7,0 = 30 meninas.

Total de alunos com nota 7,0 = 70 alunos (40 + 30 = 70).
1/5 ou 20% de 125 alunos tiraram 5,0 = 25 alunos.
Restante dos alunos = 125 - (40 + 30 + 25) = 30 alunos.
2/3 de 30 alunos tiraram nota 8,0 = 20 alunos.

1/3 de alunos tiraram nota 10 = 10 alunos
Resumo das notas: 70 x 7; 25 x 5; 20 x 8,0 e 10 x 10.

Média aritmética $= \dfrac{(70 \times 7) + (25 \times 5) + (20 \times 8) + (10 \times 10)}{125} = \dfrac{875}{125} = 7.$

Resposta: a opção correta é a letra (B).

17ª Questão) No Laboratório de Matemática do Colégio Militar do Rio de Janeiro, há somente os modelos de sólidos das imagens a seguir. Sabe-se que são 40 esferas e que o número de cilindros é três vezes o número de arestas da pirâmide. Sabe-se também que existem 24 poliedros de 5 faces e que o número de cones é igual ao quádruplo do número de faces do prisma. Já a quantidade de prismas é um número menor do que 50 e múltiplo, simultaneamente, de 6 e 7. Dentre as frações abaixo, qual representa a quantidade de poliedros em relação à quantidade total de sólidos?

(A) 33/79 (B) 2/11 (C) 12/79 (D) 7/11 (E) 21/38.

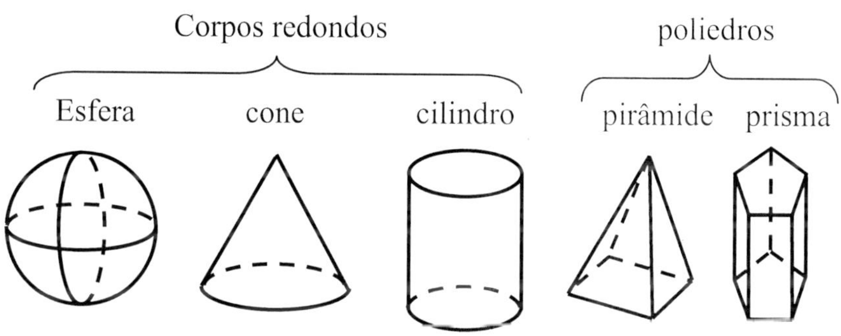

Dados iniciais:

40 esferas
Número de cilindros é três vezes número de arestas da pirâmide.
24 poliedros de 5 faces.
O número de cones é igual ao quádruplo do número de faces do prisma.
A quantidade de prismas é um número menor do que 50 e múltiplo, simultaneamente, de 6 e 7.

Deduções geométricas espaciais:

O número de cilindros é 24, pois a pirâmide tem oito arestas (3 x 8 = 24).

São 24 pirâmides, pois é o poliedro que tem cinco faces.
São 28 cones, pois o prisma tem sete faces.
Número de prismas = 42, pois: 6 x 7 = 42 e 7 x 6 = 42, que é menor que 50.

Quantidade total de poliedros = pirâmides + prismas = 24 + 42 = 66.
Quantidade total de sólidos = 40 + 24 + 24 + 28 + 42 = 158.

Cálculos matemáticos:

Quantidade de poliedros / quantidade total de sólidos = 66/158.

$\frac{66}{158} = \frac{33}{79}$. **Resposta: a opção correta é a letra (A).**

18ª Questão) A armadura do Homem de Ferro é repleta de tecnologia e está dividida em diversas partes. Em uma de suas primeiras idealizações, a armadura era dividida em quatro partes: 1ª parte, cabeça; 2ª parte, tronco; 3ª parte, dois membros superiores e, por último, 4ª parte, dois membros inferiores. Considerando que todas as partes possuem a mesma quantidade de ferro e, nas 3ª e 4ª partes, a quantidade de ferro é dividida igualmente entre os membros, qual fração representa a quantidade de ferro utilizada em um membro inferior da armadura?

(A) 1/2 (B) 1/3 (C) 1/4 (D) 1/6 **(E) 1/8**.

Raciocínio lógico matemático:

1ª parte, cabeça = 1/4 da quantidade.
2ª parte, tronco = 1/4 da quantidade.
3ª parte, dois membros superiores = 1/4 da quantidade dividida por 2.
4ª parte, dois membros inferiores = 1/4 da quantidade dividida por 2.

Cálculo matemático: $\frac{1}{4} \div 2 = \frac{1}{4} \times \frac{1}{2} = \frac{1}{8}$.

Dividir por 2 equivale a multiplicar por 1/2.

Resposta: a opção correta é a letra (E).

19ª Questão) Não há como negar que, de todos os X-Men, o mutante mais impactante da Marvel sempre foi o Wolverine. Os sentidos aguçados, as habilidades físicas aprimoradas, a capacidade regenerativa potente, três garras retráteis em cada mão são características que o fazem um dos super-heróis mais poderosos da Marvel. Levando em conta que tais poderes permitem que Wolverine pilote, com agilidade, sua moto, quanto tempo, em minutos, ele levaria para completar uma pista reta de 4 km de comprimento a uma velocidade (razão entre a distância percorrida e o tempo utilizado, nesta ordem) de 240 km/h?

(A) 1 minuto (B) 2 minutos (C) 3 minutos (D) 4 minutos (E) 5 minutos.

Raciocínio lógico matemático: a primeira coisa a fazer é transformar a velocidade de 240 km por hora, para km por minuto.

Cálculos matemáticos: como uma hora é igual a 60 minutos, então:

$\frac{240\ km}{60\ min.} = \frac{4\ km}{min.}$.

Resposta: a opção correta é a letra (A).

20ª Questão) A Copa do Mundo de Futebol, realizada a cada quatro anos, teve sua primeira edição em 1930. Somente nos anos de 1942 e 1946, o evento foi suspenso devido à Segunda Guerra Mundial. No entanto, desde 1950 até os dias de hoje, o evento ocorre sem interrupções temporais. Considerando a competição disputada no Qatar, no ano de 2022, a edição dessa Copa do Mundo foi a de número?

(A) 24 (B) 23 **(C) 22** (D) 21 (E) 20.

Raciocínio lógico matemático: basta fazer a sequência numérica de quatro em quatro anos, a partir de 1930, pulando os anos de 1942 e 1946. (Existe um método mais rápido, mas para alunos no final do 5º ano do Ensino Fundamental é mais prático e fácil fazer como a seguir).

Cálculo da sequência numérica: 1ª 1930, 2ª 1934, 3ª 1938, 4ª 1950; 5ª 1954; 6ª 1958; 7ª 1962; 8ª 1966; 9ª 1970; 10ª 1974; 11ª 1978; 12ª 1982; 13ª 1986; 14ª 1990; 15ª 1994; 16ª 1998; 17ª 2002; 18ª 2006; 19ª 2010; 20ª 2014; 21ª 2018; 22ª 2022.

Resposta: a opção correta é a letra (C).

21ª Questão) Um caminhão de transporte é capaz de carregar, por viagem, 8 milhões de cm^2 de placas de grama para plantio em campos de futebol. Para cobrir um campo padrão FIFA, que mede 105 metros de comprimento e 68 metros de largura, por completo, desprezando as perdas de material durante o processo, esse caminhão precisará fazer, no mínimo, quantas viagens?

(A) 12 (B) 11 (C) 10 **(D) 9** (E) 8.

Raciocínio lógico matemático: inicialmente deve-se transformar os 8 milhões de cm^2 para m^2. Em seguida calcula-se a área do campo padrão FIFA (105 m x 68 m) e, finalmente, divide-se a área do campo pela área de grama em m^2 que um caminhão carrega.

Cálculos matemáticos: **Resposta: a opção correta é a letra (D)**.

Dam^2	m^2	dm^2	cm^2	mm^2
08	0 0	0 0	0 0	

8.000.000 cm^2 = 800 m^2.

Área do campo = 105 m x 68 m = 7.140 m^2.

Número de viagens = $\frac{7.140\ m^2}{800\ m^2}$ = 8,925 viagens. Ou melhor: 9 viagens.

22ª Questão) No Colégio Militar do Rio de Janeiro, um aluno do 7º ano juntou 72 moedas para comprar pacotes de figurinhas. Um oitavo do total dessas moedas é de R$ 1,00 (um real); um sexto da quantidade total é de R$ 0,50 (cinquenta centavos); um quarto da quantidade total de moedas é de R$ 0,25 (vinte e cinco centavos); e as restantes são de R$ 0,10 (dez centavos). Em reais, essas moedas totalizam a quantia de:

(A) R$ 19,50. **(B) R$ 22,80**. (C) R$ 23,50. (D) R$ 23,80. (E) R$ 31,50.

Raciocínio lógico matemático: inicialmente determina-se a soma das frações das 72 moedas, com os respectivos valores. Ou seja: 1/8 de 72 + 1/6 de 72 + 1/4 de 72. Subtraindo essa soma de 72, tem-se o número de moedas de R$ 0,10 e, uma vez conhecidas as quantidades de cada moeda é só fazer o somatório, para obter a quantia total.

Cálculos matemáticos da quantidade de cada moeda: 1/8 de 72 = 9; 1/6 de 72 = 12 e 1/4 de 72 = 18. A soma dessas moedas dá: 9 + 12 + 18 = 39, portanto: 72 - 39 = 33 é a quantidade de moedas de R$ 0,10.

Soma total das moedas:

9 x R$ 1,00 = R$ 9,00.
12 x R$ 0,50 = R$ 6,00.
18 x R$ 0,25 = R$ 4,50. +
33 x R$ 0,10 = R$ 3,30.
Quantia total = R$ 22,80.

72/8 = 9. 72/6 = 12. 72/4 = 18.

$$\begin{array}{r} {}^{1}\ \\ 18 \\ +\ 12 \\ \underline{9} \\ 39 \end{array} \qquad \begin{array}{r} {}^{6} \\ 7\not{2} \\ \underline{-\ 39} \\ 33 \end{array}$$

Resposta: a opção correta é a letra (B).

23ª Questão) - Pedro, aluno do 3º ano do ensino médio do Colégio Militar de Fortaleza, perguntou à sua avó Norma qual era a idade dela. Vovó Norma respondeu: "Eu tenho três filhos e a diferença de idade entre cada um deles e o seguinte é de quatro anos. Tive minha primeira filha (sua mãe, Adriana) com 21 anos. Hoje meu filho mais novo (seu tio, Octávio) tem 42 anos." A idade da avó de Pedro é:

(A) 58 anos. (B) 62 anos. **(C) 71 anos**. (D) 73 anos. (E) 75 anos.

Raciocínio lógico matemático: chamando os três filhos de A, B e C, sendo C o mais novo, tem-se as seguintes relações de idades: B - C = 4 anos; A - C = 8 anos e A - B = 4 anos. Se o filho mais novo C tem 42 anos então: B - 42 anos = 4 anos, logo: B = 46 anos. Como A - C = 8 anos e C tem 42 anos, portanto: A - 42 = 8 anos, ou seja: A = 50 anos.

Em resumo: A = 50 anos; B = 46 anos e C = 42 anos.
Como a primeira filha, a Adriana, (mãe do Pedro) nasceu quando a avó tinha 21 anos e como o filho mais velho tem 50 anos, então a avó de Pedro tem 71 anos de idade, pois: 50 + 21 = 71.

Resposta: a opção correta é a letra (C).

24ª Questão) O preço do gás natural para um consumidor residencial numa grande cidade é calculado a partir da tabela a seguir:

Faixa de consumo (m^3 por mês)	Tarifa limite (R$ por m^3)
De 0 até 7	3,50
Acima de 7 até 23	4,55
Acima de 23 até 83	5,50
Acima de 83	6,20

Assim, por exemplo, se o consumo da sua casa for de 25 m^3 , você deverá pagar 7 × 3,50 + 16 × 4,55 + 2 × 5,50 = R$ 108,30. Quanto pagou uma família, cujo consumo foi de 90 m^3:

(A) R$ 421,80. (B) R$ 459,00. (C) R$ 465,20. **(D) R$ 470,70**. (E) R$ 480,55.

Raciocínio lógico matemático: como a família consumiu acima de 83 m^3, então estará sujeita às quatro faixas de consumo, na seguinte relação: 90 - 83 = 7 x 6,20 = R$ 43,40 + 83 - 23 = 60 x 5,50 = R$ 330,00 + 23 - 7 = 16 x 4,55 = R$ 72,80 + 7 x 3,50 = R$ 24,50.

Quanto a família pagou = R$ 43,40 + R$ 330,00 + R$ 72,80 + R$ 24,50 = R$ 470,70. **Portanto a opção correta é a letra (D)**.

111	8	1		3	1	3 3	3
330,00	90	6,2	83	5,5	23	4,55	3,5
72,80	- 83	x 7	-23	x 60	-7	x 16	x 7
+ 43,40	07	43,4	60	330	16	2730	24,5
24,50						455	
470,70						72,80	

25ª Questão) Um torneio de xadrez terá alunos de escolas militares. O Colégio Militar de Campo Grande (CMCG) levará 120 alunos; o Colégio Militar do Rio de Janeiro (CMRJ), 180; e o Colégio Militar de Brasília (CMB), 252. Esses alunos serão divididos em grupos, de modo que cada grupo tenha representantes das três escolas, e que o número de alunos de cada escola seja o mesmo em cada grupo. Dessa maneira, o maior número de grupos que podem ser formados é:

(A) 10. **(B) 12**. (C) 15. (D) 21. (E) 46.

Raciocínio lógico matemático: esse é um problema clássico de MDC ou Máximo Divisor Comum, muito utilizado para a composição de grupos, principalmente em competições esportivas.

Cálculo do MDC:

120 (1, 2, 3, 4,5 ,6, 8, 10, 12, 15, 20, 24, 30, 40, 60, 120).

180 (1, 2, 3, 4, 5, 6, 9, 10, 12, 20, 30, 36, 60, 90, 180).

252 (1, 2, 3, 4, 6, 7, 9, 12, 14, 18, 28, 36, 126, 252).

O MDC desses três números é 12, portanto: **a opção correta é a letra (B)**.

26ª Questão) Ana Luiza e Júlia estão jogando o "jogo do troca". As regras desse jogo são as seguintes: 1. As jogadoras jogam "par ou ímpar". 2. Cada vez que uma jogadora vence o "par ou ímpar", ganha uma ficha amarela. 2. Três fichas amarelas devem ser trocadas por uma ficha vermelha. 3. Três fichas vermelhas devem ser trocadas por uma azul. 4. Três fichas azuis devem ser trocadas por uma verde. Ganha o jogo a menina que conseguir a primeira ficha verde. Para que isso aconteça, a vencedora do "jogo do troca" terá ganhado no "par ou ímpar":

(A) 81 vezes. (B) 28 vezes. **(C) 27 vezes**. (D) 9 vezes. (E) 8 vezes.

Raciocínio lógico matemático: a cada três vitórias acumula uma ficha de cor diferente, que para serem conquistadas precisam de três vitórias seguidas, ou seja, a vencedora terá que ganhar: 3 x 3 x 3 = 27 vezes.

Resposta: a opção correta é a letra (C).

27ª Questão) Em uma corrida seletiva para uma maratona, existem 2.500 atletas inscritos. Metade desses atletas são homens. Além disso, sabemos que são profissionais 4/5 dos homens e 7/10 das mulheres. Sabemos, também, que foram classificados para a maratona olímpica, entre os homens, apenas 1/4 dos atletas profissionais e 3/25 dos atletas amadores. Entre as mulheres, só 9/35 das profissionais e 13/75 das amadoras conseguiram classificação. O número total de atletas classificados nessa corrida foram:

(A) 505. (B) 520. (C) 545. **(D) 570**. (E) 650.

1) Metade são homens e metade são mulheres, ou seja, 1.250 homens e 1.250 mulheres.

2) 4/5 dos homens são profissionais, ou seja: 1.000 homens são profissionais (e 250 homens são amadores).

3) 7/10 das mulheres são profissionais, ou seja: 875 mulheres são profissionais (e 375 mulheres são amadoras).

4) Apenas 1/4 dos profissionais homens **se classificaram para a maratona olímpica**, ou seja: 1/4 de 1.000, que é igual a 250 profissionais homens.

5) Apenas 3/25 dos **atletas amadores homens se classificaram para a maratona olímpica**. Ou seja, dos 1.250 homens 1.000 são profissionais e, portanto, 250 são amadores. **3/25 de 250 é igual a 30**.

6) Apenas 9/35 **das atletas profissionais mulheres se classificaram para a maratona olímpica**, ou seja: 9/35 de 875, **ou 225 mulheres**.

7) **Apenas 13/75 das atletas amadoras femininas conseguiram classificação para a maratona olímpica**, ou seja: 13/75 de 375, que é igual a **65 mulheres amadoras**.

O número total de atletas (homens, mulheres, profissionais e amadores) classificados para a maratona olímpica é igual a: 250 + 30 + 225 + 65 = 570.

Resposta: a opção correta é a letra (D).

```
10'0'0 | 4
-8     | 250
 20
-20
 000

2'5'0'0 | 2
-2      | 1250
 05
 -4
  10
 -10
  000

4/5 x 1.250 = 1.000.
12
1250
 x 4
5'0'0'0' | 5
-5       | 1000
 0000

7/10 x 1.250 = 875.
13
1250
 x 7
8750 ÷ 10 = 875.

3/25 x 250 = 750 ÷ 25

75'0' | 25
-75   | 30
000

9/35 x 875 = 225

64
875
x 9
7875

78'7'5' | 35
-70     | 225
 87
-70
 175
-175
 000
```

$\frac{13}{75} \times 375 = 65.$

```
   2 1       487'5' | 75       11
   375      -450    |----     250
  x 13       0375   | 65      225
  1125       -375   |          65
 + 375        000   |          30
  4875                        570
```

28ª Questão) Uma piscina na forma de um bloco retangular tem suas dimensões representadas na figura a seguir. Após uma limpeza, a piscina encontra-se totalmente vazia. Considere que uma bomba jogue água dentro da piscina a uma vazão constante, isto é, o volume de água bombeado por minuto dentro da piscina é sempre o mesmo. Se em 10 minutos forem bombeados 250 litros d'água para dentro da piscina, determine o tempo necessário, em horas, para que a piscina atinja 25% de sua capacidade total.

(A)8 horas (B) 9 horas **(C) 10 horas** (D)12 horas (E) 15 horas.

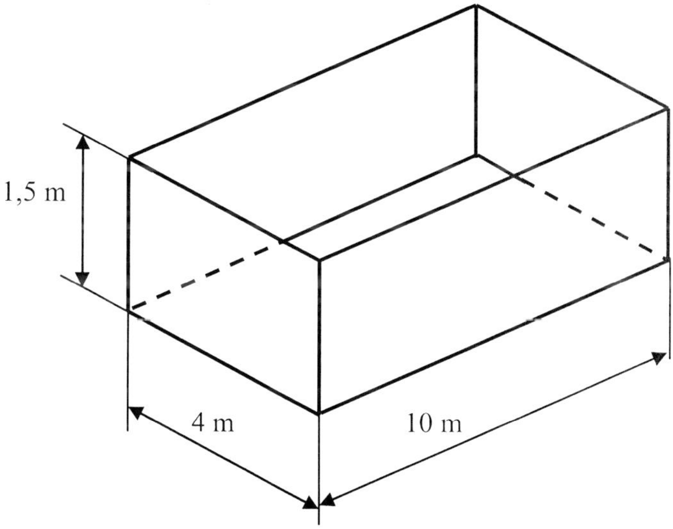

Raciocínio lógico matemático: inicialmente calcula-se o volume da piscina, ou seja: 1 0 m x 4 m x 1,5 m = 60 m^3 (ou 60.000 litros). 25% ou 1/4 da capacidade da piscina é igual a 15.000 litros (60.000/4). 250 litros, bombeados em 10 minutos, significa 25 litros por minuto (250/10). Ou seja, a bomba tem uma vazão de 25 litros por minuto.Com essa vazão, para encher os 15.000 litros (25% do volume total) serão necessários:

$\frac{15.000 \text{ litros}}{25 \text{ litros/minuto}}$ = 600 minutos ou 10 horas, pois uma hora tem 60 min.

Resposta: a opção correta é a letra (C).

29ª Questão) Nas aulas de Desenho do Coronel Wellington, os alunos projetaram uma caixa decorada. A planificação da caixa foi desenhada em uma folha de papel cartão. A seguir, o contorno do desenho foi recortado e dobrado sobre as linhas pontilhadas para dar origem à caixa. Nas faces da caixa, os alunos desenharam as letras C, M, R e J. A Figura 1 mostra a planificação da caixa e a Figura 2 mostra a caixa depois de montada.

A opção que mostra essa caixa em uma das posições das figuras 3, 4, 5, 6 ou 7 é:

Resposta: a opção correta é a da figura 3.

Figura 2

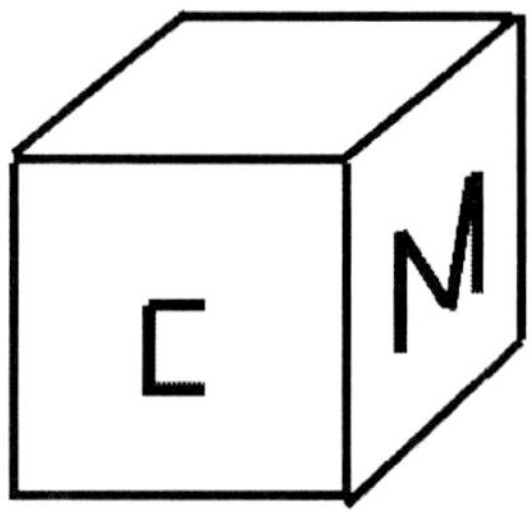

Figura 1

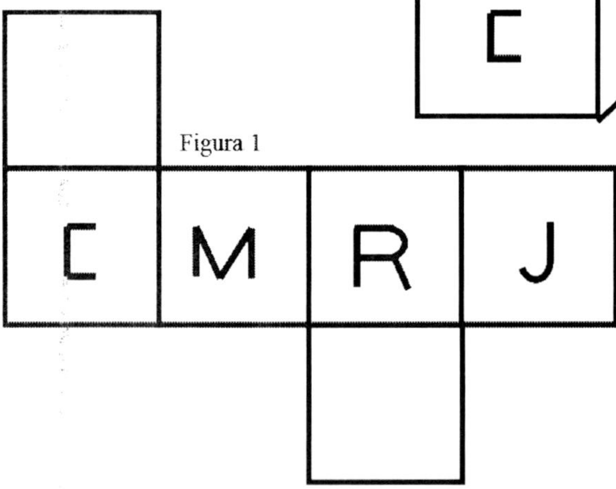

Figura 3

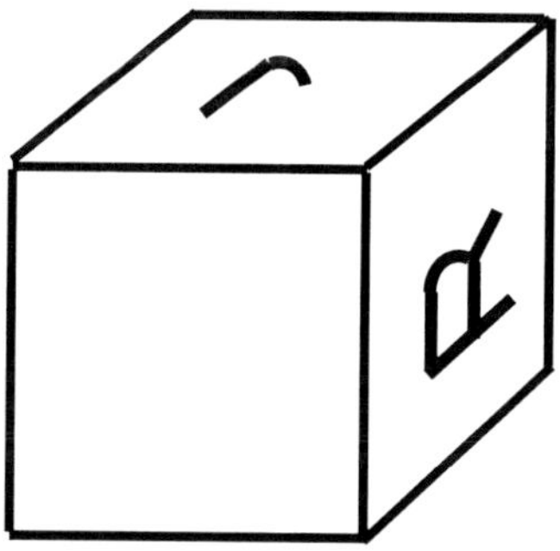

Figura 4

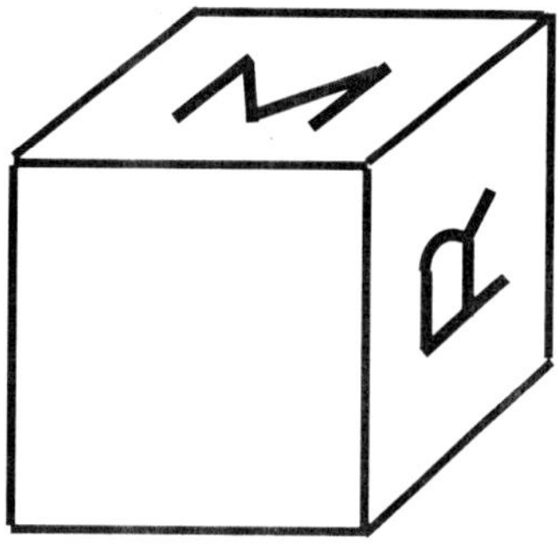

Figura 5

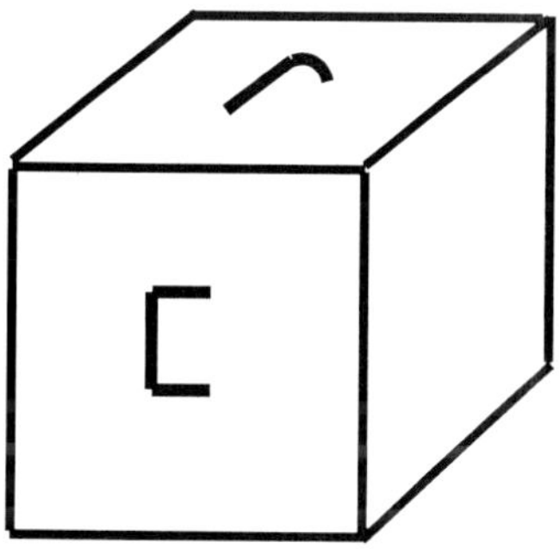

Figura 6

Figura 7

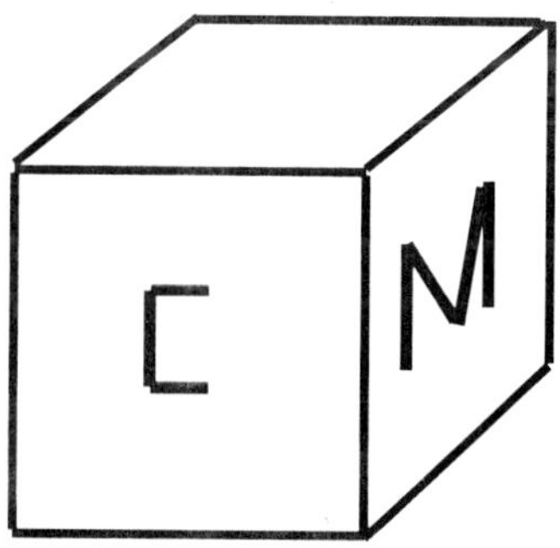

Raciocínio lógico espacial: a figura 8 mostra o cubo da figura 2, montado com a posição das quatro letras, sendo as letras R e J, nas faces escondidas. Observa-se que as quatro letras CMRJ estão nas laterais e o tampo e o fundo não têm letras.

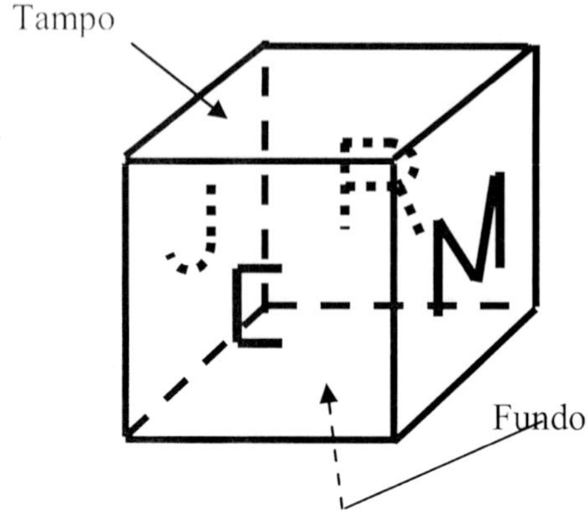

Figura 8

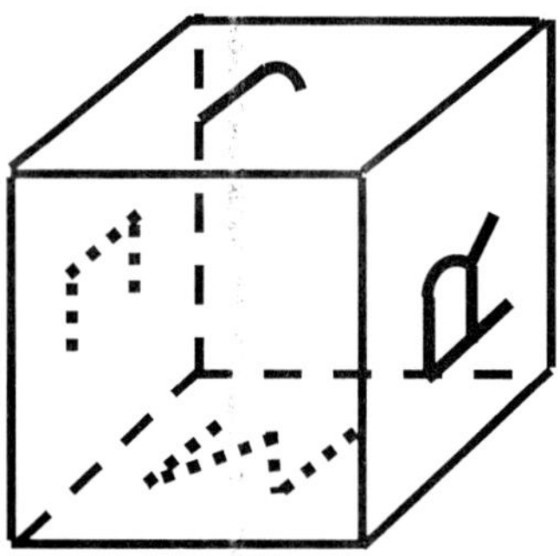

Figura 9

A figura 9, à esquerda, mostra o cubo original da figura 8 em outra posição, de forma que das cinco opções apresentadas a correta é a da figura 3.

30ª Questão) Considerando o gráfico a seguir, que apresenta a quantidade de clientes em dois restaurantes, durante seis dias, sabe-se que a média diária de clientes no Bistrô Carioca nesses seis dias foi de 513 e no Família Tijucana DE 518. Com base nessas informações, é correto afirmar que:

(A) O Bistrô Carioca e o Família Tijucana tiveram mais clientes, no mesmo dia.

(B) No "dia 4" houve a menor diferença no número de clientes entre os dois restaurantes.

(C) O número de clientes do Família Tijucana foi abaixo da sua média diária em no máximo um dia.

(D) Se no "dia 2" o Família Tijucana tivesse recebido mais dez (10) clientes, o número de clientes nesse dia seria maior que sua média diária, nesses seis dias.

(E) O Bistrô Carioca teve menos clientes que o Família Tijucana em quatro dias.

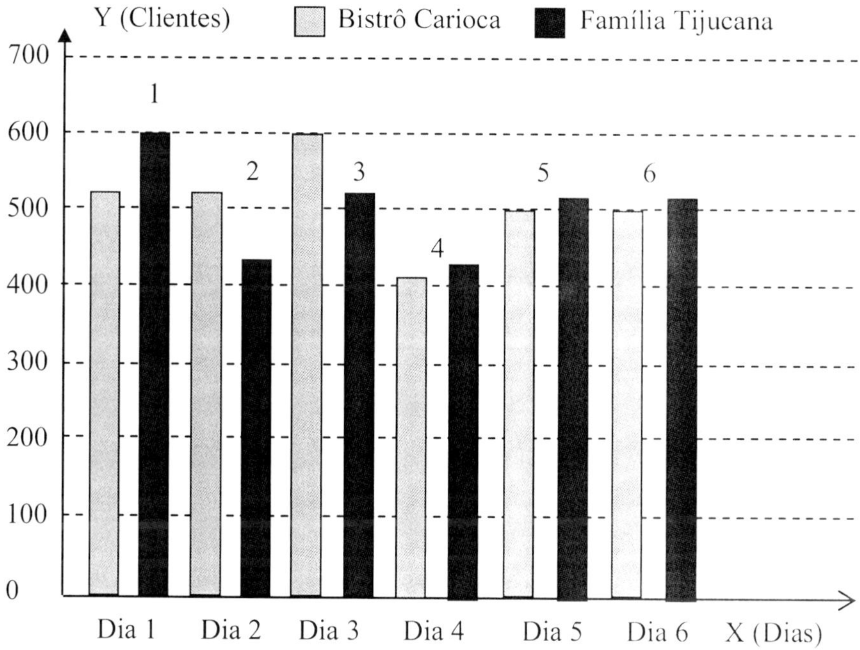

Raciocínio lógico visual, para cada opção de resposta:

(A) O Bistrô Carioca e o Família Tijucana tiveram mais clientes, no mesmo dia. Opção errada, pois o Bistrô Carioca teve mais clientes no "Dia 3" e o Família Tijucana no "Dia 1"

(B) No "dia 4" houve a menor diferença no número de clientes entre os dois restaurantes. Opção errada, pois a menor diferença foi no "Dia 5".

(C) O número de clientes do Família Tijucana foi abaixo da sua média diária em no máximo um dia. Opção errada, pois foi no máximo em dois dias: "Dia 2" e "Dia 4".

(D) Se no "Dia 2" o Família Tijucana tivesse recebido mais dez (10) clientes, o número de clientes nesse dia seria maior que sua média diária, nesses seis dias. Opção errada, pois a média diária do Família Tijucana foi 518 e mesmo com mais dez clientes, não chegaria a 450.

(E) O Bistrô Carioca teve menos clientes que o Família Tijucana em quatro dias. Opção correta. Foram nos "Dias: 1, 4, 5 e 6.

31ª Questão) A fim de arrecadar dinheiro para sua formatura, Leca decidiu rifar uma cesta de chocolates e disponibilizou os 60 números da tabela abaixo para vender entre seus amigos.

1	2	3	4	5	6	7	8	9	10
11	12	13	14	15	16	17	18	19	20
21	22	23	24	25	26	27	28	29	30
31	32	33	34	35	36	37	38	39	40
41	42	43	44	45	46	47	48	49	50
51	52	53	54	55	56	57	58	59	60

Quando Dani foi escolher o seu número, resolveu que ele deveria satisfazer as seguintes condições: 1) O número escolhido deveria ter 2 algarismos: um deles sendo par e o outro, ímpar. 2) O número escolhido não deveria ser divisível por 6, nem por 7. 3) Quando fosse dividir o número escolhido por 5, o resto deveria ser 2 ou 4. 4) Ao trocar a ordem dos algarismos, o número escolhido deveria continuar sendo um número contido na tabela.
Ao perceber que três números dessa tabela satisfaziam suas condições, Dani comprou os três. A soma desses três números é:

(A) 66. (B) 84. (C) 86. **(D) 118**. (E) 124.

Raciocínio lógico visual matemático: será feita a análise para cada condição, "apagando-se" os números que não atendem à condição:

1) O número escolhido deveria ter 2 algarismos: um deles sendo par e o outro, ímpar.

Obs: zero é par.

									10
	12		14		16		18		
21		23		25		27		29	30
	32		34		36		38		
41		43		45		47		49	50
	52		54		56		58		

Só os números visíveis atendem a essa 1ª condição.

2) O número escolhido não deveria ser divisível por 6, nem por 7

									10
					16				
		23		25		27		29	
	32		34				38		
41		43		45		47			50
	52						58		

Só os números visíveis atendem a essa 2ª condição.

3) Quando fosse dividir o número escolhido por 5, o resto deveria ser 2 ou 4.

								29	
	32		34						
	52								

Só os números visíveis atendem a essa 3ª condição.

4) Ao trocar a ordem dos algarismos, o número escolhido deveria continuar sendo um número contido na tabela.

32	34
52	

Só os números 32, 34 e 52 atendem a essa 4ª condição. 29 invertido fica 92, que não está entre 1 e 60.

Ao perceber que os números 32, 34 e 52, dessa tabela, satisfaziam suas condições, Dani comprou os três. A soma desses três números é: 32 + 34 + 52 = 118.
Resposta: a opção correta é a letra (D).

32ª Questão) O meu irmão ainda não tem 70 anos. O número correspondente a sua idade é o quíntuplo da soma dos seus algarismos. Daqui a nove anos a ordem dos algarismos que formam a sua idade estará trocada. Podemos afirmar que meu irmão tem:

(A) mais de 50 anos. (B) menos de 43 anos. **(C) mais de 60 anos**.
(D) menos de 46 anos. (E) mais de 46 anos.

Raciocínio lógico matemático: como a idade é menor que 70 anos, o número tem dois algarismos, que serão chamados de A e B. Como cita o enunciado: O número correspondente a sua idade é o quíntuplo da soma dos seus algarismos, ou seja: 5(A + B) é menor que 70 ou usando o símbolo matemático para "menor que <", temos: 5(A + B) < 70 anos.

Análise e cálculos matemáticos: a divisão de 70 por 5 é igual a 14.

```
 7'0' | 5        1
 -5   | 14      13
  20            x 5
 -20             65
  00
```

Como a idade é menor que 70 anos, A + B tem que ser igual a 13, pois: 13 x 5 = 65 anos, que é menor que 70. Essa questão envolve um conceito básico de Álgebra.

Ou seja, temos que analisar números cuja soma dê 13, da seguinte forma:
(A + B = 13): (1 + 12), (2 + 11), (3 + 10), (4 + 9), (5 + 8), (6 + 7).
(7 + 6 = 13, mas dá idade de 76 anos, que é acima de 70).
Portanto a idade pode ser: 49, 58 ou 67 anos.

Quando o enunciado cita que, daqui a nove anos a ordem dos algarismos que formam a sua idade estará trocada, então:

49 + 9 = 58, trocando dá 85 anos, acima de 70 anos. Não atende.

58 + 9 = 67, trocando dá 76 anos, acima de 70 anos. Não atende.

67 + 9 = 76, trocando dá 67 anos, abaixo de 70 anos e com a troca perfeita.

Das opções apresentadas a resposta correta é a letra (C), ou seja: o irmão tem mais de 60 anos.

33ª Questão) Em um certo país com uma população de 14 milhões de habitantes, 3/2.000 da população são analfabetos. A parte da população alfabetizada é composta por:

(A) 13979000 habitantes. (B) 13997000 habitantes. (C) 13973000 habitantes. (D) 21000 habitantes. (E) 13979 habitantes.

Raciocínio lógico matemático: trata-se de calcular 3/2.000 de 14 milhões e subtrair do mesmo.

14.000.000 ÷ 2.000 = 14.000 ÷ 2 = 7.000.

3 x 7.000 = 21.000.

$$\begin{array}{r} 14.000.000 \\ -\ 21.000 \\ \hline 13.979.000 \end{array}$$

Resposta: a opção correta é a letra (A).

34ª Questão) Um aluno recebe duas caixas vazias: uma verde e outra amarela. A caixa verde pesa 645g e a amarela, 237g. Ele tem 1 litro de água destilada e decide dividir a água entre as caixas, de modo que as caixas, com a água, fiquem com o mesmo peso. Sabendo que 1 litro de água destilada pesa 1 quilograma, a quantidade de água colocada pelo aluno na caixa verde e na caixa amarela foi, respectivamente:

(A) 396g e 604g. **(B) 296g e 704g**. (C) 161g e 941g.
(D) 197g e 646g. (E) 647g e 196g.

Raciocínio lógico matemático: inicialmente calcula-se o peso total das caixas mais o peso da água, ou seja: 645 g + 237 g + 1.000 g (1 kg) = 1.882 g. Ou seja, as duas caixas com toda a água colocada somam 1.882 g. Como as caixas ao final têm que ficar com o mesmo peso, basta dividir 1.882 g por dois, que é igual a 941 g. Finalmente diminui-se o peso de cada caixa de 941 g, obtendo-se o peso de água em cada caixa, ou seja: 941 g - 645 g = 296 g e 941 g - 237 g = 704 g.

Conclusão: a opção certa é a letra (B).

1			83	3
1000	18'8'2'	2	941	941
+645	-18	941	- 645	- 237
237	008		296	704
1882	- 8			
	02			
	- 2			
	0			

35ª Questão) Um comerciante recebeu uma caixa de maçãs argentinas contendo muitas maçãs estragadas. Para fazer uma reclamação junto à transportadora, o comerciante contou 120 maçãs estragadas, que corresponde a 8% do total de maçãs na caixa. Se cada maçã custa para o comerciante R$ 0,12 e a transportadora disse que não é responsável pelas maçãs estragadas, por quanto o comerciante deve vender as maçãs que não estão estragadas para ter um lucro de, no mínimo, 100% do dinheiro gasto com a caixa de maçãs?

(A) O comerciante tem que vender cada maçã por R$0,20, no mínimo.
(B) O comerciante tem que vender cada maçã por R$0,23, no mínimo.
(C) O comerciante tem que vender cada maçã por R$0,24, no mínimo.
(D) O comerciante tem que vender cada maçã por R$0,25, no mínimo.
(E) O comerciante tem que vender cada maçã por R$0,27, no mínimo.

Raciocínio lógico matemático: inicialmente se calcula o total de maçãs em uma caixa, considerando que 120 maçãs estragadas correspondem a 8% do total de maçãs, o total é igual a 120 ÷ 0,08 (8%) = 12.000 ÷ 8 = 1.500 maçãs. Essas 1.500 maçãs, ou seja, uma caixa custou para o comerciante: 1.500 x R$ 0,12 = R$ 180,00. 100% desse valor é igual a R$ 180,00 x 2 = R$ 360,00. Se 120 maçãs estavam estragadas, significa que o comerciante só terá 1.500 - 120 = 1.380 para vender e arrecadar R$ 360,00. O comerciante terá que vender cada maçã boa por R$ 360,00 ÷ 1.380 = R$ 0,26.

Análise das opções de respostas: o enunciado fala em "ter um lucro, de no mínimo, 100% do dinheiro gasto com a caixa de maçã", ou seja, tem que faturar no mínimo R$ 360,00. Se vender as 1380 maçãs por R$ 0,26 cada, irá faturar R$ 358,80 e se vender por R$ 0,27 cada, irá faturar R$ 372,60. **Ou seja, a melhor opção, para atender ao enunciado é a letra (E)**.

```
                            1        1        4        360'0 | 1380
12'0'0'0' | 8              1500     180      150ø     -276 0 | 0,260   1380
 -8       | 1500          x 0,12    x 2     - 120      8400  |        x 0,27
  40      |               3000      360      1380     -8280  |          9660
 - 40     |              1500               x 0,26     01200 |         2760
  0000    |              180,00               8280                    372,60
                                             2760
                                            358,80
```

36ª Questão) Observando as sete figuras a seguir, responda qual das cinco afirmações é verdadeira.

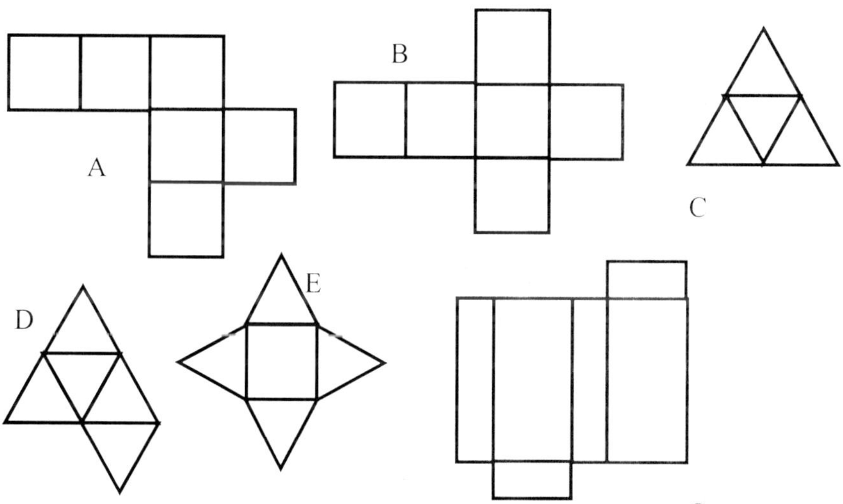

G

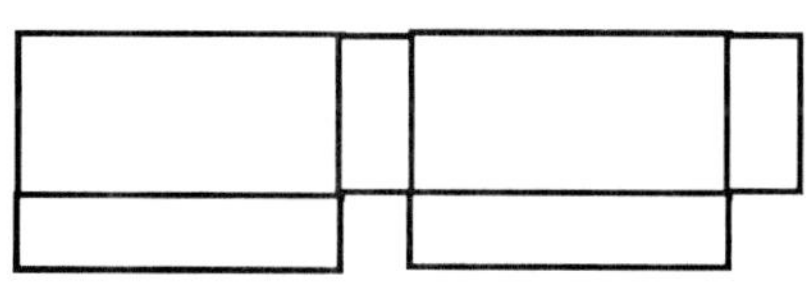

(A) A é a planificação de um cubo

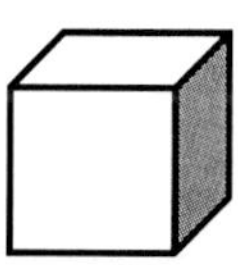

(B) D é a planificação de uma pirâmide de base triangular

(C) G é um paralelepípedo reto retangular

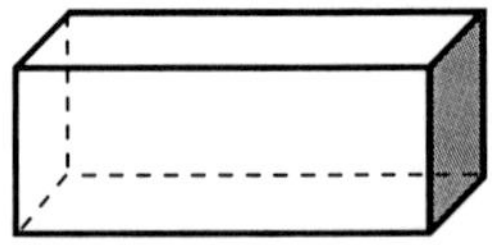

(D) F é um paralelepípedo reto retangular

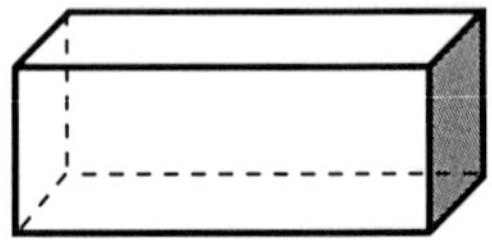

(E) E é a planificação de uma pirâmide de base triangular

Raciocínio geométrico espacial: análise de cada afirmação.

(A) A é a planificação de um cubo: está errada, pois a figura B é que é a planificação de um cubo.
(B) D é a planificação de uma pirâmide de base triangular: está errada, pois a figura D tem cinco faces e a pirâmide triangular tem quatro faces.
(C) G é um paralelepípedo reto-retangular: está errada, pois as faces inferiores não podem estar nessa posição.
(D) F é um paralelepípedo reto retangular: está correta, pois as faces menores estão na posição certa.
(E) E é a planificação de uma pirâmide de base triangular: está errada, pois é a planificação de uma pirâmide de base quadrada.

Resposta: a opção correta é a letra (D).

37ª Questão) Uma mercadoria teve seu preço aumentado anualmente em 5% em relação ao ano anterior por 2 anos consecutivos. No fim desse período, a mercadoria foi oferecida em uma promoção, com 10% de desconto. Seu preço inicial é:

(A) menor que o preço final.
(B) maior que o preço final.
(C) igual ao preço final.
(D) metade do preço final.

Para não utilizar conceitos de álgebra, a solução será simulando o preço inicial em R$ 100,00 e analisando os aumentos e a promoção.

(E) o dobro do preço final.

Ano zero (preço inicial) R$ 100,00	Ano 1 R$ 100,00 + 5% = R$ 105,00	Ano 2 R$ 105,00 + 5% = R$ 110,25	Venda com 10% de desconto = R$ 99,22

Resposta: a opção correta é a letra (B), ou seja, o preço inicial de R$ 100,00 é maior do que o final de R$ 99,22.

38ª Questão) Durante os jogos do Maracanã na copa do mundo de 2014 foi utilizado um caminhão para o transporte de água mineral. Uma garrafa mineral contém 200 ml de água e uma pet contém doze dessas garrafas. Em um caminhão é possível colocar 300 pets de água. O consumo de água, em média, por pessoa em um jogo foi estimado em 300 ml. Sabendo que o Maracanã comportou 70.000 pessoas por jogo, a quantidade de caminhões para transportar a água necessária, para que não faltasse água no Maracanã nos sete jogos foi de:

(A) 205. (B) 203. (C) 201. (D) 199. (E) 197.

Raciocínio lógico matemático: calcula-se o volume de cada pet, ou seja: 200 ml x 12 = 2.400 ml (ou 2,4 l). Calcula-se quantas pessoas cada pet atende, considerando 300 ml por pessoa, ou seja: 2.400 ml ÷ 300 ml = 8 pessoas. Calcula-se o volume por cada caminhão, ou seja, 300 pets x 2,4 litros = 720 litros. Como cada pet atende a 8 pessoas, para 70.000 pessoas foram: 70.000 ÷ 8 = 8.750 pets. Como cada pessoa consumiu 300 ml por jogo, então: 8.750 ÷ 300 = 29,166 caminhões, como foram sete jogos, logo foram 29,166 x 7 = 204,166 caminhões.
Conclusão: foram necessários, no mínimo 205 caminhões (com 204 caminhões faltaria água).

Resposta: a opção correta é a letra (A).

39ª Questão) No supermercado de meu bairro o gerente organizou as latas de óleo na forma de uma pilha triangular de 13 andares. Quantas latas tem essa pilha?

(A) 89. (B) 90. (C) 91. (D) 92.(E) 93.

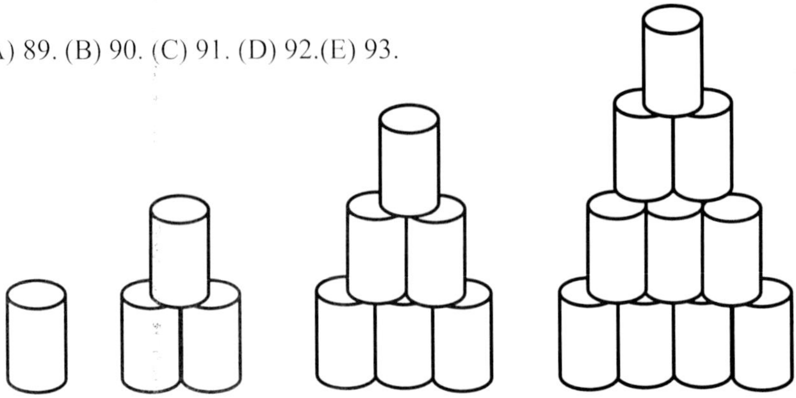

Um andar dois andares três andares quatro andares

Raciocínio lógico matemático geométrico ou espacial: as figuras serão repetidas para se entender a lógica do aumento do número de latas.

Entendendo a lógica das pilhas:

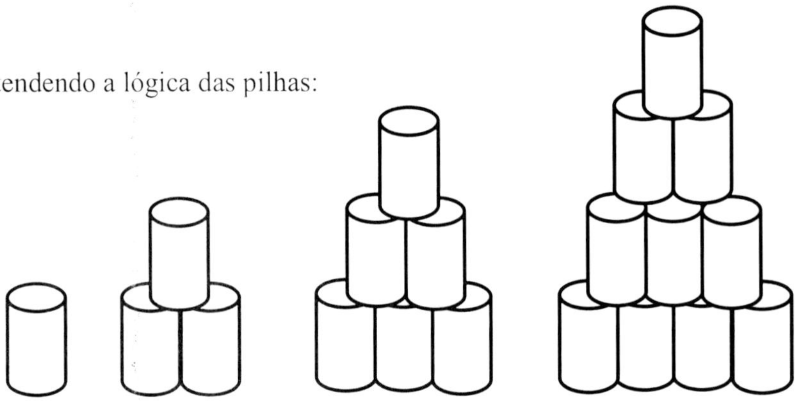

Uma lata três latas seis latas dez latas

1 ⟶ 3 ⟶ 6 ⟶ 10

2 ⟶ 3 ⟶ 4 ⟶ 5

Ou seja, trata-se da seguinte sequência numérica de latas:

	+2	+3	+4	+5	+6	+7	+8	+9	+10	+11	+12	+13
1;	3;	6;	10;	15;	21;	28;	36;	45;	55;	66;	78;	91
1º	2º	3º	4º	5º	6º	7º	8º	9º	10º	11º	12º	13º

No 13º andar existirão 91 latas.

40ª Questão) Em uma corrida de Fórmula 1, um dos corredores percorreu 1.782 quilômetros, em quatro horas e meia. Em média, quantos metros, em cada segundo (m/s), este piloto percorreu?

(A) 128 m/s. **(B) 110 m/s**. (C) 55 m/s. (D) 11 m/s. (E) 2,28 m/s.

Raciocínio lógico matemático: sabendo que 1 km é igual a 1.000 m e uma hora tem 3.600 segundos, basta fazer:

$$\frac{1.782 \times 1.000 \text{ m}}{4{,}5 \times 3.600 \text{ s}} = \frac{1.782.000 \text{ m}}{16.200 \text{ s}} = \frac{17.820 \text{ m}}{162 \text{ s}} = \frac{\mathbf{110\ m}}{\mathbf{s}}.$$

```
 178'2'0 | 162
- 162    |-----
  0162   | 110
  -162   |
  0000   |
```

Resposta: a opção correta é a letra (B).

Capítulo 20: Questões da Fundação de Apoio à Escola Técnica - FAETEC

Um pouco de história sobre a FAETEC

Criada em 1997, a FAETEC - Fundação de Apoio à Escola Técnica é uma rede que, junto à Secretaria de Estado de Ciência, Tecnologia e Informação, tem como objetivo concretizar a educação profissional e tecnológica no Estado do Rio de Janeiro. No total, são 120 unidades presentes em 59 municípios, abrangendo desde o ensino básico até o ensino superior Para além da própria instituição, os prédios em que estão hospedadas as unidades também possuem uma história rica, como é o caso da ETET, ou melhor, Escola Técnica Estadual de Teatro Martins Penna, que é uma escola de teatro pública do Rio de Janeiro, que oferece formação técnica para atores e atrizes. É a escola de teatro mais antiga em atividade no país, tendo sido fundada em 1908.

1ª Questão) Um pesquisador informou ter encontrado em uma praia sete centenas, três dezenas e seis unidades de ovos de tartaruga. A quantidade encontrada foi:

Cálculo matemático: sete centenas = 700 + três dezenas = 30 + 6 unidades = 700 + 30 + 6 = 736 ovos de tartaruga.

(A) 763 ovos **(B) 736 ovos** (C) 703 ovos (D) 709 ovos.

A opção correta é a (B).

2ª Questão) Os alunos do 5º ano de certa escola foram visitar o Projeto Tamar. A viagem demorou 2 horas e a visitação durou 3 horas e 30 minutos. O total de minutos gastos na visitação foi de:

(A) 210 min. (B) 180 min. (C) 150 min. (D) 120 min.

Cálculo matemático: 3 horas = 3 x 60 minutos = 180 minutos + 30 minutos = 210 minutos.

A opção correta é a (A).

3ª Questão) Para comprar seu lanche no passeio, Gustavo levou uma nota de R$ 10,00, duas notas de R$ 5,00 e quatro notas de R$ 2,00. No total, Gustavo levou para lanchar:

(A) R$ 20,00 (B) R$ 22,00 (C) R$ 24,00 **(D) R$ 28,00**.

Cálculo Matemático:

1 x R$ 10,00 = R$ 10,00.
2 x R$ 5,00 = R$ 10,00. +
4 x R$ 2,00 = R$ 8,00.
Total = R$ 28,00

No total Gustavo levou R$ 28,00 e a opção correta é a (D).

4ª Questão) Uma torneira pingando gasta em média 46 litros de água por dia. Na casa de Maria, uma torneira está pingando há 39 dias. A quantidade de metros cúbicos (m^3) de água desperdiçados foi de:

(A) 1,794 m^3 (B) 1,792 m^3 (C) 1,749 m^3 (D) 1,786 m^3.

Raciocínio lógico matemático: como a perda está em litros e pede-se o resultado em metros cúbicos (m^3), primeiro calcula-se o total em litros, que é igual a: 39 dias x 46 litros/dia = 1.794 litros.

Conversão de unidade: 1 litro = 1 dm^3, logo:
1.794 litros = 1.794 dm^3. 1 m^3 = 1.000 dm^3, logo:
1.794 dm^3 = 1,794 m^3.

```
  5
  46
 x 39
 414
+ 138
 1794
```

A opção correta é a (A).

5ª Questão) Foi demarcada uma reserva ambiental medindo sete quilômetros (7 km) de largura e oito quilômetros (8 km) de comprimento. Sabendo que um hectare é igual a 10.000 m^2, determinar quantos hectares foram demarcados.

(A) 56.000 **(B) 5.600** (C) 64.000 (D) 72.000.

Raciocínio lógico matemático: calcula-se a área em km^2, converte-se para m^2 e determina-se a equivalência em hectares.
Área = 7 km x 8 km = 56 km^2 = 56.000.000 m^2 = 5.600 hectares.

km^2	hm^2	dam^2	m^2
5 6	0 0	0 0	0 0

$56\ km^2 = \frac{56.000.000\ m^2}{10.000\ m^2} = 5.600$ hectares. **A opção correta é a (B).**

6ª Questão) Numa gincana escolar, as equipes deveriam recolher garrafas pet. Uma equipe recolheu 8 sacos com 150 garrafas cada; a outra equipe recolheu 6 sacos com 120 garrafas cada. O total de garrafas recolhidas foi de:

(A) 720 (B) 1.200 **(C) 1.920** (D) 1.980.

```
   4       1
 150     120
 x 8     x 6
1200     720
```

Cálculos: 8 x 150 = 1.200.
6 x 120 = 720 +
Total de garrafas = 1.920. **A opção correta é a (C).**

7ª Questão) Três amigos estão juntando latinhas de alumínio para reciclagem. Eles precisam juntar 30 quilos de latinhas, sendo que cada uma pesa 14 gramas. Já conseguiram juntar 1.697 latinhas. O número de latinhas que eles ainda precisam juntar é:

(A) 223 **(B) 446** **(C)** 300 (D) 526.

Raciocínio lógico matemático:
1.697 latinhas x $\frac{14\ \text{gramas}}{\text{latinha}}$ = 23758 gramas.
23758 gramas = 23,758 kilogramas (kg),
pois 1 kg = 1.000 gramas.
30 kg - 23,758 kg = 6,242 kg.
Como cada latinha pesa 14 gramas, então:
6242 g ÷ 14 g = 445,85 latinhas.
Aproximando para cima = 446 latinhas.

```
  9 9 9
 30,000
-23,758
  6,242
```

```
62'4'2'  | 14
-56      |______
 064     | 445,85
 -56
  082
  -70
  120
 -112
  0080
   -70
    10
```

A opção correta é a (B).

8ª Questão) No primeiro final de semana do Rock in Rio 2019, foram recolhidas 168 toneladas de resíduos na cidade do rock, sendo um quarto de material reciclável. A quantidade de toneladas que poderão ser recicladas é de:

(A) 80 (B) 20 (C) 36 **(D) 42**.

Raciocínio lógico matemático: calcular um quarto significa dividir por quatro.

```
 16'8 | 4
-16   |------------
 008  | 42 toneladas
 - 8  |
   0  |
```

A opção correta é a (D).

9ª Questão) Se um caminhão carrega 4,2 toneladas de lixo, o número de caminhões necessários para carregar 37,8 toneladas será de:

(A) 7 (B) 8 **(C) 9** (D) 12

Raciocínio lógico matemático: basta dividir 37,8 toneladas por 4,2 toneladas por caminhão, para determinar quantos caminhões serão necessários.

$37,8 \div 4,2 = 378 \div 42.$

```
 378 | 42
-378 |-------------
 000 | 9 caminhões
```

A opção correta é a (C).

10ª Questão) Em uma festa, o suco é servido em copos de 300 ml. Sem desperdício, um galão de 5,2 l de suco serve:

(A) 17 copos. **(B) 17 copos e sobram 100 ml.**
(C) 17 copos e sobram 200 ml. (D) 18 copos.

Raciocínio lógico matemático: basta transformar 5,2 litros em mililitros (5,2 l = 5.200 ml) e dividir esse valor por 300 ml.

$5.200 \div 300 = 52 \div 3 = 17,333$ copos.

1 copo = 300 ml e 0,333 copos ≈ 100 ml.

```
  0,333
x 300
 99,999

 5'2' | 3
-3    |---------
 22   | 17,333...
-21   |
 010  |
  -9  |
  10  |
```

Resposta: a opção correta é a letra (B).

O sinal ≈ significa: "aproximadamente igual".

11ª Questão) As quatro figuras geométricas a seguir (A, B, C e D), indicadas em cada opção, são formadas por quadradinhos de uma unidade de comprimento. Identifique aquela que possui a maior área e o menor perímetro.

(A) (B) (C) **(D)**

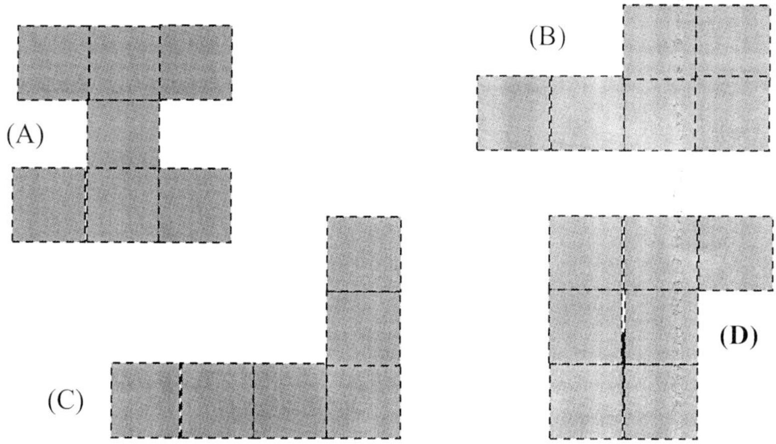

Raciocínio lógico espacial geométrico: a unidade de comprimento será chamada de "u" e a unidade de área de "u^2". Cada figura será analisada considerando seu perímetro e sua área.

Figura A: área = 7 u^2. Perímetro = 16 u.
Figura B: área = 6 u^2. Perímetro = 12 u.
Figura C: área = 6 u^2. Perímetro = 14 u.
Figura D: área = 7 u^2. Perímetro = 12 u.

A figura que possuí, ao mesmo tempo, a maior área e o menor perímetro é a da letra D.

12ª Questão) Durante os dias da semana, João dorme das 22h40min. até às 5h30min do dia seguinte. Portanto, João costuma dormir por dia, durante os dias da semana:

(A) 5h10min. (B) 5h50min. **(C) 6h50min**. (D) 7h10min.

Raciocínio lógico matemático: Como cada hora tem 60 minutos, das 22h40min. até à meia noite João dorme 1h20min. (22h40min. + 1h20min. = 23h60min. = 24h ou meia noite). Entre a meia noite (ou 00h) e às 5h30min. João dorme mais 5h30min. Portanto no total João dorme: 5h30min. + 1h20min. = 6h50min. **Portanto a resposta correta é a letra (C)**.

22h 40 min.	5h 30 min.	5h 30 min.
+ 1h 20 min.	- 0h 00 min.	+ 1h 20 min.
23h 60 min. (ou 24h)	5h 30 min.	6h 50 min.

13ª Questão) Um colecionador conseguiu completar 528 figurinhas de seu álbum de jogadores de futebol. Esse número é composto por:

(A) 5 centenas, 2 dezenas e 8 unidades.
(B) 5 centenas, 20 dezenas e 8 unidades.
(C) 50 centenas, 2 dezenas e 8 unidades.
(D) 500 centenas, 20 dezenas e 8 unidades.

5 centenas ↓ 20 dezenas ↓ 8 unidades ↓

Raciocínio lógico matemático: 528 = 500 + 20 + 8.

Resposta: a opção correta é a letra (B).

14ª Questão) Em uma empresa, um técnico administrativo recebe R$ 3.246,00, por mês, e um supervisor de vendas, R$ 4.071,00, por mês. Sendo assim, nessa empresa, um supervisor de vendas recebe, mensalmente, a mais do que um técnico administrativo:

(A) R$ 825,00. (B) R$ 925,00. (C) R$ 1.125,00. (D) R$ 1.825,00.

(A) 17,84%. (B) 23,24%. (C) 34,06%. **(D) 25,42%**. (E) 27,48%
(Obs: os valores percentuais foram acrescentados pelos autores).

Raciocínio lógico matemático: para os valores em reais, basta subtrair R$ 4.071,00 de R$ 3.246,00 = R$ 825,00. Portanto, a resposta correta é a letra (A). Para os percentuais, ou seja, quanto percentualmente um supervisor de vendas ganha a mais, em relação a um técnico administrativo, basta o valor calculado de R$ 825,00 ser dividido por R$ 3.246,00 e multiplicado por 100%. (Cálculos de percentagens foram detalhados no capítulo 4).

```
   3  6
R$ 4.071,00
- R$ 3.246,00
R$   825,00
```

$$\frac{R\$\ 825,00}{R\$\ 3.246,00} \times 100\% = \frac{R\$\ 82.500,00}{R\$\ 3.246,00}\ (\%)$$

```
 8250'0'  | 3246
- 6492    | 25,4158 %
  17580   |
- 16230   | ≈ 25,42%.
  013500  |
- 12984   |
  005160  |
  - 3246  |
   19140  |
 - 16230  |
   29100  |
  -25968  |
   03132  |
```

Em termos percentuais, a opção correta é a letra (D).

15ª Questão) O número decimal 0,75 é igual à fração:

(A) 75/10. **(C) 3/4**. (B) 7/5. (D) 3/40.

Raciocínio lógico matemático: como 0,75 é menor que um (1), as opções A: 75/10 = 7,5 e B: 7/5 = 1,4, estão descartadas, restando as opções C: 3/4 e D: 3/40. Portanto essas serão as duas opções testadas.

```
  7  | 5       3   | 4         3   | 40
 - 5 | 1,4    - 0  | 0,75     - 0  | 0,075
 20  |         30  |           30  |
- 20 |       - 28  |          - 0  |
 00           020  |          300  |
             - 20  |        - 280  |
               00              200 |
                             - 200 |
                              000
```

Resposta: a opção correta é a letra (C), pois 3/4 = 0,75.

16ª Questão) Da quantia que levei para fazer compras, gastei 50% no supermercado, 25% no hortifruti e ainda fiquei com R$ 90,00. Portanto, antes das compras feitas, eu tinha:

(A) R$ 180,00. (B) R$ 270,00. **(C) R$ 360,00**. (D) R$ 540,00.

Raciocínio lógico matemático: considero a quantia que levei igual a x e, portanto: 50% de x + 25% de x + R$ 90,00 = x. Ou seja: 05x + 0,25 x + 90 = x ou 90 = x - (0,5x + 0,25x) ou 90 = x - 0,75x ou 90 = 0,25x, ou seja: x = 90/0,25 ou x = 360, portanto: levei R$ 360,00, para fazer as compras.

Resposta: a opção correta é a letra (C).

(Essa solução envolve o conceito de equação, abordado no capítulo 5).

17ª Questão) Dona Suzete vende três tipos de salgadinhos fritos para festas em sua lanchonete: coxinha, quibe e rissoles. O gráfico a seguir mostra o número de salgadinhos vendidos em sua loja nos meses de agosto, setembro e outubro. De acordo com o gráfico: 1) o mês em que dona Suzete vendeu mais salgadinhos (dos três tipos) e 2) o salgadinho mais vendido, computando todo o período de agosto a outubro, foram, respectivamente:

(A) agosto e coxinha. (B) setembro e coxinha. (C) agosto e quibe.
(D) setembro e quibe.

Raciocínio lógico matemático: inicialmente somam-se as quantidades totais vendidas, mês a mês e depois faz-se análise visual de cada mês.

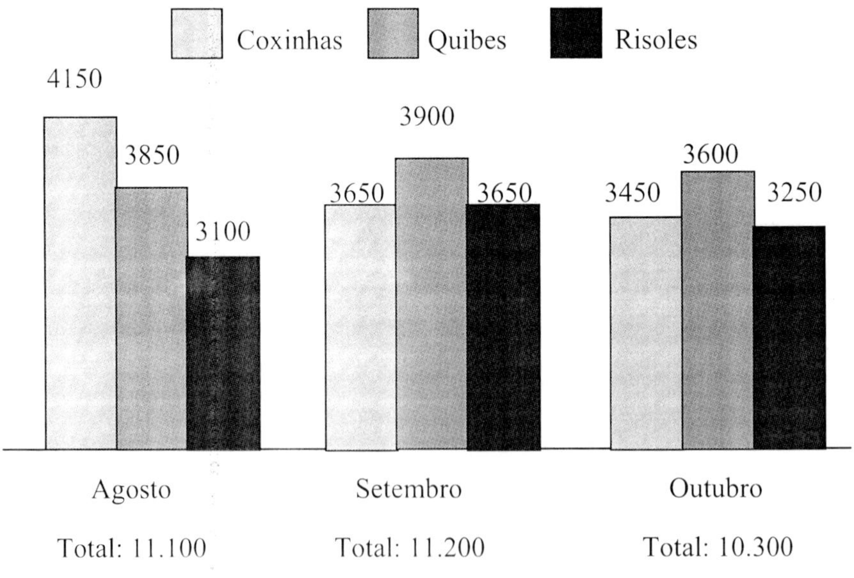

Salgadinhos vendidos:

Coxinhas: 4150 + 3650 + 3450 = 11250.
Quibes: 3850 + 3900 + 3600 = 11350.
Risoles: 3100 + 3650 + 3250 = 10000.

Coxinhas	Quibes	Risoles
4150	3850	3100
+ 3650	+ 3900	+ 3650
3450	3600	3250
11250	11350	10000

1) O mês que mais vendeu salgadinhos foi **setembro**.
2) O salgadinho mais vendido, somando os três meses foi o **quibe**, com 11350 unidades vendidas.

Resposta: a opção correta é a letra (D).

18ª Questão) Uma pizzaria oferece pizzas em 3 tamanhos: pequena, média e grande, com 4, 6 e 8 fatias, respectivamente. Se um grupo de amigos pediu 3 pizzas grandes e 2 pizzas médias, quantas fatias de pizza terão no total?

(A) 48 fatias. **(B) 36 fatias**. (C) 52 fatias. (D) 42 fatias.

Raciocínio lógico matemático: basta multiplicar o número de pizzas pela quantidade de fatias, fazendo a soma das fatias das pizzas grandes e médias.

Pizzas grandes: 3 x 8 fatias = 24 fatias.
Pizzas médias: 2 x 6 fatias = 12 fatias.
Total: = 36 fatias.

Resposta: a opção correta é a letra (B).

19ª Questão) Numa pesquisa, 75% dos entrevistados preferem chocolate ao leite a chocolate amargo. Se 300 pessoas foram entrevistadas, quantas preferem chocolate ao leite?

(A) 250 pessoas. (B) 200 pessoas. **(C) 225 pessoas**. (D) 275 pessoas.

Raciocínio lógico matemático: basta calcular 75% de 300.

$\frac{75}{1\not{0}\not{0}} \times 3\not{0}\not{0} = 225$ pessoas.

Resposta: a opção correta é a letra (C).

20ª Questão) Um relógio atrasa 5 minutos a cada hora. Se o relógio for ajustado corretamente às 12h, que horas ele marcará, quando deveria ser 18h do mesmo dia?

(A) 18h15min. **(B) 17h30min**. (C) 17h45min. (D) 17h50min.

Raciocínio lógico matemático: entre às 12h e 18h existe uma diferença de 6 horas (18h - 12h = 6h). Como a cada hora ele atrasa 5 minutos, em seis horas ele atrasará 30 minutos, pois 6 x 5 minutos = 30 minutos. Portanto, quando for 18 horas oficialmente, esse relógio marcará 17 horas e 30 minutos, pois: 18 horas menos 30 minutos = 17 horas e 30 minutos.

Resposta: a opção correta é a letra (B).
(18 horas equivale a 17 horas e 60 minutos)

17 horas	60 minutos.
- 00 horas	30 minutos.
17 horas	30 minutos.

21ª Questão) Em uma sala de aula 60% dos alunos são meninas. Se há 12 meninos, quantos alunos há no total?

(A) 30 alunos. (B) 20 alunos. (C) 40 alunos. (D) 50 alunos.

Raciocínio lógico matemático: se 60% dos alunos são meninas, então 40% são meninos, pois 40% + 60% = 100%. Ou seja, basta analisar como os 12 meninos ou 40% da turma se relacionam com o total da turma.

$12 = 40\%$ ou $\frac{12}{4} = \frac{40\%}{4} \Rightarrow 3 = 10\%$ ou seja: 10% da turma tem 3 alunos.

Portanto: se 10% é igual a 3 alunos, então 100% (10 x 10%) = 30 alunos.

Resposta: a opção correta é a letra (A).

Referências

ABRANTES, José. **Geometria Básica**. Rio de Janeiro: Ciência Moderna, 2022.

__________. **Desenho Geométrico e Geometria I**. Rio de Janeiro: Ciência Moderna, 2024.

__________. **Desenho Geométrico e Geometria II**. Rio de Janeiro: Ciência Moderna, 2024.

__________. **Desenho Geométrico e Geometria III**. Rio de Janeiro: Ciência Moderna, 2024.

__________. **Desenho Geométrico e Geometria IV**. Rio de Janeiro: Ciência Moderna, 2024.

MARSICO, Maria Teresa, et. **Marcha Criança. Matemática para o 4º ano do Ensino Fundamental**. al. 13.ed. São Paulo: Scipione, 2019.

MARTINS, Helena do Carmo Borba, ET.al. **Aquarela Matemática. 4º ano do Ensino Fundamental**. 2.ed. São Paulo: Kits, 2021.

PESSOTA, Rodrigo. **Da Escola para o mundo. Matemática do 3º ano do Ensino Fundamental**. São Paulo: Scipione, 2021.

REAME, Eliane. **Ligamundo Matemática. 1º ano do Ensino Fundamental**. São Paulo: Saraiva, 2018.

SILVEIRA, Ênio. **Desafio Matemática. 5º ano do Ensino Fundamental**. São Paulo: Moderna, 2021.

VASCONCELOS, Laércio. **Matemática para vencer**. Rio de Janeiro: Ciência Moderna, 2018.

__________. **Base Matemática**. Rio de Janeiro: Ciência Moderna, 2024.

Apêndice A: Respostas dos exercícios propostos

Capítulo 1: Origem, tipos e operações com números

1) Escreva e decomponha os números a seguir:

a) 27: vinte e sete. Duas dezenas e sete unidades. 20 + 7 = 27.

b) 342: trezentos e quarenta e dois. Três centenas, quatro dezenas e duas unidades. 300 + 40 + 2 = 342.

c) 891: oitocentos e noventa e um. Oito centenas, nove dezenas e uma unidade. 800 + 90 + 1 = 891.

d) 2.345: dois mil, trezentos e quarenta e cinco. Dois milhares, três centenas, quatro dezenas e cinco unidades. 2.000 + 300 + 40 + 5 = 2.345.

e) 7.005: sete mil e cinco. Sete milhares e cinco unidades. 7.000 + 5 = 7.005.

f) 6.049: seis mil e quarenta e nove. Seis milhares, quatro dezenas e nove unidades. 6.000 + 40 + 9 = 6.049.

g) 99: noventa e nove. Nove dezenas e nove unidades. 90 + 9 = 99.

h) 8.765: oito mil setecentos e sessenta e cinco. Oito milhares, sete centenas, seis dezenas e cinco unidades. 8.000 + 700 + 60 + 5 = 8.765.

i) 123: cento e vinte e três. Uma centena, duas dezenas e uma unidade. 100 + 20 + 3 = 123.

j) 51: cinquenta e um ou cincoenta e um. Cinco dezenas e uma unidade. 50 + 1 = 51.

k) 3.007.478: três milhões, sete mil, quatrocentos e setenta e oito. Sete milhões, sete milhares, quatro centenas, sete dezenas e oito unidades. 3.000.000 + 7.000 + 400 + 70 + 8 = 3.007.478.

l) 20.743: vinte mil, setecentos e quarenta e três. 20 milhares, sete centenas, quatro dezenas e três unidades. 20.000 + 700 + 40 + 3 = 20.743.

m) 189.007.342: cento e oitenta e nove milhões, sete mil, trezentos e quarenta e dois. 189.000.000 + 7.000 + 300 + 40 + 2 = 189.007.342.

n) 1.000.003: um milhão e três. Um milhão e três unidades. 1.000.000 + 3 = 1.000.003.

2) Arme e efetue:

a) 321 x 654 = 209.934. b) 313 x 645 = 201.885. c) 132 x 456 = 60.192.

321	313	132	213	131
x 654	x 645	x 456	x 546	x 465
1284	1565	792	1278	655
+ 1605	+ 1252	+ 660	+ 852	+ 786
1926	1878	528	1065	524
209934	201885	60192	116298	60915

d) 213 x 546 = 116.298 e) 131 x 465 = 60.915.

3) Efetue as seguintes divisões, sem uso da máquina de calcular, informando se existe resto.

a) 693 ÷ 4 = 173,25. b) 8.200 ÷ 7 = 1.171,428, com resto igual a 4.

6'9'3'	4
- 4	173,25
29	
- 28	
013	
- 12	
010	
- 8	
020	
- 20	
00	

8'2'0'0'	7
- 7	1171,428
12	
- 7	
050	
- 49	
010	
- 7	
030	
- 28	
020	
- 14	
060	
- 56	
04	

83'2'	9
- 81	92,44
022	
- 18	
040	
- 36	
040	
- 36	
04	

45'4'9'	5
- 45	909,8
0049	
- 45	
040	
- 40	
00	

c) 832 ÷ 9 = 92,44, com resto igual a 4. d) 4.549 ÷ 5 = 909,8.

Capítulo 4: porcentagens e suas representações decimais e fracionárias

1) Num grupo de 100 juízes de um estado 25% são mulheres e dessas 20% são negras. Quantas juízas negras existem nesse grupo?

Raciocínio lógico matemático: primeiro se calcula 25% de 100, que é igual a 25 e depois calcula-se 20% de 25, que é igual a 5.

Conclusão: dos 100 juízes, 5 são mulheres negras.

$\frac{25}{100} \times 100 = 25.$ $\frac{20}{100} \times 25 = \frac{500}{100} = 5.$

```
  1
 25
x 20
500
```

2) Em porcentagem, a quanto corresponde 0,0073?

Raciocínio lógico matemático: basta multiplicar 0,0073 x 100% = 0,73%. De fato: 0,73 ÷ 100 = 0,0073.

Conclusão: 0,0073 = 0,73%.

3) Um produto custava R$ 2.000,00 e teve dois aumentos em dois meses seguidos, um de 20% e outro de 15%. Para quanto foi o preço do produto, ao final do segundo aumento?

Raciocínio lógico matemático: como 20% de R$ 2.000,00 = R$ 400,00, no primeiro aumento o produto passou a custar R$ 2.400,00 (pois: R$ 2.000,00 + R$ 400,00 = R$ 2.400,00). No segundo aumento calcula-se 15% de R$ 2.400,00, que é igual a R$ 360,00 e, portanto o produto passou a custar R$ 2.760,00 (pois: R$ 2.400,00 + R$ 360,00 = R$ 2.760,00).

Conclusão: o preço do produto foi para R$ 2.760,00.

$\frac{20}{100}$ x R$ 2.000,00 = 0,2 x R$ 2.000,00 = R$ 400,00.

```
  2       2400
 24     + 360
x 15      2760
120
```

$\frac{15}{100}$ x R$ 2.400,00 = 0,15 x R$ 2.400,00 = R$ 360,00.

```
 24
360
```

Capítulo 10: Malhas quadriculadas e planta baixa. Coordenadas cartesianas no 1º quadrante

1) Considerando a planta baixa a seguir, aponte erros graves, quanto à distribuição dos cômodos e partes essenciais, como portas e janelas.

1º Erro: o banheiro está com acesso pela cozinha e não tem janela ou abertura de ventilação.
2º Erro: a sala não tem janela.
3º Erro: o quarto não tem porta de acesso. (Entra-se pela janela?).

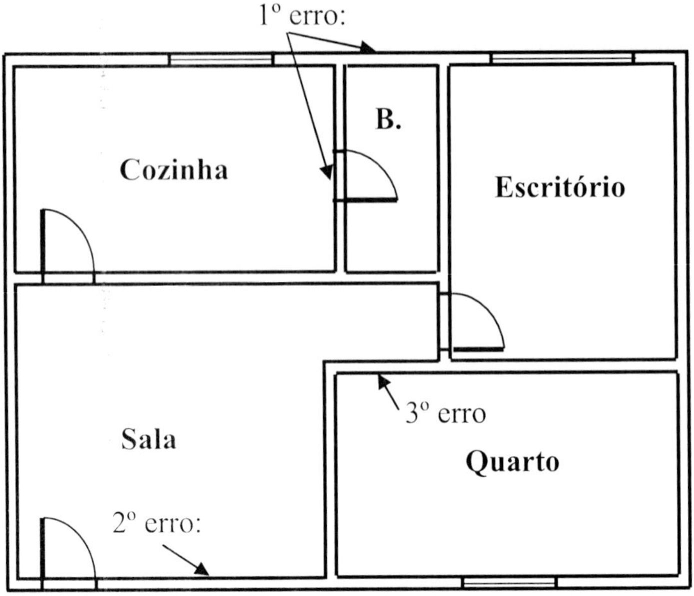

2) Determinar a área da figura a seguir, considerando o centímetro (cm) como unidade de medida.

Raciocínio lógico espacial geométrico:
Os triângulos ACE e BDF são iguais. A área da figura é igual à área do retângulo: CDEF.

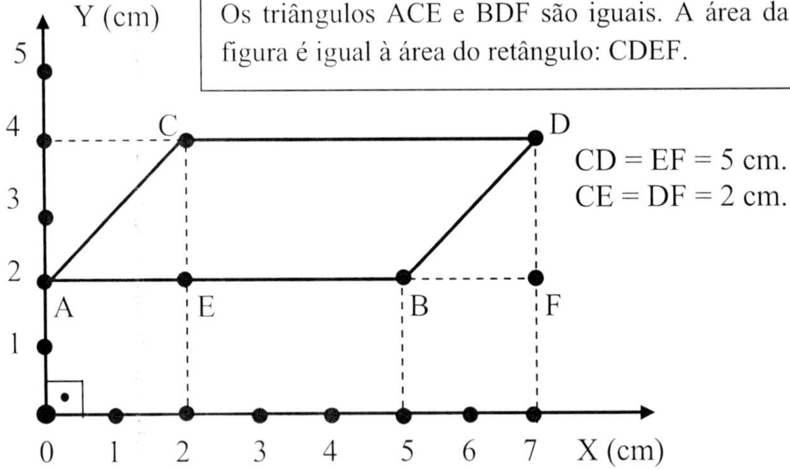

Área da figura ABCD = 5 cm x 2 cm = 10 cm^2.

Resposta: a área da figura é igual a 10 cm^2.

3) Dada a figura tridimensional a seguir, desenhar suas vista de cima e frontal. (Faça as medidas proporcionais ao desenho).

Na vista de cima são vistos dois retângulos

Vista de cima

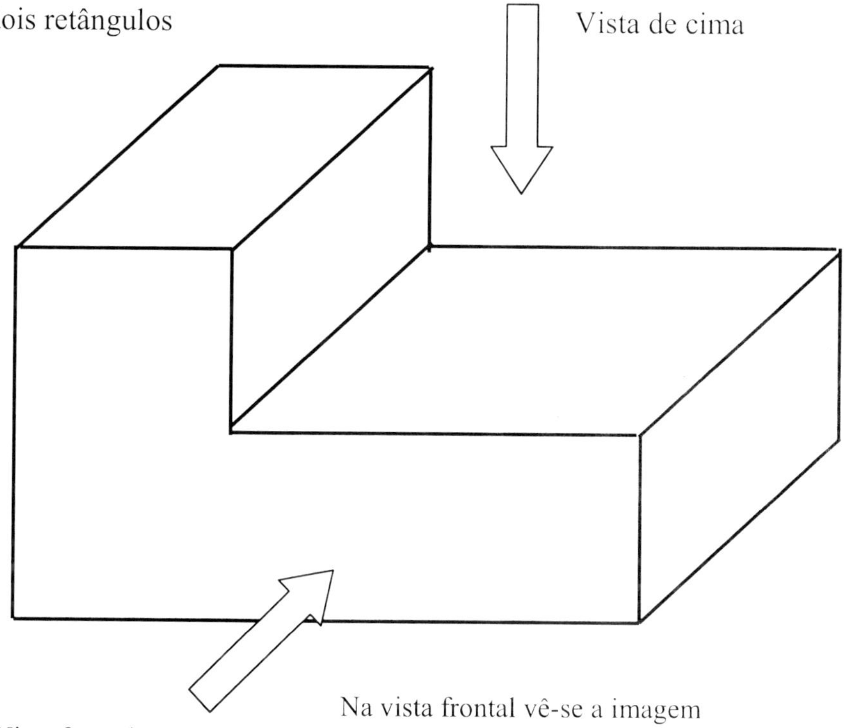

Vista frontal

Na vista frontal vê-se a imagem de uma grande letra L.

Vista frontal

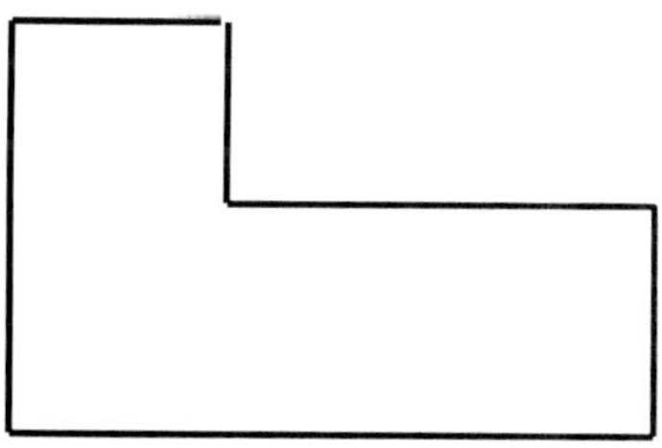

Vista de cima

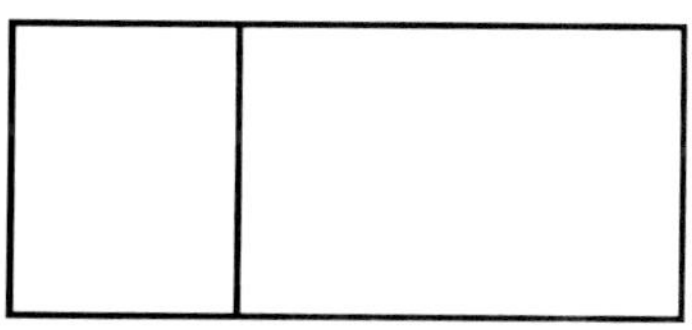

ANOTAÇÕES

Impressão e acabamento
Gráfica da Editora Ciência Moderna Ltda.
Tel: (21) 2201-6662